教育部人文社科重点研究基地中国海洋大学海洋发展研究院资助
中国海洋大学一流大学建设专项经费资助

围填海造地资源和生态环境
价值损失评估与补偿

李京梅　著

科学出版社
北京

内 容 简 介

近年来，我国围填海造地的大规模进行，导致海岸带资源减少和生态服务功能的严重退化。本书提出了海岸带资源的价值决定理论，根据围填海造地对海岸带资源和生态环境的影响，构建了被填海域资源折耗成本和生态环境损害成本的评估方法，基于提出的理论并运用所构建的评估方法，分别测算了山东胶州湾与福建罗源湾围填海造地的资源和生态环境价值损失，论证了围填海造地价值补偿的制度框架。

本书可供海洋经济与管理等专业的研究人员、管理人员及院校相关专业的学生参考、使用。

图书在版编目（CIP）数据

围填海造地资源和生态环境价值损失评估与补偿/李京梅著. —北京：科学出版社，2020.6
ISBN 978-7-03-063946-2

Ⅰ. ①围… Ⅱ. ①李… Ⅲ. ①填海造地–海洋资源–资源开发–环境生态评价–研究–广西 Ⅳ. ①TU982.267 ②P74

中国版本图书馆 CIP 数据核字（2019）第 300401 号

责任编辑：朱　瑾　习慧丽 / 责任校对：郑金红
责任印制：赵　博 / 封面设计：无极书装

科 学 出 版 社 出版
北京东黄城根北街 16 号
邮政编码：100717
http://www.sciencep.com
固安县铭成印刷有限公司印刷
科学出版社发行　各地新华书店经销

*

2020 年 6 月第 一 版　开本：787×1092　1/16
2025 年 1 月第二次印刷　印张：13 1/4
字数：320 000
定价：**128.00 元**
（如有印装质量问题，我社负责调换）

前　言

21 世纪以来，伴随着中国工业化、城镇化和人口集聚趋势的进一步加快，沿海各省（区、市）纷纷制定了海洋开发战略，加快海洋开发步伐，并在开发利用海洋资源的过程中，都毫无例外地、不同程度地开展了围填海造地工程，制定了中长期围填海造地规划。沿海地区的围填海活动呈现出速度快、面积大、范围广的发展态势，围填海造地的强度在不断提高。不可否认，经过科学论证、合理规模的围填海造地项目，在沿海地区经济社会持续发展方面发挥了有效的推动作用，产生了巨大的经济效益和社会效益。然而大量研究表明，围填海造地永久性改变海域资源的自然属性，导致海域资源为人类提供其他服务的能力减弱甚至丧失，直接或间接影响人类的再生产和生活福利水平，即围填海造地伴随着海域资源不可持续利用和生态环境损害的代价。

近几年，国家发展和改革委员会、国家海洋局（现为自然资源部）逐步加强对围填海规模的控制及对围填海活动的监督与管理，2011 年两部门联合印发《围填海计划管理办法》，提出按照适度从紧、集约利用、保护生态、海陆统筹的原则对围填海计划进行统一编制和指令性管理，中央及地方围填海计划指标都不得擅自突破；2012 年，再次提出要严格控制围填海规模，加大对"批而未用、围而不建、填而不建"等圈占海域行为的查处力度；2017 年国家海洋局对沿海 11 个省（区、市）开展了围填海专项督查，提出建立围填海总量控制制度，大幅提高用海成本；2018 年国务院印发《关于加强滨海湿地保护严格管控围填海的通知》，要求除国家重大战略项目外，全面停止新增围填海项目审批。

大规模围填海造地及其资源和生态环境损害代价，从表面看是由工业化、城镇化步伐加快所致，其实质是现有资源价格政策不合理、海洋资源价值被低估、海洋生态环境损害无法进行市场表达、巨大的利益被地方政府和少数利益集团占有等导致资源低效配置的结果。因此，量化评估围填海造地资源和生态环境损害成本、研究价值补偿制度、建立利益约束机制对于引导围填海造地向有利于经济、社会和环境协调及可持续发展的方向演化具有重要意义。

围填海造地资源和生态环境损害成本分为资源折耗成本与生态环境损害成本。围填海造地改变海域的自然属性，使海域及自然岸线资源成为不可再生资源，在没有替代资源保证的情况下，围填海占用海域资源所发生的机会成本，即为资源折耗成本。本书运用使用者成本法测算山东胶州湾和福建罗源湾围填海造地的资源折耗成本，结果表明，2007~2011 年，资源收益为土地收益时，胶州湾围填海造地的平均资源折耗成本为 90.84 万元/hm^2，同期征收的海域使用金仅占其资源折耗成本的 44.14%~54.48%；资源收益为海洋生态系统服务价值时，胶州湾围填海造地的平均资源折耗成本为 72.98 万元/hm^2，同期征收的海域使用金仅占其资源折耗成本的 44.71%~80.35%。2003~2005 年，资源收益为土地收益时，罗源湾围填海造地的平均资源折耗成本为 15.33 万元/hm^2，同期征收的海域使用金占其资源折耗成本的 99.85%；资源收益为海洋生态系统服务价值时，罗源湾围填海造地的平均资源折耗成本为 41.12 万元/hm^2，同期征收的海域使用金占其资源折耗成本的 37.01%。围填海造地造成海域污染，海域环境容量功能下降，被界定为环境损害成本；与此同时，围填海造地造成海洋生物栖息地破坏、生态服务功能下降，被界定为生态损害成本。围填海造地的环境影响和生态破坏，被联合界定为生态环境损害成本。基于被填海域生态系统服务价值损失评估，胶州湾围填海造地的生态环境损害成本为 278.60 万元/hm^2，罗源湾围填海造地的生态环境损害成本为 156.98 万元/hm^2；基于陈述偏好法，使用意愿调查法评估的胶州湾围填海造地的生态环境损害成本为 85.12 万元/hm^2，罗源湾围填海造地的生态环境损害成本为 6.05 万元/hm^2；基于受损资源和生态服务恢复到基准水平的生态修复原则，使用资源等价分析法评估的胶州湾围填海造地的生态环境损害成本为 62.89 万元/hm^2，罗源湾围填海造地的生态环境损害成本为 101.65 万元/hm^2。上述结果表明，无论是山东胶州湾还是福建罗源湾，政府征收的海域使用金并没有完全补偿围填海造地的资源折耗成本，而且地方借助围填海造地拉动经济增长的生态环境损害代价巨大。

为了保护中国沿海地区所剩无几的自然岸线和日益消失的湿地滩涂，规范围填海造地的发展进程，从法律体系、政策体系及社会环境等三方面给出具体建议。第一，构建统一的海岸带资源和生态环境价值补偿的法律体系：①建议国家制定一部有针对性的海岸带管理法，在海岸带资源国家所有权界定的前提下，使海岸带资源的使用管理权统一完整，改变部门分散管理方式，形成完备的海洋综合管理法律制度；②尽快制定并出台海岸带资源开发的生态环境价值补偿办法，明确海洋资源的生态环境价值和资源开发者对生态环境价值的补偿责任，使海洋环境保护和生态补偿工作有法可依。第二，完善海岸带资源和生态环境价值补偿的政策体系：①针对不断稀缺的海域自然岸线，动态提高围填海造地的海域使用金，真实反映围填海造地的资源折耗成本；②建立围填海造地生态环境价值补偿制度，鼓励生态修复，根据受损资源的规模及其服务水平，围填海造地责任方制订并实施修复计划，保障资源恢复到受损前的状态并补偿修复期资源服务功能的损失，如果修复不可行，应基于被填海域的生态服务功能价值损失的机会成本进行货币补偿；③推行生态环境责任保险和生态环境连带责任等配套制度；④建立围填海造地生态补偿政策的实施与监督机制。第三，营造良好的围填海造地资源和生态环境价值补偿的社会环境：①以海洋功能区划为基础，科学制定围填海造地规划，充实和完善海洋功能区划体系，加强规划控制管理工作；②严格审批围填海项目，建立围填海红线制度；③加强对围填海造地资源和生态环境价值损失与补偿的科普教育及大众宣传，提高公众参与的知情权，加强公众参与在海洋管理和决策中的地位。

2019 年 1 月

目　　录

1 导　论

1.1　研究背景

海岸带处于陆地与海洋的交汇地带，是人类活动最频繁、社会经济发展最繁荣的前沿地带。海岸带资源是指在海岸带区域内可供人类开发利用的物质和空间，以及支持人类生命活动、人类社会发展、具有高生物生产力和高生态服务功能的海岸带自然生境系统。世界上大多数沿海国家通过开发海岸带资源，先后成为发达国家，如西班牙、荷兰、瑞典、丹麦、英国等；日本通过海岸带资源开发中的围填海造地发展临海工业，成为世界经济大国。世界上多数沿海城市通过开发、利用海岸带的港口功能而成为经济科技文化中心。西方地理学家强调，"只有海洋才能造就真正的世界强国，在任何民族的历史上跨过海洋这一步都是一个重大事件"。21 世纪以来，世界沿海各国已把海洋开发上升到国家发展战略的高度，加速向海洋进军的步伐，从而推动世界海洋开发活动进入一个新的发展阶段。中国是海洋大国，20 世纪 90 年代以来，中国把开发海洋资源作为国家发展战略的重要内容，把发展海洋经济作为振兴经济的重大措施，对海洋资源和生态环境保护、海洋管理与海洋事业的投入逐步加大，深度和广度不断拓展的海洋开发与利用创造了新的经济增长点。2001 年，中国海洋生产总值仅为 9518.4 亿元，2011 年海洋生产总值跃升为 45 570 亿元，实现 16.95%的年平均增长。自 2011 年以来，海洋生产总值占国内生产总值的比例一直保持在 9.5%左右，建立在海岸带资源开发基础上的海洋经济已成为国民经济新的增长点。

围填海造地是海岸带地区资源开发的典型活动，由于它是沿海地区解决土地供应不足、扩大社会生存和发展空间的便捷方式，因此世界上大部分沿海国家和地区，尤其是人多地少问题突出的国家和地区，都有围填海造地的历史。荷兰已有 800 年围填海历史，为了与洪水抗争、排除积水、防洪防潮、拓展生存空间，荷兰开展了大规模、长期持续的围填海造地活动，在通航的入海口修闸坝、兴建排灌水利，同时在原海底开垦农地、营造和谐生态、繁荣海洋运输等（黄日富，2006）。日本是土地资源稀缺的国家，作为对国土狭窄的一种资源补偿，向海洋扩展空间推动着日本围填海造地的历史。从 16 世纪的围垦屯田到 20 世纪末期的围湾扩建工业带，围填海造地为日本经济提供了发展和腾飞的空间（徐皎，2000）。韩国也是世界上围填海规模较大的国家之一，截至 2007 年围填海面积达到 248 900hm^2（邢建芬和陈尚，2010）。

中国早在汉代就开始围海，唐宋时江浙围海规模逐年扩大，曾围海修建百里长堤。中华人民共和国成立以后，先后经历了五次围海造地高潮：第一次是中华人民共和国成立初期的围海晒盐，从辽东半岛到海南岛我国沿海 12 个省（区、市）均有盐场分布；第二次是 20 世纪 60 年代中期至 70 年代的围垦海涂扩展农业用地，农业围垦主要集中在海岸滩涂资源比较丰富的辽宁省、江苏省、浙江省等，所围垦的滩涂基本辟为耕地，以粮食等农作物种植为主；第三次是 20 世纪 80 年代中后期到 90 年代初的围垦养殖，平均每年围海养殖面积增加约 12 300hm²，缓解了渔业捕捞的压力（中国水利学会围涂开发专业委员会，2000）。进入 21 世纪以来，随着中国经济高速发展和城镇化进程的加快，呈现出以港口、工业和城镇建设为主的第四次围填海高潮，据国家海洋局统计，2002 年新增围填海造地面积 2033hm²，2005 年新增 11 662hm²，2005～2008 年，每年围填海造地面积新增率达 5%，围填海造地成为沿海地区增长最快的用海方式。

2009 年以后，为了应对全球金融危机，国家先后出台了汽车、钢铁、船舶、装备制造等重点产业振兴规划，明确要求石化、钢铁、造船、火电、核电等重工业大规模向沿海地区转移。与此同时，国务院也集中批复将沿海各地区的海洋经济发展规划上升为国家级战略，如山东半岛蓝色经济区、天津滨海新区、浙江海洋经济发展示范区、海峡两岸经济区、广东海洋经济综合试验区、海南国际旅游岛等一系列地方级战略纷纷成为国家级战略，得到了大量的政策支持。在这一背景下，沿海地区各级政府纷纷出台了全方位的配套政策措施，掀起了新一轮海洋开发热潮，大量重大建设项目在中国沿海地区开工建设，再一次拉动了对围填海造地的需求，笔者认为这是第五次围填海造地高潮。国家海洋局《海域使用管理公报》显示，2009～2011 年，全国确权海域面积共达 558 100hm²，其中，确权填海面积为 45 400hm²，占总确权海域面积的 8.13%。2012 年，全国共批准围填海项目 310 个，批准围填海面积为 8868.54hm²；2013 年确权围填海面积为 13 169.54hm²，占总用海面积的比例为 3.77%；2014 年确权围填海面积为 9767.3hm²，占总用海面积的比例为 2.91%；2015 年，全国共计围填海造地面积为 11 055.29hm²，同比增长 13.19%。国家海洋局重大建设项目用海统计数据显示，截至 2011 年，国家累计批准的重大建设项目用海面积为 4150.53hm²，其中，围填海面积为 1887.71hm²，占总用海面积的 45.48%。此外，各沿海省（区、市）及各产业部门呈现对围填海造地用海的巨大需求，根据《山东省海域海岛管理公报》，山东省 2011～2013 年累计用海面积为 7905.11hm²，其中填海造地面积为 2495.12hm²，占总用海面积的 31.56%；交通运输部已经批复的 18 个沿海大型港口总体规划中，平均每个港口的规划岸线长达 125km、陆域规划面积为 7000hm²，其中大部分来源于填海造地。而沿海地方依港而建的配套工业园区、产业园区等，其土地全部来源于填海造地。例如，天津临港工业区作为国家级石化基地，已被规划建设成为以化工、修造船、装备制造等为核心的海上工业新城，总面积为 8000hm²，全部来源于填海造地（郭信声，2014）。到 2013 年底，沧州渤海新区用海区域形成陆地面积为 40 100hm²；曹妃甸区填海造地面积为 21 000hm²，其中，曹妃甸生态城填海造地面积约为 1272hm²，曹妃甸工业区填海造地面积近 19 600hm²。不可否认，中华人民共和国成立以来的围填海造地，为沿海地区的经济增长、临海工业拓展、港口建设、城镇建设和旅游开发等产业的发展、优化区域发展布局起到了保障和促进作用。

然而大量研究表明，围填海造地永久性改变海岸带资源的自然属性，导致海岸带资源环境为人类提供其他服务的能力减弱或丧失。例如，围填海造地除了占用滩涂或海域资源，使许多重要的经济鱼、虾、蟹、贝类、水禽鸟类等的生息、繁衍场所消失，还会减少海域的纳潮量、减弱海水自净能力；江河入海口的围填海工程还会壅塞河道，影响排洪，衍生洪灾；围填海造地造成海水水质和海域环境质量下降，改变海域的生态环境，造成物种多样性下降，使濒危和珍稀物种退化或消失等；围填海造地还会破坏一些珍贵的海岸自然景观和生态系统，如红树林、珊瑚礁等。被填海域资源的消失和生态服务功能的破坏，直接或间接影响人类的再生产和生活福利水平，围填海造地伴随着海域资源的不可持续利用和生态环境损害的代价。

2002 年以前，围填海造地受到国家政策的鼓励，不仅不用缴纳海域使用金，不用补偿围填海造地的环境损害，甚至还可以从政府获得数量不小的补助（彭本荣和洪华生，2006）。2002 年，《中华人民共和国海域使用管理法》（以下简称《海域法》）施行，规定"国家严格管理填海、围海等改变海域自然属性的用海活动"。沿海各省（区、市）所颁布的海域使用管理办法，对不同规模的围填海造地均规定了海洋功能区划统筹及详细的行政报批手续，并征收标准不等的海域使用金。但是，围填海造地的生态环境损害管理仍游离于国家自然资源管理体制之外，其管理规制的缺位，在客观上助长了沿海地方政府的围填海冲动，不仅造成了海域资源的浪费，还不利于国家宏观调控政策的实施。

围填海造地规模的过快增长，从表面上看是由工业化、城镇化进程加快所致，实质上是在市场经济条件下及现有的资源价格政策下资源配置的结果。在市场经济条件下，海岸带资源价值被低估，特别是海岸带资源的环境和生态价值无法进行市场表达，单纯采用海域使用金及其他行政管理手段，作用并不明显。联合国开发计划署、联合国环境规划署、世界银行、世界资源研究所共同主编的《2000/2001 年世界发展报告》明确指出，"价格和政府决策中反映出的经济信号是决定我们如何对待生态系统的首要因素之一；补贴往往鼓励了破坏性行为，否则这些活动在经济上是不可行的""政府政策通常因为对价格产生影响而造成生态系统退化"。要使稀缺的海域资源得到有效配置、使围填海造地行为有序化和规范化、保证海岸带资源的可持续利用，必须使被填海域的价值得到合理补偿。

但是，如何对被填海域的价值进行合理补偿？补偿依据何在？被填海域的价值由哪几部分构成？补偿标准是多少？通过什么机制实现补偿？针对这一系列问题，学者们对理论上海岸带资源的价值构成及定价方法还存在争议，对海岸带资源自身价值缺乏深入系统的研究。由于围填海造地生态环境影响对象的多样性及生态环境损害范围的不确定性等，目前在学术界并没有形成公认的围填海造地价值损失评估的标准方法。在相关制度建设上，从《海域法》到各地方的地方立法，对围填海造地资源开发的有偿使用都缺乏可操作的规范化管理制度。

本书针对围填海造地的资源和生态环境影响，建立海岸带资源价值决定理论和价值构成理论，提出围填海造地占用海域的资源折耗成本和生态环境损害成本的概念及测算方法，并对山东胶州湾和福建罗源湾两个区域的围填海造地价值损失进行实证分析，最终提出构建围填海造地价值补偿制度建议，为我国实现海岸带资源可持续开发利用提供决策依据。

1.2 研究的理论意义和实践价值

1）围填海造地价值补偿的研究是对经济学基本理论的应用和完善

海岸带资源开发利用的优化配置属于环境资源经济学的研究范畴。如何核算资源开发中的负外部性（包括资源折耗及生态环境损害）并予以内部化，成为经济学界研究的一个重要课题。针对资源折耗，Hotelling（1931）认为，可耗竭资源的市场价格由两部分组成：一部分是开采成本，一部分是资源租金。在开采成本为零的完全竞争条件下，资源开发的收益都为资源租金，后人称之为霍特林（Hotelling）租金。20 世纪 80 年代开始，许多学者提出如何衡量非再生资源的价值折耗，其中 Serafy（1981）提出采用使用者成本法测算资源折耗成本。针对环境损害成本，经济学家提出了外部性理论、公共产品理论、产权理论等，并将其用作化解资源开发负外部性的理论依据。在这些理论的指导下，他们也提出了庇古税、产权明晰等环境损害内部化的补偿措施。这些都为资源开发中发生的资源折耗特别是不可再生资源的折耗和生态环境损害的补偿提供了经济学理论基础。近年来，有学者对油气资源、森林资源、湿地资源的价值构成和核算方法进行了研究论述。李国平等（2009）、王育宝和胡芳肖（2009）、张云（2007）对非再生资源开发中的价值补偿进行了全面系统的理论分析和实证分析，并提出了非再生资源开发中资源和生态环境价值损失的补偿机制与主要措施。

海洋经济学是以海洋资源为利用对象所形成的人类经济活动与经济关系的一门新兴学科。在国内外学科群中，海洋经济学目前仍处于薄弱状态。对于海岸带资源的开发利用问题的研究，特别是从经济学角度，对海岸带资源的价值决定及价值损失的生成机理分析还不多见，针对价值补偿内容、补偿标准、补偿原则及实现途径等进行的全面系统研究更为少见。在中国海洋经济高速发展的背景下，本书针对沿海地区围填海造地大规模化、泛滥化及对海洋生态环境影响的不可逆化现象，以实现海岸带资源的高效配置管理为目标，以海洋经济学的主流研究范式为专业化的分析框架，提出并完善海岸带资源的价值决定理论和价值构成理论及海岸带资源的资源折耗成本和生态环境损害成本评估理论，并使用基于陈述偏好法和基于生态修复原则的资源等价评估法评估围填海造地的生态损害，这些理论及方法对丰富当前的海洋资源和生态环境价值评估与可持续利用管理具有一定的价值，有利于促进海洋经济学的学科建设与发展。

2）围填海造地价值补偿的研究是我国对海岸带资源实现可持续利用的有益参考

近年来，随着港口、修造船、电力、石化等临海工业的大规模开工建设，沿海地区人多地少的矛盾日益突出，向海洋要资源、要空间，已成为沿海地区经济发展的战略取向。这一战略取向导致围填海需求剧增，海洋资源和生态环境保护压力加大。以胶州湾为例，近几十年来，胶州湾水域面积缩小了 33.1%，人为围填海造地是导致上述变化的主要原因。与此同时，围填海造地不仅造成海域面积的减少，还给环境和生态带来一系列的负面影响。国家对围填海造地的管理主要是实行行政审批制和征收海域使用金，而海域使用金的征收标准明显没有充分反映被填海域资源的稀缺性和价值，围填海造地生态环境影响的评估和补偿政策的制定仍然是空白。随着我国海洋经济增长和科技进步，围填海造地活动亟待通过经济手段重申围填海造地的资源和生态环境代价,科学计算海洋生态损害补偿标准,并在市场经济条件下,从资源出售获得的货币收入中提取相应的补偿费用,将其用于修复、维护和改善受损环境及生态服务功能,维持未来稳定的资源开发与环境保护,以实现海域资源的可持续利用。

3) 围填海造地价值补偿的研究是塑造用海方和海岸带资源权益方关系的重要方面

由于我国海岸带资源产权的虚置化,在开发利用中一直存在"谁发现、谁开发、谁所有、谁受益"的争抢资源局面,又由于海岸带资源的开放性、流动性和空间性的特征,海岸带资源明显存在"物质资源低价、生态环境无价"的不合理现象。本书所研究的价值补偿标准是资源所有权方对海岸带资源进行有偿管理的依据,也是最终制定围填海造地价值补偿标准的重要依据。价值补偿标准实际上是受益者(开发方)和损失者(资源所有权方)经过讨价还价达成的。假设围填海造地后资源所有权方遭受的损失为 $C=C_u+C_e$,其中,C_u 为边际资源折耗成本,即海域使用金,C_e 为边际生态环境损害成本。若项目的收益(即土地的价格)能找到相对准确的参照标准,为 R,并且有 $R-C=\Delta R>0$,则该围填海造地项目是值得实施的。ΔR 相当于市场交易中的合作剩余,可以在损失者和受益者之间进行分配,分配的比例取决于两者的谈判能力。假定项目损失者的谈判能力为 t,相应地,项目受益者的谈判能力为 $1-t$,则损失者得到的补偿(即该项目的价值补偿标准)为 $S=C+t\Delta R$,受益者获得的净收益为 $(1-t)\Delta R$。如果围填海造地的收益不能准确计算出来,受益者可能会有一个估算,R 变得不确定,ΔR 不得而知,则价值补偿的标准 $S=C+Z$,Z 仅为损失者因其具有的谈判能力而获得的额外补贴。所以价值补偿的标准取决于损失者的损失和谈判能力,而谈判能力与政治结构、损失者的损失程度、项目实施者的地位、公众参与支持有关。围填海造地价值补偿研究是海洋资源所有权方获得谈判能力的重要依据。

4) 围填海造地价值补偿的研究是我国建立海洋生态环境损害补偿制度的重要依据

党的十八大明确提出"建立反映市场供求和资源稀缺程度、体现生态价值和代际补偿的资源有偿使用制度和生态补偿制度",十八届三中全会进一步指出要加快生态文明制度建设,实行资源有偿使用制度和生态补偿制度,用制度保护生态环境。近年来,各地区、各部门在大力实施生态保护建设工程的同时,积极探索生态补偿机制建设,在森林、草原、湿地、流域和水资源、矿产资源开发等领域取得了积极进展和初步成效,生态补偿机制建设迈出重要步伐。但是由于海洋资源的空间开放性和流动性、生态服务功能的多样性及生态损害范围的不确定性等,海洋生态补偿尚处于起步阶段,对海洋生态系统服务价值测算、生态补偿标准等问题尚未取得共识,缺乏统一、权威的指标体系和测算方法。2015 年 3 月,中共中央政治局审议通过《关于加快推进生态文明建设的意见》,再次强调着力破解制约生态文明建设的体制机制障碍,以资源环境生态红线管控、自然资源资产产权和用途管制、自然资源资产负债表、自然资源资产和环境责任离任审计、生态环境损害补偿和责任追究、生态补偿等重大制度为突破口,深化生态文明体制建设,并要求尽快出台相关改革方案,建立系统完整的制度体系,把生态文明建设纳入法制化、制度化轨道。基于此背景,本书全面梳理围填海造地对资源和生态环境的影响,分析论证围填海造地的资源折耗成本和生态环境损害成本，建立围填海造地的价值补偿标准，提出价值补偿政策建议，是响应中共中央、国务院作出的建立生态补偿制度、探索生态环境损害补偿制度的重大决策部署和践行"推进海洋生态文明制度建设"政策目标的重要途径，也为"进一步运用经济杠杆促进环境治理和生态保护的市场体系建设"提供理论基础和技术规范。

1.3 研究内容与创新

1.3.1 研究的基本思路

围填海造地的价值补偿研究是一项理论性和实践性很强的课题。海岸带资源分布的流动性、整体性、空间性，资源利用的多宜性，沿海地区对围填海造地需求的紧迫性和持续增长性，围填海造地对资源和生态环境影响的边界模糊性和不可逆性、补偿标准的可接受性、相关社会问题的复杂性，决定了对它的研究是问题导向型的和有针对性的。本书紧紧围绕围填海造地资源开发造成的资源和生态环境价值损失评估及价值补偿问题展开深入研究，围绕着为什么要对围填海造地进行价值补偿、价值补偿的内容、价值补偿量如何确定、如何实现价值补偿等问题进行研究。

本书的研究思路是：第一，对国内外相关研究文献进行系统的综述，进而提出本书的核心问题和突破口，即海岸带资源的价值补偿是实现海岸带资源可持续利用的核心所在；第二，根据传统经济学的价值决定理论，结合海岸带资源的特殊性，建立海岸带资源价值决定理论和价值构成理论，为围填海造地的价值补偿奠定理论基础；第三，全面梳理 21 世纪以来国外及我国围填海造地的发展变化情况，把握基本态势，客观评价目前我国沿海社会经济发展对围填海造地的实际需求；第四，基于围填海造地对资源和生态环境影响的国内外研究成果，系统分析围填海造地对资源和生态环境的损害，建立规范的围填海造地价值损失分类指标体系和评估方法；第五，基于围填海造地的资源价值决定理论，确立围填海造地资源开发中被填海域资源折耗的评估方法和生态环境损害的评估方法，分别以山东胶州湾和福建罗源湾围填海造地为例，实证测算胶州湾和罗源湾围填海造地的价值损失，以验证方法的可行性，并为全国围填海造地价值的损失评估和补偿提供量化依据与理论参考；第六，提出适合我国国情、对围填海造地的资源和生态环境损害进行充分补偿的措施与制度设计，为国家有关部门对围填海造地的管理和海域资源的可持续利用提供决策依据。

1.3.2 研究的基本内容

本书内容共分为 11 章，具体如下。

第 1 章，导论。明确围填海造地资源和生态环境价值损失评估与补偿研究的理论意义和实践价值，确定研究内容、研究方法与技术路线。

第 2 章，围填海造地资源和生态环境价值损失评估与补偿研究综述。对国内外关于海岸带资源价值、海域使用金、围填海造地资源和生态环境价值损失评估及自然资源管理现状进行梳理、归纳和评价，根据已有的研究成果，提出本书的突破口，即从对被填海域资源自身价值折耗及生态环境损害进行充分有效补偿的重要性出发，实证分析围填海造地的资源折耗成本和生态环境损害成本，指出实施全方位价值补偿制度管理的重要性。

第 3 章，海岸带资源价值决定理论。依据经济学价值理论和当代的资源价值理论，结合海岸带资源的特殊性，阐释海岸带资源的价值决定因素及价值构成内容，并基于边际机会成本理论，确定围填海土地的价值构成，其可作为进一步研究围填海造地价值补偿分类和补偿标准的基础尺度。

第 4 章，围填海造地的发展及社会经济效益。介绍典型国家围填海造地的发展历史与现状，客观评价中国围填海造地对沿海地区社会经济的贡献。

第 5 章，围填海造地对资源和生态环境的影响及价值损失。基于国内外研究成果，总结围填海造地对资源可持续利用和海洋生态环境造成的不利影响，从福利经济学的角度说明围填海造地的价值损失及其分类。

第 6 章，围填海造地价值损失评估方法构建。在总结自然资源价值损失评估理论与方法的基础上，明确指出围填海造地的价值损失包括被填海域资源折耗成本与生态环境损害成本，分别构建资源折耗成本、生态环境损害成本评估的指标体系和评估方法。

第 7 章，围填海造地价值损失评估：山东胶州湾。运用使用者成本法测算胶州湾围填海造地的资源折耗成本，并从胶州湾生态系统服务功能下降、消费者福利水平的变化和生态修复三个层面论证了生态环境损害成本。

第 8 章，围填海造地价值损失评估：福建罗源湾。运用所构建的理论方法与模型，测算福建罗源湾围填海造地的资源折耗成本及生态环境损害成本，并对山东胶州湾和福建罗源湾围填海造地的价值损失评估结果进行对比，以验证评估方法的可靠性。

第 9 章，围填海造地价值补偿管理现状。指出围填海造地价值补偿的意义，总结概述中国围填海造地价值补偿的现状与存在的问题。

第 10 章，围填海造地价值补偿制度的构建。阐释围填海造地价值补偿的指导思想、目标及原则，从法律体系、政策体系及社会环境等方面分析论述围填海造地价值补偿的制度构建，重点说明围填海造地生态环境损害的补偿标准及制度建设。

第 11 章，结论与展望。

1.3.3　研究的创新点

（1）研究视角创新。以价值补偿的视角研究围填海造地的资源和生态环境影响及对围填海造地的经济规制。近年来，随着大规模围填海造地及其导致的海岸带资源的消失、环境破坏和生态服务功能退化等问题的出现，学界、管理部门和社会公众给予了大量关注，但主要集中在论证不同海域围填海造地的生态环境影响程度，或是从管理学的角度提出应加强对围填海造地的行政管理，仅少数学者从生态经济学的角度探讨了围填海造地的生态环境损害及评估方法。本书认为，围填海造地及生态环境损害问题的实质是海岸带资源价值被低估、海岸带的环境和生态服务功能无法进行市场表达导致资源低效配置的结果。价值补偿是约束和调整资源所有者、开发者的经济行为，减少和防止经济增长过程中的资源浪费与环境破坏的制度安排。

（2）构建理论创新。针对海岸带资源的概念和特征，以边际机会成本理论和福利经济学的价值理论为基础，系统构建海岸带资源的价值决定理论，即海岸带资源与生态服务价值是补偿的基础，围填海造地的负外部性是价值补偿的充分条件，政府作为海洋资源环境的所有权方，产权的垄断性是价值补偿的制度根源。并指出海岸带资源产品价格应由边际生产成本、边际资源折耗成本、边际生态环境损害成本三部分组成。为围填海造地及其他类型海岸带资源开发的价值补偿提供经济学理论基础。

（3）研究方法创新。依据不可再生资源的价值折耗的评估方法，结合围填海造地海洋资源的自然属性消失及生态环境影响显著的特征，以被填海域资源的影子价格为基础，构建围填海造地资源折耗成本的测算方法与模型，在国内首次尝试使用基于生态修复的资源等价分析法实证分析围填海造地生态环境损害成本。所构建的模型和实证测算结果，可为其他用海方式的价值损失评估提供范例式参考。

1.4　研究方法与技术路线

1.4.1　研究方法

综合运用福利经济学、资源环境经济学、生态经济学、海洋生态学、海洋环境科学、法学等学科的相关理论与方法，从理论层面构建海岸带资源价值及价值决定基础，规范分析我国海岸带资源开发管理制度和政策的现状，从技术层面构建围填海造地的资源折耗成本和生态环境损害成本的评估方法与模型，实证分析胶州湾和罗源湾围填海造地的价值损失。以规范分析为主，实证分析在规范分析设定的框架内，对围填海造地价值损失和价值补偿这一综合性、交叉性、复杂性、社会性很强的前沿性课题进行理论与实证研究，本书采用的研究方法主要为以下几种。

（1）文献梳理法。对国内外海洋生态系统服务功能及自然资源价值损失评估与补偿的研究成果进行总结归纳，作为围填海造地价值损失评估的研究基础，梳理国内已完成的围填海造地资源和生态环境影响研究成果及典型围填海工程的环境影响报告，进而筛选价值损失的评估指标。

（2）访问调查法。以开展相关部门访谈、发放公众问卷、组织专家研讨会等形式的社会调查，达到两个目的：对文献梳理法获取的数据进行二次处理和验证；获取研究海域围填海造地规模、公众对其生态影响的认识及对围填海造地进行管理的支付意愿等第一手数据与研究资料。

（3）定量分析法。根据统计数据和调查数据构建评估模型，采用使用者成本法、意愿调查法及资源等价分析法量化分析围填海造地的资源折耗成本和生态环境损害成本。

（4）定性分析法。规范论证围填海造地管理现状，设计保障围填海造地价值损失和生态损害补偿制度建立的法律体系及政策建议。

1.4.2　技术路线

本书按照"海岸带资源价值的补偿理论依据—围填海造地的发展历程—围填海造地资源和生态环境影响—围填海造地价值损失评估内容—围填海造地价值损失评估方法—围填海造地价值损失实证分析—围填海造地价值补偿制度构建"的研究脉络，从理论、方法到应用层面逐次展开，建立研究框架，见图1-1。

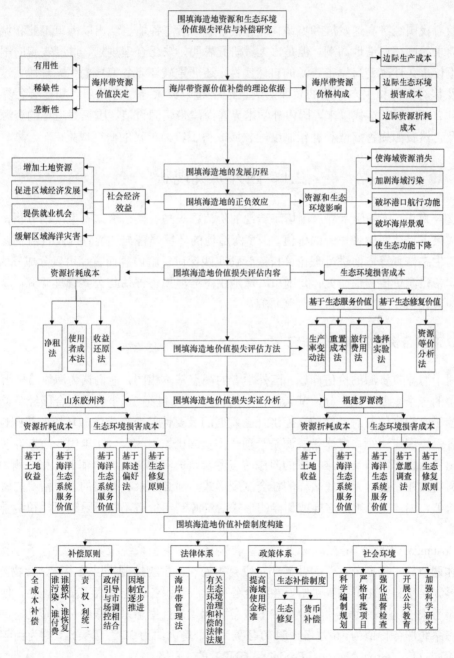

图 1-1　技术路线图

2 围填海造地资源和生态环境价值损失评估与补偿研究综述

随着我国经济高速发展和城镇化进程的加快,沿海各地呈现出以港口工业和城镇建设为需求的围填海造地高潮。但是,大量研究表明,缺乏合理规划、过度实施的围填海活动不仅永久性改变海岸带资源的自然属性,还严重破坏毗邻海域的生态环境。过度围填海及其对资源和生态环境的负面影响已经引起中央领导、有关部门和社会各界的关注。自20世纪70年代以来,国内外学术界在海岸带资源价值、围填海造地的资源环境损害及自然资源损害赔偿和补偿制度等领域取得了较为丰富的研究成果。

2.1 国外研究现状

迄今为止,国外学术界对围填海造地的价值损失与补偿研究未有系统的分析,现有文献成果多是从海岸带资源的价值、围填海造地的环境损害与环境管理及自然资源损害评估与生态修复等方面进行理论分析或管理实践探讨。就内容而言,可以分成三大类:①海岸带资源价值评估研究;②围填海造地生态环境损害评估与公共管理研究;③自然资源损害评估和生态修复管理制度研究。

2.1.1 海岸带资源价值评估研究

对于海岸带资源的价值问题,国外学者的观点基本相同,他们认为海岸带资源是自然资源的一个重要组成部分,其具有很高的价值。20世纪70年代,联合国经济社会理事会鉴于海岸带资源对沿岸国家经济社会发展的重要性及海岸带资源环境的特殊性,曾提醒各沿岸国家注意,海岸带资源是一项"宝贵的国家财富"。80年代,西方许多学者都提出了保护有限但又非常宝贵的海岸带资源及研究海岸带资源价值的主张。例如,艾仑·科特雷尔指出"无论什么样的社会制度形式,都必须承认有限的、会枯竭的资源都具有价值,因此,必须以这样或那样的形式给资源制定价格,以便限制消耗和给予保护与关心"。

Costanza(1997)在 *Nature* 上撰文,首次对全球生态系统服务功能进行了分类,包括气体调节、干扰调节、营养盐循环、废弃物处理、生物控制,以及生境、食物产量、原材料、娱乐和文化形态等供给,并综合各种方法对服务功能进行了量化评估,他认为1994年全球生态系统服务价值为332 680亿美元,并且生态系统服务价值是动态的,每年生态系统服务价值为16万亿~54万亿美元,平均大约为33万亿美元,约为当年全球国民生产总值(Gross National Product,GNP)的1.8倍。

Costanza（1999）再次总结了海洋在生态、经济和社会方面的重要性，特别指出，海洋除作为一次、二次生产物质来源及具有生物多样性等传统重要性之外，其在全球物质圈、能量圈的重要性更应该引起人类的重视，如水资源提供营养元素、提供废弃物处理服务功能等。在海洋生态系统的经济价值方面，Costanza（1999）指出，海洋生态系统服务价值占全球生态系统服务价值的 60%，对人类福利的贡献为 210 亿美元/a。他呼吁应该以合理、明晰的产权制度管理框架来取代传统的无使用限制的模式。

Costanza 于 1997 年和 1999 年对生态系统服务价值的评估研究引起了大量的争议，部分学者认为他的生态系统服务价值评估方法和评估结果存在问题。Cornell（2011）明确指出，货币估价在生态系统保护方面是倒退的一步，低估了可持续发展的重要性。当经济学家和人们在政治领域谈论生态系统服务时，他们通常是指"大自然为我们做了什么"，它的起点是一个极度以人类为中心、功利主义的角度，忽略了自然生态系统是什么，以及如何用体系与设施来管理和维护这些服务。Opshoor（1991）认为评估方法的争议性导致评估结果的非接受性。支付意愿（willingness to pay，WTP）分析作为从应用福利经济学而来的一个工具，由其自身性质决定，被用于建立生态系统服务对经济主体的价值时，只能围绕近期和眼前价值，考虑可再生、可替代的生态系统服务，不考虑与其他服务及其价格的关系。从生态系统角度看，系统的行为本是复杂的，它是互相连接、反馈串联的，并不是每一个生态功能都那么明显地联系着人对福利的关注。将各种福利相互分离，然后又把它们拼装起来，这种对价值的加总是缺乏说服力的（Opshoor，1991）。Hueting 等（1998）认为使用 WTP 来估计需求曲线，进而计算消费者剩余的方式会使整个估算失效，反映生态系统服务价值的应当是将这一功能维持在某一水平的费用，而该费用不应从 WTP 这个主观意愿调查，而应从更为客观的技术经济分析中得到。Barbier 和 Heal（2006）指出了生态系统服务价值评估中可能遇到的问题，认为即使拥有最翔实的数据和最好的理解，从某种意义来说，经济学能够评估的生态系统服务价值也是有限的，因此，对生态系统的保护，评估其价值倒不如提供某种激励更重要。

虽然国外的学术界对于经济学，具体来说是货币估价，在生态系统保护方面是否起关键作用仍有争议，但是生态系统服务是有用的且是日益稀缺的，生态系统受到破坏的现象告诉我们，人类对任何资源的利用必须考虑其经济代价。

联合国环境规划署（UNEP，2009）明确了对生态系统服务价值评估的重要性，在国家和财政范畴内，把对生态系统服务价值的评估纳入国家规划流程：联合国环境规划署将继续发展创新工具，帮助各国把生态系统服务植入他们的财政价值。

越来越多的生态经济学者认为，生态系统服务价值是将生态知识与经济利益结合起来的工具，可以纠正我们在政策制定中对生态系统服务的忽视（Chee，2004）。生态系统服务的概念和价值的计算可以反映经济发展过程中的市场活动与环境质量之间的关系（Howarth and Farber，2002）。生态系统服务的概念可用于指导社会与自然之间的交换，以可持续的方式提升人们的福利水平，使得人们的活动在环境和社会中产生双赢（Farber et al.，2002）。

正是由于生态系统服务概念的重要核心作用及其对指导生态管理和可持续发展的重要意义，近年来，量化具体的生态系统服务价值成为资源环境经济研究的主流，关于海洋生态系统服务价值评估的案例大量增加，并集中在以下几个领域。

1）区域海洋生态系统服务价值评估

海岸带和沿岸海洋生态系统，包括河口、湿地、红树林、珊瑚礁、海草床等，均为人类社会提供种类繁多的生态系统产品和服务。Costanza（1997）对全球生态系统服务价值评估的经典论文也完成了对全球海岸带生态系统服务价值的估算，海洋约占地球表面的 71%，其产出的产品和服务的价值占全球生态系统总价值的 43%，全球海洋在一年内对人类的生态服务价值为 461 220 亿美元，即每公顷海洋平均每年给人类提供的生态服务价值大约为 1281 美元。Kreuter 等（2001）利用 1976 年、1985 年和 1991 年的卫星资料，对美国得克萨斯州生态系统服务价值的变化进行了研究。Mehvar 等（2018）通过分析 30 个区域海洋生态系统服务价值评估的案例，发现珊瑚礁和红树林是常被评估的生态系统，海草床是最不被考虑的海洋生态系统。其中，旅游娱乐和风暴保护是两种最受重视的服务，其估值高于其他海洋生态系统服务。Vitale 等（2004）通过建立应用模型，研究了欧洲的海洋生态系统服务对全球气候变化及土地利用变化的响应，其结果表明，虽然部分变化会增加生态系统的服务产出，但大部分的变化会增加海洋生态系统的脆弱性，同时也导致海洋生态系统服务功能的降低。De Groot 等（2002）认为，由于资源和服务的生态价值及社会经济价值一直以来都没有统一的描述，现有的关于生态系统产品和服务价值的数据不具有可比性。在上述背景下，他们以连贯、清晰的方式对 23 类生态系统功能进行了描述、界定，并针对每一种生态系统功能匹配了相应的生态及社会经济价值的评估方法。Eggert 和 Olsson（2004）从渔业资源储量、浴场海水质量及生物多样性水平三个方面来评估海水水质，他们在瑞典西海岸利用多项选择实验评估了海岸带水质改善的经济价值，然后采用混合的多元 logit（multinomial logit，MNL）模型测定参数。分析结果显示，被调查居民对水质的不同特点具有不同程度的偏好，而且居民对环境质量表现出不同程度的担忧，认为保护海洋生态系统首先应该关注海洋生物，保护海洋生物多样性，避免进一步的损耗。Luisetti 等（2011）通过回顾在英格兰东海岸布莱克沃特河口及亨伯河口的案例，运用决策支撑系统（decision support system，DSS）介绍了对海岸带生态系统服务价值边际变化进行评估的方法与结果，他们认为对生态系统服务价值的评估对南部沿海管理调整极为重要。

2）海洋生态系统某一具体服务或某一生境服务价值评估

（1）湿地与红树林生态系统服务价值评估。1971 年的《拉姆萨尔湿地公约》明晰了湿地的经济价值并起草了经济价值评估的指导方案。Bergstrom 等（1990）在讨论划分湿地的商业、蓄水等服务价值的基础上，重点评估了湿地的娱乐价值，将湿地总经济价值分为非使用、当前使用和未来使用价值，又将这些价值进一步划分为支出和消费者剩余，通过实地考察，得到总支出约为 1.18 亿美元，消费者剩余总额约为 0.27 亿美元，这些结果表明，湿地拥有较大的娱乐价值，湿地的娱乐价值也是制定湿地保护政策及对湿地进行管理时需要重点考虑的部分。Malik 等（2015）评估了印度尼西亚红树林的生态系统服务价值，得到该地区每年每公顷红树林的服务价值为 437 万～1059 万美元，评估结果为当地红树林的生态保护和渔业开发选择提供了依据。Bell（1996）为了研究美国东南部海洋湿地支持休闲渔业服务功能的经济价值，以科布-道格拉斯生产函数为模型，将海洋湿地作为一种生产要素投入，构造了休闲渔业的生产函数，结果显示，海洋湿地每增加 1 英亩[①]，休闲渔业的产值在佛罗里达州的东部和西部海岸分别增加 6471 美元和 981 美元。Barbier（2000）运用静态和动态的生产函数法评估了泰国南部及墨西哥坎佩切湾的红树林资源对渔业的支持服务价值。Brander 等（2006）在回顾前人关于湿地生态系统服务价值评估研究的基础上，发现很多研究中经常忽视对于评估湿地生态系统服务价值有重要影响的社会经济变量，如收入、人口密度等；作者在考虑社会经济变量对湿地生态系统服务价值的影响后，对前人的评估结果进行了回顾性测试，发现平均传递误差为 74%，仅有不到 1/5 的传递误差在 10%左右。2000~2001 年 Terer 等（2004）通过发放调查问卷、访谈及小组讨论的方式进行了数据收集和信息采集，其研究发现奥克斯博湖和塔纳河作为湿地生态系统的主要类型为当地居民提供了务农、交通、安全及社会文化价值，这些价值是生态系统得到保护的重要基石；其研究还发现不同的社区一直利用不同的传统方法对资源进行管理。由此得出结论，在保护湿地生态系统中当地居民发挥着核心作用。

（2）珊瑚礁生态系统服务价值评估。Cesar 和 Chong（2004）简要地概括了应用于珊瑚礁生态系统的经济价值分析方法，而且以案例分析的方式评估了区域珊瑚礁生态系统服务价值，采用利益相关者分析方法，通过分析从珊瑚礁生态系统所受保护和威胁中受益、受损的利益相关者的利益变化来挖掘珊瑚礁生态系统不可持续开发利用的驱动因素。Riopelle（1995）评估得到的印度尼西亚珊瑚礁总经济价值约为 1 万美元/hm^2。

（3）海草床生态系统服务价值评估。欧盟委员会（European Commission）（2006）在环境政策科学（Science for Environment Policy）报告中明确指出了海草床生态系统对经济发展的重要作用及其经济价值，海草床对渔业发展有突出贡献，包括商业渔业和休闲渔业及其他海洋产业，书中列举了欧洲多地海草床生态系统服务价值的变化，提出要加强对海草床的保护和合理利用，推动其可持续发展。Tuya 等（2014）采用两种评估方法评估了大加那利岛（大西洋）海草床渔业的经济价值，他们估计了每年单位面积海草床的大型鱼类生物量，还估计了每年生产商业物种的小型鱼类。结果显示，2011 年可捕捞的大型鱼类生物量为 907.6kg，使用标准市场价格估计的该鱼类生物量的货币价值平均为 866 欧元/hm^2，考虑当地海草床的覆盖面积，该大型鱼类的总价值约为 $6.1×10^5$ 欧元；对小型鱼类进行季节性捕捞，使用标准市场价格估计的该鱼类的价值约为每年 95.75 欧元/hm^2，考虑海草床的覆盖面积，小型鱼类总价值约为每年 $6.7×10^4$ 欧元。Dewsbury 等（2016）总结了海草床的生态系统服务价值及价值评估方法和评估模型，将其服务价值分为使用价值和非使用价值，并介绍了价值评估模型的管理和应用，包括成本收益分析、管理效益分析和损害评估，通过分析目前对海草床服务价值评估研究的缺陷，提出了之后的研究重点。

（4）海滩生态系统服务价值评估。Edwards 和 Gable（1991）探讨了如何从附近的房地产价值估计当地公众海滩娱乐功能的支付意愿，使用距离最近的公共海滩的距离对

[①] 1 英亩≈0.404 686hm^2。

沿海房地产价值的负面影响来揭示海滩娱乐价值，还对娱乐价值的估算与海滩养护的成本进行了比较。Heo 和 Lee（2007）使用个人旅行成本模型（individual travel cost model，ITCM）估算了 Songieong 海滩在淡季的经济价值，根据二元回归模型，估计的每次旅行的消费者剩余（consumer surplus，CS）约为 19.98 万韩元，总经济值估计为 128.87 万韩元。Prayaga（2017）估计了昆士兰州大堡礁摩羯座海岸地区海滩的经济价值，结果表明，当地人的海滩使用价值取决于他们的游览模式。这些信息在评估海滩保护和制定相关的海滩保护政策时至关重要。Risén 等（2017）以波罗的海为研究对象，调查了当地居民对清理当地海滩海藻和垃圾的支付意愿，以此估计当地海滩的非市场价值，结果显示当地居民有较强烈的支付意愿，该结果对于海滩的长期发展和旅游业的发展有重要意义。

（5）生物多样性价值评估。Johnson 等（1996）研究了生物多样性和生态系统稳定性之间的关系，文章阐述了生物多样性的作用机理及对生态系统的影响。Beaumont 等（2007）指出海洋生物多样性可提供 13 类产品和服务，并以此分类为基础，根据可获得的科学数据评估了英国海洋生物多样性提供的 8 项生态系统服务价值，同时分析了生物多样性的下降对海洋生态系统服务的影响。

近年来海洋生态系统服务价值评估文献较多，在此不再一一赘述。总之，海岸带资源价值包括海洋生态系统服务价值的评估为海岸带资源的可持续管理提供了坚实的经济学基础。海岸带资源价值评估的结果非常重要，使得政策制定者与决策者能够评估具体资源或生态系统对社会和经济福利的总体贡献的相关信息，同时突出了公众对资源的利用方式及资源价值的认识，从而有助于提高公众的环境意识并鼓励公众参与环境保护活动。经济价值评估同时为指导决策提供了重要备选方案，因为可以在经济价值评估中评估管理活动的相对收益和成本，以及收益和成本在各层管理循环过程中的变化。

2.1.2　围填海造地生态环境损害评估与公共管理研究

国外关于围填海造地生态环境影响与损害评估的研究较为分散，已有的研究成果集中于围填海造地生态环境损害评估及其公共管理。

1）围填海造地生态环境损害评估

1960 年，荷兰率先建立农业投资委员会，并发表了"The report of social economic impact of land reclamation"，全面评估了须得海区东弗莱福兰岛围垦工程，该工程始于 1950 年，并于 1956 年 9 月完成，3 个抽水泵将近 9 个月的连续抽水形成约 100 000hm² 的围填土地，将其用于种植农作物、建设农场。该报告主要计算了项目投资的收益回报率，而且强调由于存在诸如成本和收益中的不可衡量及无法预见的变化等，包括围填海对海洋渔业资源和生态环境的影响，因此该围垦工程投资收益评估结果存在不确定性（Veenman and Zonen，1961）。

Cendrero 等（1981）详述了西班牙桑坦德湾的围填发展进程，约 83% 的河口自然海岸已经消失，接近 2/3 的潮间带地区已经被覆盖。桑坦德湾的"人造沉降"速度（人工引起海岸沉降的速度）超过自然沉降速度的几十倍。他们甚至推测，在不到一个世纪甚至 30 年之内潮间带地区会完全消失。对桑坦德湾的围填影响的经济学分析表明，海湾鱼类和甲壳类资源正处于减少状态，作为休闲功能的海洋利用潜力正在下降；考虑到人造土地的价格，保守估计 10～30 年的时间，围填海造地的经济损失有可能会超过土地收益。

Oosterhaven（1983）对 19 世纪 70 年代荷兰弗里斯兰省北部海堤土地开垦计划的选择与决策过程进行了详述，农业组织和该省希望通过更大的开垦计划获得更大规模的农业耕地，从而获得更大的经济利益，但环境保护组织因其会对荷兰浅滩自然环境造成不可预计的损害而反对这些计划。该作者分别从国家和区域层面对 B1、B2、Ct、E1、E2 五个不同计划进行了成本效益和投入产出分析，得出 Ct 计划最具吸引力，即经济收益最小但生态收益最高。

Al-Madany 等（1991）对巴林的围填海造地实践进行了环境影响评估（environmental impact assessment，EIA）和社会费用效益分析（social cost benefit analysis，SCBA），指出巴林的围填海活动（围填海增加的土地面积为 3400hm^2）影响了近海生态系统和环境，如诱发泥沙淤积、增加海水浑浊度、增大岛上土壤的盐度，还破坏了海洋生物的产卵地、珊瑚礁、红树林、灌溉系统、地下水系统，以及改变了海水的自然流向等，从而对渔业、农业、旅游业产生了影响，造成社会经济损害。这一问题受到社会各界的广泛关注和讨论，同时，该文就此提出了一个完整的环境规划模型和相应的解决方案。

Glaser 等（1991）从经济地理学的视角总结了新加坡和我国的香港、澳门 3 个地区围填海造地的主要阶段与原因，这 3 个地区围填海造地清晰地分为 4 个不同的演化阶段。第一阶段，1900 年以前在浅海区与沼泽地进行的相对无计划和无成本的项目，主要是为了港口建设。第二阶段，1900～1945 年进一步围填海造地的主要推动力是战略性安全及居住核心区之外的工程项目，新技术使得至今不可恢复的地区可以开发和围垦。第三阶段，1945～1980 年，进行围填海造地的主要推动力是工业发展和港口扩建对土地的需求。第四阶段，20 世纪 80 年代工程开发的目的是维持地区在世界经济和商业中心的地位，在与邻近内陆地区的工业和商业合作中起了更大的作用。但是该篇文章并没有重点分析围填海造地的生态影响和环境损害。

De Mulder 等（1994）从岩土、水文地质、环境、工程等方面讨论了荷兰围填海工程的影响，并讨论了缓解环境影响的方法，同时指出如果对围填海区域及其周边区域的地质情况没有全面的了解，则无法可靠计量工程对房屋、基础设施、粮食和环境的影响。

Lu 等（2002）以新加坡为例研究了围填海造地对大型底栖生物的影响，研究结果表明，调查期内大型底栖生物群体数量在围填海区域内显著减少而在围填海区域外显著增加，群落结构在调查期内也发生改变。

日本是世界上围填海造地规模最大的国家之一，其 37 万 km^2 的国土中有 12 万 km^2 的自围填海造地。Suzuki（2003）总结了日本港口填海的发展规律，自第一次石油危机以来，日本每年新填海的区域迅速减少，1984 年后减少的速度在下降。1989～1991 年，土地价格的急剧增加是围填海规模增加的直接原因。但是，在 1996～1998 年，未完成的填海计划在泡沫经济时期造成反转现象，土地价格越高，计划填海区增加面积越小。

崇明岛为沿海湿地、滩涂提供了许多重要的生态服务，包括潮水涌浪的缓冲区和候鸟栖息地。然而，大规模的土地开垦严重影响了当地的生态系统。Zhao 等（2004）评估了崇明岛围填海造地的生态系统服务价值损失，得出大规模的围填海造地使崇明岛生态系统服务价值从 1990 年的 3.1677 亿美元下降至 2000 年的 1.2040 亿美元，下降了 62%。生态系统服务价值的大幅降低主要是由于湿地、滩涂的消失。作者认为未来土地利用政策的制定应该优先考虑避免这些生态系统被不受控制地利用，而且土地复垦应基于严格的环境影响分析。

Montenegro 等（2005）研究了菲律宾最大的围填海造地项目——科尔多瓦（Cordova）工程，该工程填埋了 2707hm^2 潮间带，结果表明，该工程所产生的环境损失折算成现值达到 33 亿比索，也就是 0.598 亿美元，占总计划成本的 13%。环境损失包括以下 4 个方面：①现场渔获量减少；②礁石的产量下降；③受影响的珊瑚礁地区潜在休闲娱乐价值减少；④采石造成生态环境破坏。其中，该项目最大的环境损害是围填海造地对珊瑚礁的负面影响和采石所造成的环境破坏。

Wang 等（2010）根据土地复垦对沿海生态系统服务的负面影响分析及对不同估值技术的评述，提出了针对不同生态系统服务功能选择相关评估方法和进行生态系统总体损失的估算框架，并通过对厦门同安湾围海造田工程生态系统服务的评估，发现生态系统损害补偿的成本明显高于围海造田工程本身的内部成本。

Zainal 等（2012）评估了巴林围海造田对生态及经济的影响。在 1997~2007 年，巴林的浅滩和潮滩以每年 2100hm^2 的速度被大量改造；到 2008 年，每年原始陆地增加量已经达到了 9100hm^2。经评估，由于围垦工程的开展，所选取的 10 处主要生物栖息地的累积流失总量已达到 15 358hm^2。另外，大量的采泥被用作沙土提取物或其他填实物，也会对附近的重要栖息地和海洋物种造成影响。截至 2008 年，土地损坏面积为 9100hm^2，围填海带来的海洋生态系统经济损失为 4900 万美元。

2）围填海造地公共管理

Ng 和 Cook（1997）在 "Reclamation: an urban development strategy under fire" 一文中提到，香港围海造地战略受到民主化社会的挑战，他们认为进一步的大型海港围填海工程是不可持续的，并倡导政府连同其公民向市区重建、更好地规划新界城区等综合性城市方向发展。

Goeldner（1999）的研究指出，自 20 世纪 70 年代末德国环保人士反对任何填海工程，他们的主要论点一直集中在围填海造成的负面环境影响。在 20 世纪 90 年代，由于环保人士的强烈反对，加上海防计划的成果及海平面上升和近年的经济不景气，德国瓦登（Wadden）海岸带的围填海工程逐渐减少。

Cho（2007）关注了 1987~1994 年的韩国始华湖（Lake Shihwa）围填海工程，认为其造成了环境灾难，但公众开始认识到湿地和沿海水域的价值，同时分析了利益相关者之间的冲突演变和解决方案，讨论了一些大型填海工程的经验教训。

Ohkura（2003）关注了日本谏早湾（Isahaya Bay）填海项目的争论。该项目于 20 世纪 50 年代初提出，并于 1989 年开始建设。当地环保活动团体在 20 世纪 70 年代就曾在媒体上讨论该工程将导致环境恶化并提出相关问题，但均没有结果。工程完工后，才

有大量的媒体报道该大型公共工程项目，告知公众其对环境的大范围影响。Ohkura
（2003）认为，媒体在这次事件中只是发挥了一个"旁观者"的角色，媒体实际上应该
更活跃一些，及时发现工程对环境的重大威胁并做好公众教育，甚至不失时机地影响政
府决策。

Hong 等（2010）在"Land use in Korean tidal wetlands：impacts and management
strategies"一文中，详细介绍了韩国西南部的海岸带潮滩湿地和盐沼，这些湿地是连接
海洋生态系统与陆地生态系统的交错过渡地带，它们拥有丰富的生物多样性，在维持生
态健康和环境污染物处理中发挥着重要作用。韩国滩涂湿地的面积从1987年的28万hm^2
减少到了 1997 年的 24 万 hm^2，这一减少主要是由于滩涂湿地被转变成了城市和农村用
地，而且大型的围填海工程造成湿地及其生态系统服务功能的损失。Hong 等（2010）
提出首先要加强韩国法律及法规的修订，以便更有利地保护潮滩湿地和盐沼；其次应当
在地方层面进行更多的公共教育，为保护滩涂湿地提供支持；最后还有必要建立一个在
可持续管理与土地使用框架下的整合经济和环境目标的程序。

Lee 等（2014）认为始华湖围填海工程（SCR）项目是韩国围填海政策失败的显著
例子。过去 20 年，韩国政府投资超过 15 亿美元恢复 SCR 的水质，这是围填海建设成
本的 2.7 倍，作者希望政府能够制定并落实更严格的管理政策，避免围填海失败的再次
发生。

由此可见，国外的围填海造地研究较为分散，部分文献评估了围填海造地的生态环
境损害成本，一些文献探索了在围填海造地的管理过程中加强公共管理与公众参与的必
要性。

2.1.3　美国、欧盟自然资源损害赔偿制度

美国、欧盟等自 20 世纪 70 年代以来开始构建自然资源损害赔偿制度[①]，至今已较
为完善并各具特色。该制度有关赔偿主体、受偿主体、赔偿范围等的规定科学合理，并
且建立了损害评估的操作指南，可以为我国建立围填海造地的损害补偿制度提供参考或
借鉴。

2.1.3.1　美国自然资源损害赔偿制度

美国自然资源损害赔偿制度相对全面且细致。它经历了从普通法到制定法的发展历
程，建立了由《清洁水法》（Clean Water Act，CWA）、《综合环境反应、赔偿和责任法》
（Comprehensive Environmental Response，Compensation，and Liability Act，CERCLA）、
《石油污染法》（Oil Pollution Act，OPA）等法律构建的相对完善的自然资源损害赔偿制
度，对海洋损害的赔偿主体、赔偿范围和赔偿方式进行了全面且细致的规定。

---

① 在英文表述中，补偿"compensation"通常解释为"对服务、损失或损害的补偿行为，或因受到损失或损害
而得到的赔偿物，如金钱"。但是在中文语境中，则有补偿和赔偿之分。补偿是指责任方的无过错行为对他人合法
利益造成损害而给予受害者的补偿，其前提是合法行为且带有单方道义承诺的色彩。赔偿是指责任方的过错行为（故
意、过失或违法）对他人造成损害而赔偿对方全部损失，带有惩罚性，责任方负有不可推卸的法律责任。但其本质
相同，最终目的都是使遭受损害的自然资源得到修复。

1）损害概念界定

在介绍国外有关海洋资源和生态环境的责任法规之前，必须界定"自然资源损害"（natural resource damage）、"环境损害"（environmental damage）或"生态损害"（ecological damage）的概念，因为不同的法律文本采用了不同的定义。美国采用的是自然资源损害的概念。自然资源是指被美国联邦政府、州政府、外国机构、印第安部落占有或管理控制的土地、渔业资源、野生动物、空气、地下水资源，并没有区分有主物或无主物，因而自然资源通常包括私人财产与公共资源。与海洋相关的自然资源包括：以商业和娱乐为目的的渔业资源、溯河产卵的鱼类、濒危和受到威胁的海洋哺乳动物、湿地、红树林、海草床、珊瑚礁及其他沿海栖息地、与国家海洋保护区和国家河口研究储备相关联的所有资源。自然资源损害是指对自然资源的侵害、破坏或者对自然资源的使用的丧失，也包括评估损害的合理费用（Maes，2005）。

2）赔偿主体和受偿主体

赔偿主体是指法律规定的应对自己损害自然资源的行为负责，并对该损害进行赔偿的一方。受偿主体是指就自然资源的损害请求和领受赔偿的一方，其应与受损的资源有合理的利益关系，同时有能力和意愿将赔偿金用于修复资源或以其他方式对损害进行弥补（王树义和刘静，2009）。

《清洁水法》中的赔偿主体是排放石油或危险物质的船舶或岸上设施的所有者、营运者或直接控制人及特别情况下的第三方。《综合环境反应、赔偿和责任法》第107款规定，凡是向环境泄漏除石油以外有害物质的船舶的所有者和营运者，应承担"对自然资源带来的损害、减损或损失，包括评估该排放行为导致损害、减损或损失的合理费用"。《石油污染法》的适用范围广泛，但凡从任何移动或固定的物体向水体或海岸排放石油或产生排放威胁的责任方负责赔偿，包括船舶的所有者、营运者或因遗赠而受领船舶的人、临岸设施的所有者或营运者，海上设施所在地的承租者或许可证持有者等。

受偿主体，即自然资源损害赔偿的起诉主体，是指被指定的行使自然资源损害评估的机构，能够代表自然资源，就其损害进行请求和领受赔偿的一方。美国在普通法的公共信托原则之下，州政府被赋予了对自然资源的托管权，其可基于托管者的身份提出赔偿请求。制定法下托管者的范围更加广泛，包括联邦自然资源管理机构、各州州长委派的机构和印第安部落，他们可以基于托管者的管理权、所有权或控制权对自然资源的损害进行索赔。现有的联邦托管机构包括美国农业部（United States Department of Agriculture，USDA）、美国商务部（United States Department of Commerce，USDOC）、美国国防部（United States Department of Defense，USDD）、美国能源部（United States Department of Energy，USDE）、美国内政部（United States Department of the Interior，USDOI）和其他被授权管理或保护自然资源的机构。

与海洋相关的资源中，美国农业部托管联邦管理的渔业；美国商务部托管某些特定的溯河产卵的鱼类、海岸环境（包括盐沼、滩涂、河口或其他潮滩湿地）、指定河口研究保护区或海洋保护区、濒危海洋物种、海洋哺乳动物；美国内政部托管某些特定的溯河产卵的鱼类、某些特定的濒危物种、某些特定的海洋哺乳动物、国家野生生物保护区和鱼类孵化场；各州政府托管州的鱼类孵化场；美国国家海洋大气局（National Oceanic and Atmospheric Administration，NOAA）托管以商业和娱乐为目的的渔业资源、溯河产卵的鱼类、濒危和受到威胁的海洋哺乳动物、湿地、红树林、海草床、珊瑚礁和其他沿海栖息地、与国家海洋保护区和国家河口研究储备相关联的所有资源。由于自然资源存在共存、临近的关系，或者存在管辖权的交叉，因此可能同时存在数个共同的托管者，当这种情况出现时，托管者之间应当协调合作，履行共同的义务（周悦霖和 Carpenter-Gold，2014）。

需要特别指出的是，在联邦立法的自然资源条款中，公民个体被排除在自然资源损害求偿主体之外。但公民作为一个整体，可以提出公民诉讼，从而在自然资源损害赔偿案件中发挥重要作用。

3）赔偿范围

确定自然资源的哪些损失及托管者因损害产生的哪些费用可以得到赔偿是自然资源损害赔偿制度的核心。从《清洁水法》《综合环境反应、赔偿和责任法》《石油污染法》和相关评估规则的规定来看，美国自然资源损害赔偿范围包括三部分：初始修复费用、过渡期损失和评估损害的合理费用。

初始修复费用是自然资源损害补偿范围中的首要部分，它是指"修复、恢复、替代或获取"受损资源或其提供服务的等价物的费用。将其纳入赔偿范围的理由在于：由于自然资源广泛的环境、审美、文化等价值，只对其进行经济赔偿不足以弥补公众的损失，合理的方法应该是采取修复措施，将受损资源恢复到损害前的状态。法院认为，除非修复是不可行或异常昂贵的，都应采取修复行动。即使可将资源修复至损害前的状态，修复费用仍不足以涵盖所有损失。由于修复资源有待时日，在修复期间资源提供的服务还是会继续流失，这段时间流失的效用仍需赔偿，这就是过渡期损失，又被称为赔偿性修复费用，指修复临时流失的资源服务的工程费用，托管者可以对这种修复措施的费用进行求偿，或者责任方可以在托管者的监督之下实施赔偿性修复工程替代。由于在进行自然资源损害评估中，托管者还支出了评估费用，这类费用也应由责任方予以赔偿。

综上所述，自然资源损害赔偿范围=初始修复费用+赔偿性修复费用+评估损害的合理费用。

4）损害评估程序

美国经过长期的立法和司法实践最终建立以《清洁水法》《综合环境反应、赔偿和责任法》《石油污染法》为制度基础，以美国内政部（DOI）和美国国家海洋大气局（NOAA）的相关评估规则为代表的自然资源损害评估（NRDA）制度。目前，自然资源损害评估制度（NRDA）是世界上较为完善的自然资源损害评估操作指南，其主要包括预评估、修复计划和修复实施等 3 个阶段。在预评估阶段，托管者需要收集有限的数据并决定是否继续损害赔偿评估的进程。修复计划阶段应形成一揽子修复方案以就损失加以赔偿，它分为损害评估和修复选择两个步骤。其中，修复包括基本修复和赔偿性修复，分别针对资源的恢复和过渡期内流失的效用。在修复计划通过之后，就进入了修复实施阶段。

5）赔偿方式

20 世纪 70 年代中后期,福利经济学基本原理被引入自然资源损害评估与赔偿领域。公共自然资源受损导致公众的环境福利水平下降,自然资源损害赔偿的基础是受损公众中的个体成员之前的环境效用水平,赔偿标准是保证个人环境福利完整无缺（make whole）的货币金额（Robinson,1996）。基于以上共识,大量学者使用环境和生态资源价值评估方法,对溢油、危化品泄漏等突发事件的资源损害或生态环境损害进行货币化评估,并以此作为损害赔偿的依据。

在采用价值评估方法时,托管者计算自然资源和服务功能蒙受损失的价值,并寻求赔偿性修复活动,该行动产生的利益与那些损失的价值相等。根据价值对价值的方法,责任方有义务赔偿的是修复工程的成本,该工程产生的收益与损失的价值相等。估算损失的价值和修复工程的收益则使用一系列经济价值评估方法,这些方法有非市场经济价值评估方法（旅行费用法、条件价值法）、市场评估方法（要素收入法、供需市场模型法、特征价格法）、利益转移法等。在所有情况下,这些方法的目的是确定将受损资源和相关服务恢复到基准水平或向公众提供资源和相关服务的同等价值的修复项目的适当规模。

根据《石油污染法》,只要失去的价值能够被可靠计量,自然资源托管者就可以恢复非使用价值（non-use value）的损失。1986 年美国内政部采取了较少规则,认为赔偿金是修复费用和资源价值减少量中的较少者。因而,以经济学工具评估的损失作为可赔偿的价值,即过渡期内损失资源的价值（Kopp et al.,1990）。

但是,由于环境资源的特殊性、不可替代性,作为通常评估方法的市场评估方法并不完全适用于自然资源损害赔偿,特别是环境非使用价值,如生物栖息地、生物多样性维持等的损失,由于缺乏事前的自然资源损害的经济成本数据,准确的损失评估往往很难做到。

意愿调查法又被称为条件价值评估法（contingent evaluation method,CVM）,其历来是评估非使用价值唯一可用的方法,也是争议性最大的一个方法。该方法通过构造假想市场调查人们对生态环境物品变化的支付意愿（willingness to pay,WTP）和受偿意愿（willingness to accept,WTA）,对非市场物品的偏好进行货币估值,是迄今唯一能够获知与环境物品有关的全部使用价值尤其是非使用价值的方法。意愿调查法在评估自然资源损害情况下的非使用价值时存在争议。虽然一些研究者提出理论性和实证性证据支持意愿调查法评估的可靠性,但也有人认为意愿调查法评估是不可靠的。即使人们接受意愿调查法评估的有效性,意愿调查法评估也存在问题,即沿海海洋资源破坏相关的数据库非常有限。基于理论上对意愿调查法评估有效性的忧虑,以及对利益转移研究有限的可用性,Roach 和 Wade（2006）总结认为,意愿调查法无法提供一个基础去评估假定的石油泄漏带来的非使用生态价值的破坏。

自 20 世纪 90 年代以来,有国外的生态学家提出生态保护目标在于保持生态功能的基准水平而不是人们的福利水平不变,建议使用生态修复的原则取代意愿调查法作为计算环境和生态损害的主导方法。基于生态修复目标的损害评估方法,美国 NRDA 的目标和程序出现了重大转变,从利用传统的福利经济学的货币损害评估,过渡到通过实物生态修复项目实现公共补偿。

生境等价分析法(habitat equivalence analysis,HEA)或资源等价分析法(resource equivalence analysis,REA)经常被用来确定修复措施的规模大小。不同于传统的经济分析,REA/HEA 基于人类使用价值(有时包括非使用价值)的损害评估来评估生态系统服务功能损失,然后衡量修复这些损失的生态补偿。因此,REA/HEA 的目标是保持某种资源或生态功能的基准水平而不是人们的福利水平不变。过去的 10 年已经见证了这种转变,使得 NRDA 重新调整,逐渐远离保证福利水平不下降的货币补偿,目前的 NRDA 框架强调通过实物生态修复项目实现公共补偿。事实上,据估计,美国近期50%~80%的涉及自然资源损害的案件中,资源等价分析法(REA)或生境等价分析法(HEA)被广泛使用(Richard et al.,2004)。

King 和 Adler 在 1991 年首次提出 HEA,并用于评估湿地污染损害;Unsworth 和 Bishop(1994)运用 HEA 评估了溢油对湿地和海草床的损害;Mazzotta 等(1994)在介绍自然资源损害赔偿的法律框架基础上,以"亚马孙冒险号"(Amazon Venture)溢油为例引入并讨论 HEA 在没有市场价格的自然资源和生境损害评估中的适用性。1995 年,NOAA 推荐使用 HEA 对船舶搁浅、溢油事故和有害物质排放等对自然资源、生态系统或生境服务造成的损害进行估算,制定修复计划、确定修复规模。1997 年,美国商务部、内政部将使用 HEA 研究珊瑚礁和海岸受损索赔的案例编入《自然资源损害评估指导手册》(Richard et al.,2004)。2003 年,应用 HEA 进行自然资源受损评估的美国佛罗里达州污染受损索赔案例得到法庭支持(Mccay,2003)。2004 年,针对美国 22 州的 NRDA 调查显示,案例中 18%的评估技术是等价分析法(Ando et al.,2004;郑鹏凯和张天柱,2010)。随后,国外学者对 HEA 进行了更为深入和全面的参数修正及模型应用探讨:Richard 等(2004)在系统阐述 HEA 基本框架和假设条件的基础上考量了参数变化对评估结果的影响;Cacela 和 Liptonam(2005)运用 HEA 计算了多环芳烃等有毒物质造成的河口生态系统服务功能损失;Roach 和 Wade(2006)将 HEA 作为事前政策评估工具,评估了近海石油开发的生态损害和补偿,论述了 HEA 预测生态栖息地潜在损害的可行性;Steven(2007)以生态服务水平均值代替原始期初值,优化了受损量和补偿量的线性代数表达式。Shay 等(2009)分析了珊瑚礁恢复过程中运用 HEA 的适用性和限制条件。总之,HEA 可用于估算生态系统服务功能受到的损害,确定生态补偿规模,在国外自然资源损害评估中的应用日益广泛,评估方法和模型不断得到改进。

2.1.3.2 欧盟自然资源损害赔偿制度

作为区域性国际组织的欧盟,也对其范围内的自然资源损害赔偿制度的建立进行了探索。2004 年,欧盟的"Directive on Environmental Liability with Regard to the Prevention and Remedying of Environmental Damage"(2004/35/CE)(以下简称《指令》)建立了欧盟环境损害赔偿制度的基本框架。

1）环境损害和生态损害定义

"环境损害"和"生态损害"或"自然损害"的概念被强调性地应用于欧洲的法律秩序里。已分配的（即有所有权的）自然资源要素遭受的损害被定义为狭义上的"环境损害"，这涉及由环境污染引起的传统意义上的个人损失（健康损害、心理损害、清理费用、恢复成本等）。另外，环境损害还意味着对自然要素自身的损害，以及对自然要素生态功能的损害。未分配的（无所有权的、公共资源）自然资源要素遭受的损害被定义为"生态损害"，是对受保护物种和自然栖息地、水及土地可能直接或间接产生的、可计量的某一自然资源的不利变化或可计量的某一自然资源服务功能的损害。自然要素对生态系统及人类福祉的重要性也被用于定义"生态损害"。这里"生态损害"意味着对自然要素生态价值的损害，不考虑所有权状态，即"生态损害"也可能会发生在已分配的有特殊生态价值的自然资源要素的损害案例中（Maes，2005）。因此，"环境损害"或"生态损害"可以看作美国自然资源立法管理所使用的"自然资源损害"的同义词。

2）赔偿主体和受偿主体

《指令》将导致环境损害的行为限定于"经营者的职业性活动"，以及"其经营活动导致的环境损害和由这些活动产生的潜在损害威胁"，无论"经营者是由于过错还是过失"，即对行为人施加的是严格责任。也就是说，欧盟自然资源损害赔偿的主体是造成环境损害的经营者，依据他们对环境损害的程度，在经过环境损害评估之后，要求他们承担相应的赔偿责任。

对于受偿主体，在《指令》的序言及条文第三条、第十二条中，法律赋予相关自然人和法人向行为人请求环境损害或潜在损害威胁赔偿的权利。因此在欧洲国家被赋予更大的权利，其可以通过司法手段处理损害，公众则只是有权提起诉讼，并不能真正得到补偿（爱德华·H.P.布兰斯，2008）。

3）损害赔偿范围

欧洲委员会借鉴了美国《石油污染法》及自然资源损害评估规则中的有关规定，损害责任方被判承担下列费用：①将受损自然资源和自然资源服务功能修复至基准水平的费用，即基础性修复费用（初始修复费用）；②采取修复措施的费用，该措施赔偿从事故发生至自然资源和自然资源服务功能恢复至基线条件之日所发生的自然资源和自然资源服务功能的"临时损失"；③因评估损害而发生的合理费用。

4）赔偿方式

有两种基本方法被用来确定"赔偿性"修复措施的规模大小。

其一是"服务对服务方法"，这些"赔偿性"修复行动提供的自然资源和自然资源服务功能与那些由于事故而蒙受损失的自然资源和自然资源服务功能的种类与质量相同且在价值上具有可比性。如果损失的自然资源和自然资源服务功能与通过"赔偿性"修复行动所获得的自然资源和自然资源服务功能是等值的，则使用该方法。在这里，可以运用"栖息地等值分析法"。这一方法背后的主要理念是通过替代栖息地项目来另行提供种类和质量相同的资源，可以补偿栖息地资源的"临时损失"。

其二是"估值方法"，在不适合使用"服务对服务方法"的情况下，或者当托管者不能够提供如下修复方案，即该方案能够提供的自然资源或自然资源服务功能与受损自然资源或自然资源服务功能种类和质量相同或者在价值上具有可比性时，则可以使用"估值方法"（爱德华•H.P.布兰斯，2008）。

新《指令》中有关损害赔偿金的估算，以及关于计算自然资源损失的指南和有关起诉权问题的规定，在一定程度上借鉴了美国有关法律和损失计算的相关规定。

2.2　国内研究现状

20世纪90年代开始，国内大量自然科学领域的围填海造地资源和生态环境影响预警式的研究，对揭示问题的严重性、唤醒人们的关注无疑起到了积极作用。然而，这些研究结果仍然停留在物理指标层面，未能和经济与社会因素联系起来。近年来，国内学者追踪生态系统服务价值评估的国际前沿，围绕海洋生态系统服务价值的评估等基础性研究，针对围填海造地对海洋生态系统服务功能的损害评估与补偿进行了大量研究，主要体现在以下几个方面。

2.2.1　海洋生态系统服务价值研究

近年来，海洋生态系统服务价值研究成为国内学术热点。许多学者借鉴了国外学者的研究成果，依据中国海洋资源开发与管理的现状对海洋生态系统服务价值进行了多角度的研究。

徐丛春和韩增林（2003）在国内较早地开展了海洋生态系统服务价值研究。在借鉴国外生态系统服务价值研究的基础上，对海洋生态系统服务功能内涵加以探讨，并根据Costanza（1997）的研究成果，选取指标，建立了海洋生态系统服务价值的估算框架。

国家海洋局于2005年启动了为期5年的"海洋生态系统服务功能及其价值评估"研究计划，该计划的目标是建立具有我国海洋生态特征、适应我国社会经济发展水平的海洋生态系统服务功能定量模型和服务价值计算方法，并基于地理信息系统（geographic information system，GIS）技术开发、生态系统服务价值将其应用于评估渤海、黄海、东海及南海四大生态系统的服务价值和11个沿海省（区、市）近海的服务价值，同时评估赤潮、病原生物和外来物种导致的海洋生态系统服务价值损失（陈尚等，2006）。

彭本荣和洪华生（2006）针对我国海岸带地区生态系统承受的巨大的人口、资源和环境压力，综合运用环境科学、环境经济学、资源经济学及生态学等学科的知识和技术方法，对海岸带生态系统功能服务、价值及价值评估方法进行了研究，并建立了生态经济模型来评估海岸带生态系统服务价值，同时进一步探讨了海岸带生态系统服务价值评估在海域使用金征收标准中的应用。该研究结果对我国海岸带环境管理的理论和实践的深入研究具有重要意义，该研究建立的海域环境容量价值评估模型、围填海造地生态损害评估模型为本书价值损失的评估奠定了良好的基础。

石洪华等（2007）在系统分析生态系统服务功能及价值评估研究进展的基础上，探讨了海洋生态系统服务功能的内涵，认为海洋生态系统服务是指以海洋生态系统及其生物多样性为载体，通过系统内一定生态过程来实现的对人类有益的所有效应集合。根据我国海洋生态系统的特征，初步构建了海洋生态系统服务功能分类体系，认为海洋生态系统服务功能包括供给、调节、文化、支持四种基本服务，并提出了评估海洋生态系统典型服务价值的方法。

张朝晖等（2008）在阐述了海洋生态系统服务研究的理论基础与评估方法后，以桑沟湾和南麂列岛为例研究了浅海养殖生态系统和海洋自然保护区生态系统的服务类型与价值，并预测了海洋生态系统服务的管理与应用前景，该研究结果进一步推动了我国关于海洋生态系统服务价值评估的研究。

在前人研究的基础上，王萱和陈伟琪（2009）进一步梳理了海岸带生态系统服务功能的分类体系，进一步探讨了围填海这一开发活动对海岸带生态系统服务功能造成的各种负面生态效应，最后提出了海岸带生态系统服务功能损害货币化评估技术的基本框架。张华等（2010）、李志勇等（2011）、洪钟等（2016）分别完成了对辽宁省近海、广东省近海、深圳市海洋生态系统服务价值评估的研究，进一步丰富了区域海洋生态系统的研究，也为今后基于生态系统服务功能的海岸带管理提供了有益信息。

2.2.2 围填海造地资源和生态环境损害评估研究

近年来，学界开始了围填海造地资源和生态环境影响经济评价研究，用价值指标量化围填海造地的资源和生态环境损害，并在研究方法及案例评估等方面取得了大量成果。

彭本荣等（2005）针对厦门填海造地对被填海域和周边海域生态系统服务的影响，建立了一系列生态-经济模型评估填海造地生态损害的价值，结果表明厦门每公顷围填海造地生态损害的价值为 279 万元，远远高于现行的围填海造地海域使用金征收标准。苗丽娟（2007）也探讨了目前围填海开发中存在的生态环境损害问题，建立了适合评估我国围填海造地对生态环境造成损失的方法与测算模型。张慧和孙英兰（2009）利用环境价值评估方法估算了填海造地造成的青岛前湾海域的食品生产、气体调节、营养物质循环、废弃物处理、物种多样性维持和科研文化等多种服务功能的价值损失，得出其价值损失总值为 2814.71 万元/a，其中，食品生产价值损失最大，占总价值损失的 54.5%，其次为废弃物处理价值损失，占 33.01%。王静等（2009）归纳总结了滨海湿地的主要生态服务功能，并以江苏省海门市滨海新区围填海工程为例，利用市场价值法、影子工程法、成本替代法、成果参照法等，计算出海门市滨海新区围填海造成的生态系统服务价值损失为 2878.3 万元/a，单位面积损失为 1.87 万元/（hm^2·a）。肖建红等（2010）运用以上方法评估了江苏省潮滩湿地的 5 个典型的围填海造地工程，围填海引起的潮滩湿地生态系统服务价值损失分别为 8182 万元/a、199 万元/a、4475 万元/a、23 967 万元/a 和 6962 万元/a。李想（2012）在评估辽宁省盘锦市滨海生态系统服务功能总价值（658.77 亿元）的基础上，通过排序法论证了该区域围填海对滨海湿地生态系统服务功能的负效应大于正效应，不适宜进行围填海造地；大连市泉水湿地的生态系统服务功能总价值为62.07亿元，该区域填海造地对生态系统服务功能的正效应大于负效应，较为适宜填海造地。李想（2012）通过充分调查生物资源、湿地环境承载力等自然属性，以及围填海的用海量需求和湿地开发利用现状等社会属性，对湿地生态系统服务功能进行分析比对，从而准确判别围填海的适宜性。李京梅和刘铁鹰（2011）以胶州湾海域为例，以意愿调查法评估胶州湾围填海造地的环境损害成本，运用 Tobit 模型估算居民对围填海造地的环境功能退化进行恢复的支付意愿并分析其影响因素，得出胶州湾围填海造地的环境损害成本为 56 万元/hm^2。刘容子等（2008）、刘大海等（2006）构建了围填海造地资源、生态、环境和社会经济影响收益-损失分析指标，评价了围填海造地项目的经济可行性。刘容子等（2008）研究了福建省 13 个主要海湾的围填海活动，建立了海洋生态-环境-资源-经济-社会复合效应评价体系，量化了 13 个海湾的围填海生态环境损害成本，并对社会经济效益进行了综合损益分析和评价，为福建省海湾围填海规划提供科学依据。

研究者均通过建立围填海生态环境损害评估模型，对不同空间围填海造地的生态环境损害予以评估，而且有学者建议提高海域使用金来补偿生态环境损害。

2.2.3 围填海造地生态补偿与生态修复研究

随着我国围填海造地生态环境损害评估的研究成果不断增多，以及党的十八大明确提出"建立反映市场供求和资源稀缺程度、体现生态价值和代际补偿的资源有偿使用制度和生态补偿制度"的政策管理目标，学术界对围填海造地生态补偿制度和生态修复的关注持续增加。

（1）生态补偿制度建设研究。生态补偿制度的实施与管理，即明确何种组织形式，以及在这种组织活动中机构之间如何分工、协作以便完成生态补偿任务。刘霜等（2009）从海洋生态补偿法制化、海洋生态补偿标准科学化和海洋生态补偿管理规范化 3 个方面探讨了填海造地用海项目的海洋生态补偿模式：①国家海洋行政主管部门应按照"谁开发谁保护，谁使用谁补偿"的原则，适时制定填海造地用海项目的海洋生态补偿规章制度，以使生态补偿在具体操作过程中有法可依和有规可循；②海洋生态补偿标准应科学合理，其标准的确定可以从海洋生态修复成本和海洋生态系统服务价值损失两个方面进行；③海洋生态补偿的管理应规范，海洋行政主管部门应充分发挥在海洋生态补偿机制中的主导作用，从填海项目管理、利益群体间矛盾化解及生态补偿资金征收与监管等方面建立海洋生态补偿管理规范化制度。钭晓东和孙玉雄（2013）将围填海造地生态补偿机制分为整体性生态补偿机制、区域化生态补偿机制及"输血型"与"造血型"复合生态补偿机制，并提出生态补偿机制目标以实现"环境正义"。连娉婷等（2013）则以厦门大嶝海域的填海造地规划方案为研究对象，基于填海造地的负面生态影响分析，对填海造地海洋生态补偿中的利益相关方、补偿标准核算、补偿方式三个主要问题进行了较全面的探讨。郭臣（2012）以海洋生态环境可持续发展和海洋公共物品的负外部性内部化为理论出发点，以胶州湾围填海造地为例，将围填海造地对生态环境造成的损害作为

确定胶州湾围填海造地项目海洋生态补偿标准的基础，提出胶州湾围填海造地项目海洋
生态补偿机制的总体框架及与之相辅相成的运转机制和保障机制。王金坑等（2011）通
过对海洋生态补偿机制的隶属问题、资金来源问题、海洋生态补偿评估标准与现行海洋
环境保护法律体系的衔接性及海洋生态补偿机制的运行等关键问题进行深入研究和探
讨，将海洋生态补偿的运行与海洋工程环境影响评价的管理紧密结合，指出海洋行政主
管部门作为海洋生态补偿落实者和监督者，应当将生态补偿纳入海洋工程建设的日常监
督和竣工验收工作中，将海洋生态补偿金纳入财政预算，建立海洋生态保护专项资金进
行管理，并主要用于下列项目：减轻海洋生态损害的工程与非工程项目；海洋生态损害
的应急监测、损害评估与跟踪监测、后评估；区域性海洋生态保护与污染整治项目及生
态救济。郑苗壮和刘岩（2015）针对我国海洋生态补偿机制建设，提出开展多元化补偿
方式探索和试点工作，充分应用经济手段和法律手段，探索多元化生态补偿方式，增加
资源税等一般性财政收入向海洋生态补偿的倾斜力度，完善国家支持扶持政策，引导和
鼓励沿海地方通过税收优惠、绿色信贷等方式推进海洋生态补偿工作。李京梅和李娜
（2015）基于填海造地生态损害的研究，论证建立了填海造地生态补偿制度的关键点，
他们认为填海造地生态补偿主体为海域使用者，受偿主体为国家海洋局及地方海洋行政
主管部门，其补偿标准可依据海域生态系统服务功能经济价值、经济损失或生态修复标
准来确立；他们还进一步提出了实施填海造地生态补偿制度的思路，即设立海洋生态补
偿管理委员会，下设生态补偿金管理小组、审批评估小组和监督小组，以保证填海造地
生态补偿政策的有效实施，进而实现开发利用海域资源与经济增长的平衡发展。

（2）生态修复研究。实施海洋生态补偿的目的是保护海洋生态环境，并使受破坏的
海洋生态系统或海洋资源发挥原有的服务功能，目标在于保持生态功能的基准水平而不
是人们福利水平的不变。依据生态系统服务价值损失征收的生态补偿金不能完全用于上
述目的，因此国外海洋生态补偿的研究与管理更侧重生态修复，修复费用成为确定海洋
生态补偿标准的参考依据之一。该方法能避免获取经济损失尤其是非使用价值损失有效
评估的困难，符合生态补偿的目的。近年来，我国学者在海洋生态补偿研究中开始重视
生态修复，针对围填海造地等造成的海洋生态损害，提出人工种植红树林、建设人工湿
地及海洋生态保护区等修复措施，采用等价分析法评估修复补偿规模。例如，李京梅和
王晓玲（2013）利用生境等价分析法对胶州湾围垦生态损害进行了评估，测算出假设通
过人工种植沼泽植被来修复受损湿地生境，且修复生境所提供的服务等于受损区域生境
所提供的服务，则修复工程的规模为 358hm^2 才能达到补偿受损湿地生境服务的目的。

2.3 小　　结

综上所述，国内外学者依据经济学范式对海岸带资源、海洋生态系统服务的价值核
算及自然资源损害评估的方法进行了大量研究，取得了许多有价值的研究成果，美国、
欧盟已经制定了比较完善的自然资源损害评估及补偿的立法管理制度。这些为本书进一
步评估围填海造地的价值损失提供了较好的理论及实践基础。但是，笔者也发现，无论
是从理论还是从实践上，国内外专门针对围填海资源开发的价值损失及补偿管理的研究

成果还相对较少，且缺乏系统性。

（1）与大量的海洋生态系统服务价值损失评估的研究成果相比，国外对围填海造地资源和生态环境损害评估的研究成果较少，仅有的文献主要集中于围填海造地的生态环境影响分析和公共管理政策。近年来，我国沿海地区围填海造地规模化、盲目化、冲动化发展，引起了国内学者的关注，在围填海造地影响实证研究的基础上，越来越多的学者从实现资源和生态环境与经济协调的实际需要出发，以货币指标量化围填海造地的资源和生态环境代价，具有一定的开拓性。但是，已有的研究成果比较分散和零星，并呈现出以下较为明显的特征：一是集中量化围填海造地生态损害额，缺乏对生态损害产生的原因、海岸带资源生态环境的价值决定和价格构成的深层次精细化梳理；二是关于围填海造地生态损害评估指标的选择随意性较大，评估方法仍然比较粗糙且没有得到充分的验证。

（2）在资源和生态环境损害评估的方法上，针对生态环境损害，自20世纪70年代以来，国外研究主要使用意愿调查法，该方法依然有其局限性；90年代以来，美国与欧盟对自然资源损害评估的目标和程序出现了重大转变，从传统的基于福利经济学货币化损害评估，逐步过渡到通过生态修复项目实现公共补偿，既能避免获取生态环境非使用价值损失有效评估的困难，又能使受破坏的海洋生态系统或海洋资源发挥原有的服务功能，并取得良好的成效。而我国生态修复补偿的研究成果较少，基于生态修复目标，探讨资源等价分析法在海洋生态损害中的应用仍处于起步阶段，难以满足国家对海洋脆弱生态进行修复的急迫要求。

（3）在评估结果的应用上，国内学者仅针对补偿原则、补偿主体、受偿主体、补偿模式进行了宽泛探讨，对于生态损害补偿特别是典型用海方式围填海造地生态损害补偿制度的研究，还存有许多盲点和遗漏，导致实践层面中海洋生态损害补偿难以有效实施，无法满足海洋经济可持续发展和海洋生态文明建设的迫切要求。

但是，国内外的研究为我们深入开展围填海造地资源和生态环境价值损失评估与补偿奠定了理论及实践基础，提供了研究突破方向。本书将在借鉴国内外海洋资源价值损失评估、补偿方法与经验的基础上，结合我国围填海造地资源和生态环境损害的实际情况，建立围填海造地资源折耗成本和生态环境损害成本的测算方法，设计围填海造地全成本补偿的机制和政策措施，为国家推进海洋生态文明体制改革、政府提高海洋资源综合管理能力提供决策依据。

3 海岸带资源价值决定理论

海岸带资源价值补偿基于海岸带资源是有价值的。对于海岸带资源的价值决定问题，20世纪80年代开始，我国的学者就海洋资源、海岸带资源、海洋生态系统服务和分类，分别从价值决定理论、价值核算、资产化管理等方面进行了研究，并提出了有益的理论和观点，取得了显著成就。总体来说，学者达成共识的是海岸带资源是有价值的，其价值不仅包括经济价值，还包括生态价值，其中经济价值包括直接使用价值和间接使用价值。但是，由于各自应用的经济理论基础不同，对于海岸带资源为什么会有价值，以及海岸带资源产品价格的构成内容是什么，仍存在许多分歧和争议。对这些问题的争议，给海岸带资源的有偿使用带来了困难，也不利于海岸带资源的可持续开发利用。为此，本章将在系统梳理传统经济学价值理论的基础上，借鉴当代自然资源的价值决定理论，提出海岸带资源的价值决定理论，阐释海岸带资源产品的价格构成内容，为围填海造地价值补偿奠定理论基础。

3.1 自然资源价值决定理论

价值决定是经济学研究的核心问题。自经济学科建立以来，经济学家从不同的角度论证了商品价值的来源和价值决定。而自然资源是否有价值及如何界定自然资源的价值是一个随着历史发展、人们对资源的开发和利用日益加深而不断深化的问题。20世纪50年代以来，随着科学技术的迅猛发展，自然资源日益稀缺，环境开始恶化，自然资源的供应和环境承载成为经济可持续增长的制约因素，人们开始反思：自然资源本身没有价值吗？经济学家开始探讨自然资源的价值决定理论。总体来说，有关资源的价值理论都是从传统的商品价值理论中派生出来的，近年来，也有越来越多的学者站在可持续发展的高度从功能价值、补偿价值、生态价值等角度探讨了自然资源的价值决定理论，为自然资源的可持续利用和环境保护奠定了更广泛的理论基础。为了说明自然资源价值决定的基础，有必要先澄清价值及经济价值的概念。

3.1.1 价值及经济价值的概念

1）价值的概念

价值一词源于哲学，要探求价值的本质含义，我们需要从哲学中寻求答案。此处借鉴曾贤刚（2003）的研究成果，从西方哲学流派中梳理价值的概念。

在哲学中，各派关于价值基础和价值本质的观点，集中体现在关于价值的各种定义和表述中，现代西方哲学各派关于价值的定义至少有几十种，通过归纳，可以分为以下几种有代表性的观点。

第一种是心理主义，或称主观主义。他们都以个人的需要、欲望、意志、情感、兴趣、态度等非认知、非理智的心理感受、心理体验、心理趋向为中心，来规定和表述价值的基础与本质。一般来说，非认知主义和自然主义各派都持心理主义的立场。心理主义者一般都以需求心理学、意志心理学和情感心理学为其哲学的科学基础，并且许多人就是具有价值哲学倾向的心理学家。

第二种是物理主义。其主要特征是认为价值属于客体本身的一种具有客观性质的属性，它完全不取决于人们是否需要、追求、感受、享受和评价它，因而，物理主义各派一般都以对象、客体本身的功能为基础，规定和表述价值的基础与本质。一般来说，直觉主义者都持物理主义的立场，他们一般都企图以物理学的研究方式去研究和把握事物自身的价值。

第三种是关系论。其主要特征是从主体（人）需要与客体（对象）属性之间关系的角度来理解和规定价值的本质，认为价值就是主体需要和客体属性之间的关系。关系论者力图通过综合心理主义和物理主义来克服两者各自的片面性，因而较为全面一些。具体来说，价值的主体是认识者、行为者、实践者，价值的客体是主体的活动对象，因而也就是认识对象、行为对象、实践对象。主体进行活动是因为主体（人）具有需要和欲望，主体的活动指向客体是因为客体具有某种属性，这种属性有利于或有害于达成主体目的、实现主体欲望、满足主体需要。通常来说，价值的主体是人，但这是一个有争议的问题，从哲学的角度看，一个系统只要有主体性，就可能成为价值的来源。因此，有些学者认为价值的主体应不仅包括人，还包括一切有生命的动植物、生态系统。

国内学者对价值基础和本质的理解更多地倾向于第三种观点，即关系论。认为价值是一个表征关系的范畴，它反映的是作为主体的人与作为客体的外界物（即自然、社会等）的实践-认识关系，揭示的是人实践活动的动机和目的。本书也从人类的角度看待客观事物是否具有价值，因此，价值就是客体的功能属性与人的需要和欲望的关系。

2）经济价值的概念

经济价值是经济学家所持的价值观念，是指任何事物对于人和社会在经济学上的意义。经济价值是个人追求的目标，经济活动作为人类最为重要的活动之一，其目的在于追求经济价值的最大化。一般来说，对经济价值的理解有狭义和广义之分：狭义的经济价值仅仅是指在市场中能够进行交换的货币价值，即包括在社会价值之中的经济价值；广义的经济价值是指对经济系统所做出的贡献，只要对经济系统有贡献、对人类的福利能产生影响的物品和服务就具有经济价值。本书所指的价值是广义的经济价值。

3.1.2 传统自然资源价值决定理论

1）劳动价值论

劳动价值论由英国经济学家亚当·斯密和大卫·李嘉图创立，后经马克思发展至成熟的价值理论体系。依据马克思劳动价值论，劳动是价值的唯一源泉。处于自然状态下的自然资源，是自然界赋予的天然产物，不是人类创造的劳动产品，没有凝结人类劳动，它是没有价值的；只有凝结了人类劳动的自然资源和自然环境才有价值。如果它本身不是人类劳动产品，那么它就不会把任何价值转给产品。它的作用只是形成使用价值，而不形成交换价值，一切未经人的协助就天然存在的生产资料，如土地、风、水、矿产中的铁、原始森林中的树木等，都是这样。劳动所创造的价值量即商品的价格是以社会必要劳动时间来衡量的。社会必要劳动时间是在现有的社会正常生产条件下，在社会平均的劳动熟练程度和劳动强度下制造某种使用价值所需要的劳动时间。而且马克思还进一步指出，每一种商品（也包括构成资本的那些商品）的价值都不是由这种商品本身所包含的必要劳动时间决定的，而是由它的再生产所需要的社会必要劳动时间所决定的。这种再生产可以在比原有生产条件更困难或更有利的条件下进行，在改变了的条件下再生产同一物质资本一般需要加倍的时间，或者相反，仅需要一半的时间，那么在货币价值不变时，以前价值 100 镑的资本，现在则价值 200 镑或 50 镑（马克思和恩格斯，1995）。

基于以上两点考察自然资源的经济价值时，出现了两种截然不同的观点。

一种观点认为，劳动价值论对价值的理解不能完全适用于自然资源领域，因而劳动价值论对于自然资源研究而言是根本不适用的（谭柏平，2008）。因为，根据马克思的劳动价值论对价值的理解，一物要具备价值，首先应为商品，其次应为劳动产品。然而，自然资源是天然赋存的，并不包含社会必要劳动时间，不是劳动产品。所以，如果用劳动价值论对自然资源的价值进行分析，是与实际相矛盾的。劳动价值论仅仅反映了工业化早期的商品价值的决定因素，不能成为解释自然资源价值的理论基础。

另一种观点认为，运用传统的劳动价值论解决自然资源的价值问题有一定的困难，必须对马克思的劳动价值论予以发展。而当经济发展水平提高，对自然资源的消耗速度加快，自然资源的自我恢复更新能力不能满足人类经济活动的需求时，为了保持经济社会长期稳定发展，人类必须对自然资源的再生产投入劳动，使自然再生产过程与社会再生产过程结合起来。因而当今的自然资源再生产过程是自然过程和社会过程的统一，在自然资源的再生产过程中伴随着人类劳动的投入，于是，整个现存的、有用的、稀缺的自然资源（无论过去是否投入劳动，即是否是劳动产品）都表现为具有价值，其价值量的大小就是在自然资源的再生产过程中人类所投入的社会必要劳动时间（钱阔和陈绍志，1996）。从现代观点看，自然资源具有价值，其价值体现在自然资源环境中的人类抽象劳动，具体表现为人们对自然资源环境的发现、保护、开发及促进生态潜力增长等过程投入的大量的物化劳动和活劳动（任勇等，2008）。因此，劳动价值论仍然是自然资源价值论的基础理论。

本书认为，为了获得自然资源而花费的物化劳动和活劳动仅仅是附加在自然资源上的一部分价值，只是附加部分的劳动价值，并未反映出自然资源的整体价值，特别是海洋资源的生态系统服务功能属性，是通过系统内一定生态过程来体现对人类有益的服务，仅依据人们对海洋资源的发现、保护、开发及促进生态潜力增长等过程投入的大量的物化劳动和活劳动，并不能从根本上反映海洋资源和海洋生态系统自身服务功能的价值。

2）边际效用价值论

边际效用价值论，又称主观价值论，兴起于 19 世纪 70 年代，是现代微观经济学的主要理论支柱，边际效用学派是现代西方价值理论中最主要的流派（刘凤歧，1988）。

边际效用学派由奥地利经济学派和数理经济学派组成，前者的代表人物是门格尔、庞巴维克、维塞尔，后者的代表人物是杰文斯、瓦尔拉和帕累托。边际效用价值论的基本内容如下：①认为效用是价值的源泉，但效用必须与稀缺性相结合，才构成价值形成的充分条件，因为只有在物品相对于人的欲望来说稀缺的时候，才构成人的福利不可缺少的条件，从而引起人的评价，即价值；②认为边际效用或者最后效用是衡量商品价值大小的尺度，价值取决于边际效用，即满足人欲望的最后一单位商品的效用；③强调需求因素和心理作用，认为一种商品的边际效用和价值，决定于消费者或购买者的主观评价，价值纯粹是一种主观心理评价，"价值就是经济人对于物品所具有的效用所做出的判断"；④遵循边际效用递减法则，随着消费量的增加，边际效用递减，在饱和点上，边际效用为零，过了饱和点，边际效用为负。

边际效用价值论的出发点是商品的有用性和稀缺性，有用性是价值的基础，稀缺性是价值的必要条件。庞巴维克认为，一切物品都有用途，但并不是一切物品都有价值。一种物品要具有价值，必须具有有用性，也具有稀缺性——不是绝对稀缺性，而是相对于特种物品需求而言的稀缺性。效用是作为客体的物品对作为主体的人表现出来的有用性。效用包含两个方面的含义：一方面效用表明物品自身具有某些适于人类利用的属性，即客观真实效用；另一方面效用表明人们对物品的用途有需求，称为主观效用。效用是主体对客体的需求，也是客体对主体的满足，是主观与客观的统一。效用决定人们对物品的选择，影响人们对物品的价值判断。同时从需求的角度来看，随着人们需求的满足，其价值可能也逐渐降低。可见效用是价值的物质承担者，效用的大小是决定价值高低的重要因素。同时，物品的数量与物品的价值可能成反比，物品数量的多少是影响物品价值的重要因素。

本书认为，有用性和稀缺性是决定物品有价值的根本标准。海岸带地区是人类活动的中心，是世界上主要的商港所在地，是人类和动物消费的鱼类、贝类和海藻的主要生产地，还是大量的肥料、药品、燃料及建筑材料的来源地。世界一半以上的人口、生产和消费活动集中在占全球面积不到 1/10 的海岸带地区，随着海岸带地区经济的增长、人口的增加和城市化进程的加快，海岸带地区资源承受着巨大的人口、资源与环境压力，海洋资源的绝对短缺和环境恶化成为制约社会经济发展的瓶颈要素，在这种情况下，海岸带资源的稀缺和生态环境质量的下降成为海岸带资源具有价值的必要条件。因此，边际效用学派有用性和稀缺性的观点支撑了海岸带资源价值论的建立，但是边际效用价值论完全建立在消费者的主观感受基础上，认为商品的价值不是来自于生产过程，而是来自于消费者对商品的主观评价，从而否认了生产上的客观性。基于此，边际效用价值论亦无法解释海岸带资源的价值构成。

3）均衡价值论

均衡价值论即均衡价格论，是新古典经济学派的创始人马歇尔的价值理论，是马歇尔经济学说的核心和基础。马歇尔认为，价值由"生产费用论"和"边际效用论"两个原理共同构成，两者缺一不可。商品的边际效用可以用买主愿意支付的货币数量即价格加以衡量，在此基础上，他提出了消费者剩余的概念，并引用需求弹性概念来衡量价格变化引起的需求变化。他研究了生产费用是如何转为供给价格的，即商品的供给价格等于它的生产要素价格，他认为商品的供给数量随着价格的提高而增多，随着价格的下降而减少。当供求均衡时，所生产的商品量称为均衡产量，它的售价称为均衡价格。均衡价格就是供给量和需求量相一致时的价格（曾贤刚，2003）。

马歇尔的均衡价值论具有以下特点。第一，以价格代替价值。马歇尔认为一物的价值就是在任何地点和时间用另一物来表现的前一物的交换价值，也就是该时该地能够得到的并能与前一物交换的后一物的价值。因此，价值这个名词是相对的，表示在一个特定的地点和时间两物之间的关系。这样，任何一物的价格就可以作为其与一般物品比较时的交换价值的代表。第二，以完全竞争或自由竞争为研究价值问题，这也是均衡价格问题的根本前提。马歇尔在考察需求和供给的均衡时，特地假定，需求和供给自由地起着作用，买方或卖方都是单独行动，存在很大程度的自由竞争。假定这些条件不仅适用于制成品，还适用于生产要素，假定在同一个时间内市场上只有一个价格。第三，以局部均衡论为基础。马歇尔在分析某一种商品的价格是如何达到均衡时，假定只取决于这种商品本身的供求状况，而不受其他商品价格和供求状况的影响。另外，马歇尔也强调价值论中的心理因素。

均衡价格论运用供求作用及其变动描述了市场经济的一些现象与特点，有一定的参考价值。这种价格理论及其对供求两方面的分析，已经成为现代微观经济学的理论基础和主要内容。但是，在海岸带资源的价值决定理论中，以价格取代价值，根据供求作用而达到均衡价格来决定商品的价值，是没有说服力的。在完全竞争市场，供求变动只能说明商品的价格如何围绕价值而上下波动，而海岸带资源具有公共物品属性及政府作为海岸带资源的托管者，海岸带资源具有垄断竞争的市场结构特征，均衡价格论不能说明海岸带资源价值是怎样形成和决定的。

3.1.3 当代自然资源价值决定理论

第二次工业革命以后，人类对自然资源的利用速度、数量、种类取得了突飞猛进的进展，尤其是到了 20 世纪中后期，资源退化、耗竭的趋势已经十分明显，生态环境恶化日趋严重，国外的环境经济学家建立起环境经济价值理论。自 20 世纪 80 年代以来，为适应社会主义市场经济体制的要求，我国在深刻反思传统经济学理论内核和分析西方关于自然资源价值理论的基础上，逐步确立了资源有偿使用的理念，国内开始了对自然资源价值决定理论的深入研究。"自然资源是无限的"这种前提假设，显然已经不能成立，建立在这种假设前提下的价值理论，也必然需要得到补充和完善。

从目前来看，国内已经产生了一些有影响的资源和生态环境价值决定的研究成果，包括于连生等（2004）的自然资源功能价值论、李金昌等（1999）的自然资源生态价值论、冷淑莲和冷崇总（2007）的自然资源补偿价值论。美、英等国的环境和资源经济学家则对环境和资源经济价值的内涵进行了界定并对经济价值进行了分类。

1）自然资源功能价值论

自然资源的功能是指自然资源所具有的质量、效用、能力和有用性等方面的特征。自然资源自身具有实体的属性，有物理的、化学的、生物的，其功能是与它物相互作用所具有的内在能量，并具有能满足人类需要的有用性。自然资源的使用价值，也就是自然资源的功能对人类的作用和有用性。功能作为自然资源的内在能量，是作用于人类产生使用价值的直接因素，因而是构成使用价值的重要自然资源因素。使用价值的自然资源因素中结构、层次、规律是基础，属性与功能是主要表现，自然资源对人类的效用，主要表现为自然资源属性与功能对人类的有用性。

自然资源客体的有用性受主体——人类需要的控制。如果主体没有或无法对客体的各种属性和功能产生需要，客体的各种属性和功能就无法构成价值。这样看来，价值客体是受主体需要规定的，价值客体是指主体需要所涉及的客体对象，当主体对某类客体对象产生需要的时候，某类客体对象才能转化为价值客体，这种价值客体也就是我们所说的自然资源，所以说自然资源是有限的。

自然资源的使用价值是相对于人的需要而言的，因而其在人与自然资源之间需要与被需要的关系中产生，离开这种关系，自然资源就无所谓使用价值。使用价值从内容上看是自然资源满足人的需要的效用，从性质上看是自然资源的有用性，从形式上看是人类在开发利用自然资源时对人类满足需要的主观感受，从本质上看是人类对自然资源的使用。

在自然资源的有用性和需求性基础上，自然资源功能价值论又提出了自然资源的功能定价模型。自然资源的功能定价模型是根据自然资源的质量和功能的变化，进而通过质量折损与功能效用的关系来确定其价值的模型。自然资源的功能价值，也就是人类在使用资源过程中使资源从某一功能状况下（某一质量水平）完全丧失该功能时所获得的效用（使用价值）。自然资源在开发利用过程中，其物理、化学和生物性质都可能发生变化，即遭到不同程度的污染，自然资源的质量随之下降，功能随之减退，这实质上是资源的功能价值降低。当不考虑其他因素或其他因素可忽略不计时，可以把自然资源的某一功能作为其质量的函数，在自然资源数量一定的情况下，两者之间的关系如图 3-1 所示。

图 3-1 中横坐标表示自然资源的质量，以污染物的浓度表示，正方向表示污染物的浓度增大，即环境质量降低；纵坐标表示自然资源的功能，一般情况下，随着自然资源的质量降低，即污染物浓度升高，其功能减弱。当质量为 C_m 时，对应的功能为 F_m，则在（C_m，F_m）状态下的功能价值为

$$K = \frac{Q}{b}\left(-\frac{\mathrm{d}F}{\mathrm{d}C}\right) \tag{3-1}$$

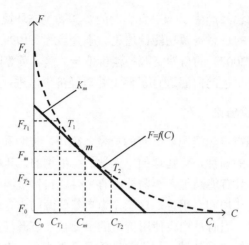

图 3-1　自然资源功能与质量的关系图

式中，K 为自然资源的功能价值（使用价值）；F 为自然资源的功能；C 为自然资源的质量；b 为自然资源的价值参数；Q 为自然资源的数量。

当自然资源从状态 T_1 变化到 T_2 时，其功能损失 ΔF 为

$$\Delta F = F_{T_2} - F_{T_1} = \int_0^{T_2} \frac{b}{Q} - K \cdot \mathrm{d}C - \int_0^{T_1} \frac{b}{Q} - K \cdot \mathrm{d}C = -\int_{T_2}^{T_1} \frac{b}{Q} K \cdot \mathrm{d}C \qquad (3\text{-}2)$$

式中，ΔF 为自然资源降低或损失的功能；F_{T_1} 为自然资源在状态 T_1 时的功能；F_{T_2} 为自然资源在状态 T_2 时的功能；b、K、Q、C 含义同上。

通过对有限的 $F = f(C)$ 曲线的外推，可以求得（C_0，F_t）状态（即自然资源不受污染状态）下的功能价值 K_t。此外，可以在上述原理的基础上，寻找其他方便的途径代替。

自然资源功能价值论是建立在效用价值论的基础上解释自然资源价值决定问题的，自然资源功能的增强或减弱表现为自然资源质量的升高或降低。显而易见，自然资源功能越强，价值越高。该理论可以进一步说明自然资源的价值是由功能决定的，但是对于自然资源价格构成则没有述及。

2）自然资源生态价值论

李金昌等（1999）在其论著《生态价值论》中指出，环境、资源、生态这三个概念在一定意义上具有相通、相融、相似的性质，它们的不同仅在于人们看问题的角度不同。从环境角度看，一切自然资源都是构成环境的要素，生态系统就是环境系统，生态功能就是环境功能；从资源角度看，环境也是一种自然资源，生态系统的物质和功能都是自然资源；从生态角度看，环境系统、资源系统也都是生态系统。因此，他们认为，三者从本质上是相通的，自然资源的开发利用不仅是经济问题，还是环境、生态问题。资源是环境的重要组成部分，因而资源的生态价值也是资源价值或环境价值的重要组成部分。

自然资源的生态价值是指资源所具有的生态功能价值。生态功能是指生态系统所提供的支撑和保护人类活动或影响人类的服务，包括维持大气组成、稳定和改善气候、控

制物质和基因库、提供自然景观和娱乐场所等，在基因、物种、生态系统等水平上的生物多样性都在维持和提供这些服务。自然生态平衡是地球在几十亿年漫长的进化过程中所形成的功能系统。生态平衡的改变不过是地球演化过程中的一个改变，对于自然来说是中性的，但是对于人类来说，这种转变可能有益于人类，也可能有害于人类。人类的产生、进化和发展都与自然生态系统息息相关，自然生态平衡是人类生存和发展的基础，各种自然物在生态系统中都占据一定的生态位，对于生态平衡的形成、发展和维持都具有不可替代的作用。因此，自然界中一切自然物对于维持人类生存系统来说都具有价值，这就是生态价值。生态价值具有两个特征，一是它是一种整体价值和综合价值；二是生态价值的主体是人类整体。人类对生态价值及其意义的认识是一个逐渐发展的过程，历史上在漫长的农业社会中，由于人类实践程度的限制，生态平衡未受到破坏，生态危机没有出现，人类只是认识到自然界具有资源价值，到了 20 世纪初，由于第二次工业革命的迅猛发展，其所造成的生态危机显示出来了，这样人类才认识到自然界生态价值的存在。自然生态平衡与生态价值的存在是人类生存和发展的基础，破坏了就意味着人类基本生存条件被破坏和丧失（唐建荣，2005）。

生态价值论首次从生态学的角度提出了生态价值的概念框架，为海岸带资源生态价值评估提供了新的视角，但是，目前学术界对于海洋生态价值的界定及构成颇有争议，另外海洋生态价值的货币化评估在技术操作上具有一定的难度。

3）自然资源补偿价值论

补偿是社会再生产过程中客观存在的经济范畴，是对生产过程的消耗、损失进行物质形态的补充或价值形态的补足，即人们通常所说的有偿使用。所谓价值补偿是指对商品生产消耗的物化劳动价值和活劳动价值，通过商品的出售以货币形式收回，用以弥补生产中预付的不变资本和可变资本并获得剩余价值。价值补偿是马克思主义劳动价值论的重要组成部分，是社会再生产的必要条件。但是马克思的劳动价值论是将自然资源的价值排除在社会生产和补偿之外。我国学者冷淑莲和冷崇总（2007）在继承与发展马克思劳动价值论的基础上提出了自然资源补偿价值论。自然资源价值补偿是对人类生产和生活中所产生的自然资源耗费，以及由此引起的生态破坏与环境污染等进行恢复、弥补或替换的价值表现。冷淑莲和冷崇总（2007）认为，自然资源的价值补偿是由自然资源的稀缺性、产权存在及自然资源在社会经济再生产中的有用性决定的。社会经济再生产与自然资源再生产相互关联、相互影响，整个生产过程既受经济规律的制约，又受自然规律的约束，自然系统向社会经济系统提供自然资源，是社会再生产的基础，自然资源进入社会经济系统产生的废弃物回到自然系统，形成环状联结整体。在这一循环过程中，自然资源被消耗且其功能因社会经济系统中的废弃物污染而减弱，即数量上相对减少，质量上不断减弱，如果不对自然资源进行价值补偿，自然资源功能将持续减弱，最终导致其供给不能满足国民经济可持续发展的需要，形成自然资源"瓶颈"，甚至导致国民经济崩溃。因此，自然资源价值补偿是社会经济再生产正常进行及其环状联结的关键所在。冷淑莲（2007）进一步指出，自然资源价值补偿包括其经济价值和生态价值的补偿。自然资源经济价值补偿包括两方面的内容：一是自然资源存在价值的补偿，即未经人类劳动参与，以天然方式存在时表现出的价值，它取决于各自然要素的有用性和稀缺性；二是自然资源劳动价值的补偿，以矿产资源为例，在矿产资源被开发以前，为准备开发劳动对象所投入的勘探耗费和保护耗费，具有预付资金的性质，需要通过补偿的方式加以回收。自然资源生态价值即自然要素对生态系统的功能性价值，包括维持生态平衡、促进生态系统良性循环的劳动耗费等。自然资源生态价值补偿就要使开发利用自然资源的外部环境损害成本内部化，通过自然资源价格使维持生态平衡、促进生态系统良性循环的费用得到相应的弥补。任何自然资源价值最终都应以价格形式予以补偿，以自然资源价值为基础制定合理的价格，使其价值包含在自然资源价格之中，经过市场交换收回货币，是其价值补偿的主要或最终形式。从纯经济学角度来说，在自然资源开发利用者取得其使用权时，便以地租形式向所有者支付相应的权益报酬，对自然资源价值进行部分补偿。同时，为了消除自然资源开发利用过程的外部不经济，实现自然资源的宏观管理与配置，在自然资源开发利用形成的资源性产品进入市场交换之前，开发利用者应以交税和付费形式对自然资源价值进行相应补偿。

自然资源补偿价值论从社会再生产和人类可持续发展的角度分析并揭示了自然资源的价值决定问题，为我们研究海岸带资源的价值决定理论提供了新思路、新视野，对于海洋资源的可持续利用具有重要指导意义。

4）环境资源经济价值论

自 20 世纪 80 年代以来，英国环境经济学家皮尔斯（Pearce）、美国环境资源经济学家克鲁蒂拉（Krutilla）等在概念上系统地讨论了环境资源经济价值的构成内容（马中，1999）。环境资源的经济价值包含多种价值或成分，其由使用价值和非使用价值组成，使用价值又分为直接使用价值、间接使用价值及选择价值；非使用价值包括存在价值，见图 3-2。

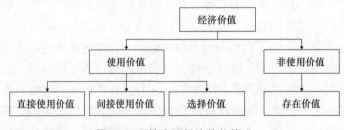

图 3-2　环境资源经济价值构成

直接使用价值是指环境资源直接满足人们生产和消费需要的价值。以森林为例，木材、药品、休闲娱乐、教育、人类居住区等都是森林的直接使用价值。直接使用价值在概念上是易于理解的，但这并不意味着在经济上易于衡量。例如，休闲娱乐、教育由于涉及的数量和价格无法直接观察到，往往较难估价。

间接使用价值包括从环境所提供的用来支持目前生产和消费活动的各种功能中间接获得的收益，间接使用价值类似于生态学中的生态服务功能。以湿地为例，涵养水源、防洪减灾、净化空气等都属于间接使用价值，它们虽然不进入生产和消费过程，但却为生产和消费的进行创造了必要条件。

　　以上两种价值都是传统经济学所一致认定的经济价值。经济学家把人们对环境资源使用的选择考虑进来，这就是经济学家所称的选择价值。选择价值又称期权价值，我们在利用环境资源时，希望环境资源能够持续利用，不希望它的功能很快消耗殆尽，未来使用可能比现在使用获得的效益更大，或者由于某些不确定性，如果现在利用了这个资源，未来就不可能获得这个资源。因此，人们必须对现在利用它还是保护它做出选择。人们为保护环境资源以备未来使用的支付意愿就是该环境资源的选择价值。选择价值的出现取决于环境资源供求的不确定性，依赖于消费者对未来风险的态度，相当于消费者为规避未来风险所愿意支付的保险金。

　　非使用价值即存在价值，相当于生态学家所认为的某种物品的内在属性，它与人们是否使用它没有关系。从某种意义上说，存在价值是人们对环境资源价值的一种道德上的评判，人类出于遗赠动机、礼物动机和同情动机而愿意对环境资源存在做出支付意愿，即便它们看起来既没有使用价值，又没有选择价值，该支付意愿就是存在价值的基础。

　　无论是直接使用价值还是间接使用价值，都是传统经济学一致认定的经济价值，是建立在效用价值论基础上的。而非使用价值概念的界定，是经济学家和环境保护主义者之间搭建的一个相互理解的桥梁，经济学家试图以经济学的概念解释该价值，并试图通过一些手段来度量它。但是存在价值是否属于经济学范畴，能否进行经济评价，仍然存在争议。笔者认为，存在价值属伦理范畴，就和人的生存权一样，是不能进行经济评价的。对于那些具有很大非使用价值的环境资源，如无法替代的、濒临灭绝的动植物和生态系统，应该实行"贵极无价"原则，进行必要的立法。因而，从本质上来说，环境资源总经济价值论及其经济价值的分类，仍然是环境资源功能价值论。

3.2　海岸带资源的经济价值

　　海岸带资源是自然资源的组成部分。研究海岸带资源的价值决定，是进一步分析围填海造地价值补偿和海洋资源可持续利用的理论基础。在研究海岸带资源的价值决定之前，对海岸带资源的概念进行界定，是确定其价值本质的前提条件。

3.2.1　海岸带资源的概念

1）海岸带

　　海岸带是海洋与陆地相互接触和相互作用的地带，学术界目前对海岸带尚无统一和通用的定义与界定，一般可以分为狭义海岸带和广义海岸带两种定义。狭义海岸带是指海岸线向陆海两侧各扩展一定宽度的地带，一般认为向海延伸至20m等深处，向陆延伸至10km左右。海岸线为平均大潮的高潮痕迹线（中国大百科全书出版社编辑部，2004）。广义的定义没有统一的标准，1995年，国际地圈-生物圈计划（International Geosphere-Biosphere Program，IGBP）认为，海岸带由海岸、潮间带和水下岸坡组成，其向陆地的范围是200m等高线，下限是大陆架的边坡，约200m等深线，海岸带空间范围见图3-3。

世界资源研究所认为，海岸带生态系统是"大陆架以上（水深 200m）的潮间带和潮下带，以及相邻的离海岸线 100km 以内的内陆"。1980～1987 年开展的"全国海岸带和海涂资源综合调查"中规定，在平原地区从海岸线起算，向陆延伸 15km，向海扩展至 10～15m 等深处；在山地和陡坡地带，由海岸线向内陆延伸的距离视情况而定，向海扩展可至 20m 等深处。这样一个狭窄的区域可作为海岸带调查范围（孙湘平，2006）。可见，海岸带定义没有统一的标准，它因海岸类型、研究目的和管理目标不同而有所差别，但无论使用何种定义，对海岸带的研究都必须包括沿海陆地与近岸海域两方面。本书的研究对象为围填海造地用海方式与资源和生态环境影响，其影响范围包括滨海陆域、潮上带、潮间带、潮下带及近岸海域，本书界定的海岸带泛指海岸线两侧人类开发利用活动较多、陆海相互作用（land-ocean interaction）和相互影响较强烈的地带。

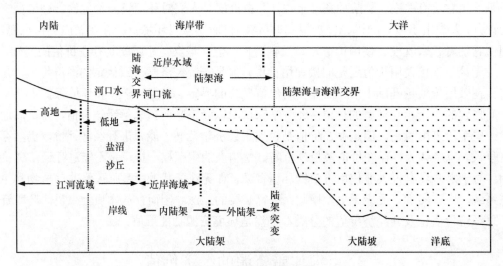

图 3-3　海岸带空间范围

2）海岸带资源

相对于陆地资源来说，海岸带既是一个资源概念，又是一个空间概念，关于海岸带资源概念的探讨必然涉及海岸带资源和环境两方面的内容。而重新认识资源和环境的基本概念及两者之间的关系是探讨海岸带资源的基础。

自然资源是一个十分常用而又无公认定义的概念。《中国资源科学百科全书》将其定义为"人类可以利用的、自然生成的物质与能量"。英国大百科全书中，自然资源被定义为"人类可以利用的、自然生成物及生成这些成分的环境能力。前者为土地、水、大气、岩石、矿物、生物及其积聚的森林、草场、矿床、陆地与海洋等；后者为太阳能、地球物理的循环机能（气象、海象、水文、地理现象）、生态学的循环机能（植物的光合作用、微生物的腐败分解作用等）、地球化学的循环机能（地热现象、化石燃料、非燃料矿物生成作用等）"。联合国环境规划署将自然资源定义为"在一定时间条件下，能够产生经济价值、提高人类当前和未来福利的自然环境因素的总称"。

根据《中国大百科全书（简明版）》，"环境"一词是指"围绕着人群的空间，以及其中可以直接、间接影响人类生活和发展的各种自然因素的总体"。《韦氏新大学词典》（第 9 版）则在"环境"的第二词义里，列举了 a、b 两项词义：a 项词义是"作用于生物或生物社会并最终决定其形式和生存的物质的、化学的和生物的因素（如气候、土壤和生命体）"；b 项词义是"影响个人或社会生活的社会和文化条件的总和"。由此可见，环境总是相对于某一中心而言，人们把这个中心称为主体，把围绕中心的世界称为环境。环境科学中的环境是指相对于某一人类生命主体（群体或个体）周围的外部条件的总和，包括主体的存在空间、维持生命活动的能量和物质及对其产生影响的各种直接或间接因素。环境分为自然环境和人工环境两大类。自然环境一般是指人类活动场所周围的各种自然因素的总称，组成自然环境的因素包括大气、水、土壤、岩石、各种生物、各种矿藏等。这些因素是人类赖以生存和发展的物质基础，总是按照自然规律在变化和发展。人工环境是指人类以自然环境为依托，依据人类生产和生活的需要，对自然环境进行改造建设所形成的环境，如城市、农村、工厂等。环境作为一种资源，对于人类具有多方面的功能，按照资源使用者的不同可以分为两个方面：一是"生产性效用"，表现在环境能为人类的生产提供一定的容纳、分解、净化废弃物的空间；二是"生存性效用"，表现在环境能为人类提供生存所需的基本要素和容纳、分解生活废弃物并净化空间，前者如洁净的空气、饮用水，后者如大气、河流、海洋净化生活中产生的废弃物等（袁明鹏，2003）。

对于自然资源和环境的关系，理论界存在几种不同的观点。

第一种观点认为自然资源包括环境，即环境属于自然资源的一个组成部分。这种观点可见于早期美国的环境经济研究中。20 世纪五六十年代，美国出现了将环境作为资源、用资源论进行研究的经济学（宫本宪一，2004）。又如，在美国经济协会经济学分类表中，1990 年以前，资源保护与环境污染（代码为 722）是自然资源中类（代码为 720）下的 3 个小类之一；1991 年以后，可更新资源与保护及环境管理（代码为 Q_2）、不可更新资源与保护（代码为 Q_3）、能源（代码为 Q_4）是农业与自然资源经济学大类（代码为 Q）下的 3 个有关环境与自然资源的中类（章铮，2008）。挪威的自然资源与环境核算体系确立了两种资源：物质资源和环境资源（戴维·皮尔斯和杰瑞米·沃福德，1995），由此可见，在他们看来环境也是资源的一种类型或资源的构成部分。

第二种观点认为环境包括自然资源，自然资源应归为环境的一部分。霍斯特·西伯特（2002）在《环境经济学》中指出，环境概念包括自然资源，环境问题不仅包括一般的环境污染问题，还包括自然资源耗竭问题。国内学者袁明鹏（2003）认为自然资源与环境的关系可以描述为：①自然资源包含在环境要素中。自然资源是人类汲取基本生产物质的场所，是为人类提供生产建设原料的基地，为人类文明提供财富、商品、原材料等，如土地、水、森林等有形的物质实体，以及自然界天然赋予的地形地貌。②环境没有自然资源"要为人类提供效益，能够产生经济价值"的限制，因而其范畴比自然资源更广。环境可以接受、分解、还原、转化人类活动所产生的废弃物和其他有害影响，从而满足人类的生产和发展的需求。这是环境作为一个系统所表现出来的资源特性，它已经超出了自然资源的范畴。③环境具有质量的属性，表现为在具体环境内，环境总体或环境的某些要素对人类生存和发展及社会经济发展的适应能力。④景观优美性（通过地理特征和生态系统的特殊性所体现的自然景观的多样性及可供人们欣赏的美学性质)、环境容量(生态系统对人类活动的承载能力)和环境调节能力(在某一环境要素发生急剧变化时,环境整体所表现出的自我调节能力)具有使用价值,从而能产生价值,因而应被视为资源或财产。陈祖峰等(2004)支持将"资源"包含于"环境"之中的大环境观,认为资源较强调有用性,即经济性,而环境则更强调整体性和系统性;环境比资源的范畴更广,即环境体系由自然资源要素构成,而环境中能为人类所利用的自然物则为自然资源。

第三种观点,即独立的资源或环境的观点,将环境和自然资源并列。例如,Tietenberg (2001)在其所著的 *Environmental and Natural Resource Economics* 中,将环境与自然资源并列。环境主要包括人类的生命支持系统中除去自然资源后的所有要素,如空气、水、土地等。国内学者鲁传一(2004)、张帆(2007)、沈满洪(2007)也认同该观点,将自然资源与环境、自然资源问题与环境问题并列考察。

近年来,越来越多的学者从生态系统角度,即将自然资源与环境统一到生态系统服务功能的尺度中加以考察。生态系统服务功能是指生态系统与生态过程所形成及所维持的人类赖以生存的自然环境条件与效用(Daily,1997)。生态系统服务功能是将自然资源与环境纳入人类社会经济领域的连接点与关键,是联系人类社会与自然资源和环境的纽带,它不仅为人类提供食品、医药及其他生产、生活原料等资源,还创造与维系着地球生态支持系统,形成人类生存所必需的环境条件。生态系统服务功能的内涵包括有机质的合成与生产、生物多样性的产生与维持、气候调节、营养物质贮存与循环、土壤肥力的更新与维持、环境净化与有害物质的降解、植物花粉的传播与种子的扩散、有害生物的控制、减轻自然灾害等许多方面(唐建荣,2005)。从生态系统服务功能的概念界定中可以看出,生态系统包括部分自然资源和环境。

国内关于海岸带资源的概念界定有以下几种分类法:一是狭义的海岸带资源,是指赋存于海岸带环境中可供人类开发利用的物质和能源,主要包括湿地资源、港址资源、岛屿资源等空间资源和淡水资源、海水资源、生物资源、盐业资源、矿产资源、旅游资源、能源资源等物质资源。其中,生物资源包括初级生产力(叶绿素 a)、浮游生物、底栖生物、游泳动物、潮间带生物等;旅游资源包括地质地貌景观、名胜古迹、宗教文化遗迹、航海军事遗迹等;能源资源包括潮汐能、盐差能、波浪能、风能等。狭义的海岸带资源不包括海岸带环境(左玉辉和林桂兰,2008)。二是包括环境在内的广义的海岸带资源,是指分布在海岸带区域内的,在现在和可以预见的将来,可供人类开发利用并产生经济价值,以提高人类当前和未来福利的物质、能量,包括物质资源、空间资源和环境资源(鹿守本,2001)。三是独立的自然资源和环境资源。自然资源包括物质资源和空间资源,其中,海洋生物、海底矿产与油气、海洋能等属于物质资源,海运水道、海港口岸、渔场、海滨浴场、沙滩、水体等属于空间资源。环境资源则是滨海景观的可观赏性、休闲娱乐场所的舒适性、海洋环境容量、蓄洪功能、调节温度和湿度的能力等,不包括海岸带所提供的物质资源(杨金森等,2000)。

本书认为,由生态环境破坏、环境污染所引起的生态和环境问题,最终将影响自然资源供给的数量和质量,进而影响人类的生产和消费活动,因而海洋环境及生态系统服务功能应包括在资源概念内，本书所界定的是包括环境和生态的广义海岸带资源，是指赋存于海岸带区域内可供人类开发利用的并产生经济价值的、以满足或提高人类当前和将来福利的物质资源、空间资源，以及支持人类生命活动、人类社会发展的功能性服务（环境容量功能和生态服务功能），在阐释海岸带资源价值决定理论时，使用广义的海岸带资源概念，其分类详见表 3-1。但是在阐述围填海造地的资源损害时，为了更清晰地表示围填海造地的生态影响和环境损害，则并列使用了资源折耗成本和生态环境损害成本的概念，这不应视为概念混淆和歧义。

表 3-1　海岸带资源的分类

海岸带资源分类	说明
物质资源	海洋生物、矿产、海水资源等
空间资源	港湾航道资源、岛屿资源、滨海景观资源、滩涂资源
环境容量功能	海洋环境容量功能
生态服务功能	气候调节、空气质量调节、生物多样性维持、干扰调节等功能

3.2.2　海岸带资源的价值决定

通过对自然资源价值决定理论的比较分析，中外经济学家都认为自然资源是有价值的，其价值是多种因素共同作用的结果。自然资源的有用性是其具有价值的内在依据，那些不能满足人类需要的物质在经济上绝不会具有价值；资源的稀缺性是其具有价值的充分条件，相对于社会消费需要而言，资源越稀缺，其价值也就越大；产权的垄断性是资源通过交易实现其价值的制度基础。海岸带资源是自然资源的组成部分，在研究海岸带资源的价值决定理论时，也从以上几方面就海岸带资源的特点进行分析，确定其是否具有价值并研究其价值决定理论。另外，海岸带资源的多用途性进一步决定了机会成本是海岸带资源价值的组成部分。

3.2.2.1　有用性是海岸带资源具有价值的依据

自古以来，海岸带资源便有鱼盐之利和舟楫之便之功能。20 世纪以来，随着人口的增加和第三次工业革命的出现，资源短缺、环境污染和生态破坏等问题日益显现并进一步加剧，于是人们把发展的空间投向海洋。各国更深刻地认识到海洋中蕴藏着丰富的资源，是人类生存和发展的新空间，海洋（海岸带）是资源丰富而未充分开发利用的资源宝库，开发和利用海洋将是国家经济和社会发展的重要支撑条件，是增强综合国力的一项重要国策。鉴于此，人们将 21 世纪称为海洋世纪，将海洋经济视为世界经济新的增长点。"谁控制了海洋，谁就控制了一切"，开发利用海岸带资源成为可持续发展的新空间。目前，国际上依赖海洋资源（海岸带资源）的海洋产业已经超过 20 个，海洋经济已成为新兴的经济领域。

海岸带资源的有用性并不仅仅由依赖海岸带资源所形成的产业决定，还由自然资源的结构、层次、规律等所产生的属性或功能决定，有些海岸带资源并不提供物质产品，无法形成海洋产业，但却是支撑海洋产业或人类生活的充分条件，因此，论证海岸带资源的有用性应从海岸带资源的结构及生态过程所决定的产品和服务出发。根据海岸带资源的结构及产品和服务，海岸带资源的有用性表现为以下几个方面。

（1）物质资源功能。物质资源功能是指资源满足人类物质需要的功能，即自然资源作为人类一切生活资料和生产资料的最终来源的功能。人们对资源价值最原始最基础的认识基于物质资源及其有用性。海岸带物质资源包括各种海洋生物资源和海洋非生物资源，并具有有用性。海洋中的鱼类、虾类、可食用藻类，既是人类的海洋食品，又可作为生产性原材料，如海洋鱼类可用于生产鱼肝油、鱼粉等；而海洋非生物资源包括油气、矿产等，是重要的能源，具有极大的经济价值。物质资源功能是海岸带资源的基础功能，大多数具有物质资源功能的海洋资源可以直接作为商品在市场进行交换，以其实体直接进入生产过程，直接体现出经济价值，这种也是最容易被认同的价值表现形式。另外，部分物质资源如海洋生物遗传基因资源是能够产生生理活性物质的生物资源，如果人类能成功地从分泌生理活性物质的生物细胞中提取所需要的遗传因子，就能获得具有特殊疗效的药品和精细化工产品，基因资源将会是未来的重要社会财富，因而具有潜在的经济价值；海洋中巨量的浮游植物还是一种生物泵，它控制着二氧化碳的浓度，对缓解全球温室效应具有重要作用，因而具有生态价值。

（2）空间资源功能。空间资源功能包括景观功能和海岸带的港湾航道功能。景观功能属性是指环境资源在满足人类对美感、认知和体验等精神生活需要方面的功能，主要指优美的自然景观。海岸带资源所形成的独有景观和美学特征，使人们乐于到此旅游并开展娱乐活动，此项功能通常可以产生直接的商业价值或带动相近行业产生直接的商业价值。由于海岸带的自然地理特征，其可供船舶停靠或航行。滨海交界滩涂亦为人们提供从事养殖晒盐等经济行为的空间。同环境容量资源一样，海岸带空间资源也不是以其实体而是以其功能效益来服务于人类。

（3）环境容量功能。环境容量功能是指环境资源容纳、贮存和净化生产生活中产生的固体、液体等废弃物的功能。联合国海洋污染科学问题专家组（GESAMP）认为，"环境容量是一种资源，其定义是环境容纳某种特定的活动或活动速率（如污染物的排放）而不造成无法接受的影响的能力"。海洋通过它本身的物理能（波浪能、潮汐能、热能）、化学能（大量阳离子和阴离子、pH及盐度的变化）和生物能（多种微生物的分解作用、动植物的吸收等），使污染物的浓度自然地逐渐降低乃至消失，其净化过程可分为物理净化、化学净化和生物净化3种。物理净化是通过稀释、扩散、吸附、沉淀或气化等作用而实现的自然净化，物理净化的结果是污染范围由小变大，浓度由高变低，从而改善水质。化学净化是通过海水理化条件变化所产生的氧化还原、化合分解等化学反应实现的自然净化。化学净化的结果是改变污染物的存在形态和性质，如有机污染物经氧化还原作用最终生成二氧化碳和水。生物净化是指微生物和藻类等生物通过其代谢作用将污染物降解或转化成低毒甚至无毒物质的过程。生物净化的结果也改变污染物的存在形态和性质，如将甲基汞转化为金属汞，将石油烃氧化为二氧化碳和水。影响自净能力的因素主要有地形、海水的运动、温度、盐度、酸碱度和生物丰度及污染物本身的性质和浓度等。海洋处于地球表面的最低位置，有史以来沿海居民往往把各种废弃物直接或间接地排入海洋（左玉辉和林桂兰，2008）。对于现代人类社会而言，这是海洋的一项重要功能。但是，该功能属性的资源不是以其实体形式进入生产和消费过程，而是以功能效益的方式满足经济体系的需要，由于所提供的服务不能直接在市场上进行交换，因此也就不能直接体现出其经济价值。

（4）生态服务功能。海岸带生态系统是全球生态系统中面积最大和生物多样性最丰富的一个系统。通过生态过程和生物多样性的维持，为人类社会提供服务。根据彭本荣等（2005）、陈尚等（2006）的研究结果和本书的研究目标，笔者在此将海岸带资源的生态服务功能主要界定为以下几类：①气候调节。海洋是生物圈循环中碳元素的最大储藏库，海洋与大气之间不断地进行 CO_2 的交换过程，在全球碳循环和对气温的影响方面都起着重要作用。同时，海洋藻类通过光合作用释放 O_2，构成了地球氧气的重要来源，这对调节 O_2 和 CO_2 的平衡起着至关重要的作用。海洋生物资源的各种生物过程吸收温室气体，从而对某一区域或全球的气候起调节作用。②空气质量调节。海洋生态系统向大气中释放有益物质和吸收大气中的有害物质，进而维持空气质量，其计量指标可采用 O_2 释放量、有害气体（如 H_2S、SO_2、CO）的吸收量等。③干扰调节。该功能是指海洋生态系统对各种环境波动的包容量、衰减及综合作用，如海洋沼草群落和红树林等对海洋风暴潮与台风等自然灾害的衰减作用、海草漂浮的叶子对波浪的缓冲作用。④生物多样性维持。由海洋生态系统产生并维持的遗传基因多样性、物种多样性与生态系统多样性，既是生态系统的一部分，又是产生其他生态系统服务的基础。生物多样性对于维持生态系统的结构稳定与服务的可持续供应具有重要意义。

生态服务功能同样也不是以实体而是以其功能服务于人类。虽然这些服务不能直接在市场上进行交换，但这些服务的减弱或丧失，都能直接或间接地影响人类健康和生活质量，进而影响人类社会的经济发展与持续性。

人类对海岸带的认识和利用经历了由单一到全面、由平面利用到立体利用、由物质资源到生态服务功能的发展历程。总之，海岸带资源的有用性是人类与海洋交互作用的结果，伴随着技术进步和人类对海洋资源的需要利用的过程，也处于不断深化的过程当中。随着科学技术的进步，当人类对海岸带资源的要素结构有了更多认识时，海岸带资源的有用性必定会有更多方位的展现。

3.2.2.2 稀缺性是海岸带资源具有价值的充分条件

自然资源的稀缺性包括三方面的内容：一是人类活动使某些资源数量减少、枯竭和耗竭；二是自然资源和自然条件的贫化、退化和质变；三是自然资源的生态结构、生态平衡被破坏甚至被摧毁（谭俊华，2004）。

自然资源的稀缺性不仅是自然极限造成的，人类的不合理利用、科学技术的欠缺、不适当的管理、人口增长过快等，都是造成资源稀缺的主要原因。对于海岸带资源来说，在我国长期形成的产品高价、原料低价和资源无价的经济模式下，海岸带资源开发管理立法的不完善，开发者抢占资源、狂采滥捕的短期行为，沿海地区人口规模的日益增大，海洋经济的快速发展，使得海岸带资源的稀缺性日益明显。

1）海洋生物资源（渔业资源）的衰退

鱼类是海洋生物资源中最重要的一类，其捕捞数量最大，经济价值最高。20世纪90年代，由过度捕捞导致的渔业资源的衰退已成为一个国际性的问题。从20世纪50年代开始，随着捕捞技术的进步，世界捕捞企业规模迅速增长，渔场依次达到最大生产力，而后开始衰退。渔场衰退的原因在于世界海洋捕捞能力已经超过海洋渔场生产能力的30%~40%。联合国粮食及农业组织发出警告，根据水产品需求量的增加和全球海洋渔获量的减少，估计全世界人均消费的海洋和内陆水产品将会从1993年的102kg减少到2050年的51~76kg，这将会严重威胁以鱼类为主要蛋白质来源的近10亿人的生活，其中绝大多数属于发展中国家（彭本荣和洪华生，2006）。

在我国，近海渔业资源衰退的状况更为严重。截至2002年底，我国共有海洋机动渔船27.9万多艘，其捕捞强度大大超过了海洋资源的再生能力，由于海洋渔业捕捞活动大多集中于我国近岸海域，强大的捕捞力量与有限的作业渔场、薄弱的资源基础之间的矛盾日益突出。一些传统的经济鱼类资源如大黄鱼和小黄鱼等，产量分别从1934年的22万t和27万t下降到1985年的2.6万t和3.1万t。20世纪70年代以来，单位努力渔获量直线下降，年平均递减率达到8.24%，1997年仅为1.13t/kW（陈新军和周应祺，2001）。目前渔获物以劣质化、低龄化和小型化为主，并趋向底层的食物链，如目前渤海渔获物以虾、蟹和小杂鱼等为主，捕捞强度已经大大超过了渔业资源的再生能力。我国捕捞生产的低龄化、小型化和低值化日益加剧，给海洋渔业生态循环和资源恢复带来很大难度，海洋捕捞业面临前所未有的困境，见图3-4。

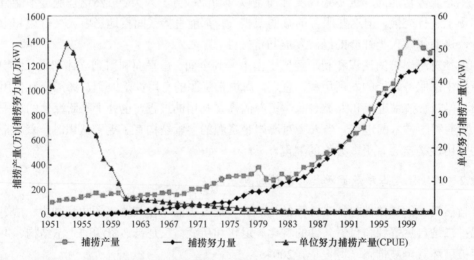

图3-4　我国1951~2002年捕捞产量和捕捞努力量数据（《中国渔业统计四十年1949-1988》和1990~2002年《中国渔业统计年鉴》）

我国海域已记录的海洋生物有20 278种，不仅有很多世界海洋共有的生物物种，还有许多特有的物种，如在其他海域早已灭绝的古老孑遗种和一些在生物进化上属于原始或孤立的类群，它们均属于珍稀物种。由于开发利用过度、栖息环境被破坏、乱捕滥采及外来物种引进等，我国现有海洋珍稀物种的种群数量正在不断减少，正面临消失和灭绝的威胁,同时另一些原来数量较多且分布广泛的物种,也逐渐变成了新的珍稀物种(付秀梅和王长云,2008)。

2)海洋环境污染加剧,海洋环境容量功能退化

环境容量大小取决于两个因素:一是海域环境本身具备的条件,如海域环境空间的大小、位置、潮流、自净能力等自然条件及生物的种群特征、污染物的理化特性等;二是人们对特定海域环境功能的规定,如确定某一区域的环境质量应该达到何种标准等。

近年来,由于大规模的海岸带资源开发及严重的陆源污染,海洋环境污染加剧,海洋环境容量功能退化。例如,厦门西海域几十年来相继修建了高集海堤、马銮海堤、杏林海堤、西堤,进行了大量的围填海行为,使厦门西海域已经损失了近50%的海域面积,纳潮量亦减少了 50%(张煦荣,2004)。造成海洋环境容量功能下降的另一个原因是沿海岸向海域排放污染物行为导致海域水质中的无机磷、无机氮和粪便大肠菌群及部分有毒、有害物质严重超标。虽然厦门的工业污水处理率在全国属比较高的,但目前污水处理厂的二级处理排放无法达到脱磷、脱氮处理,生活污水的处理率也只能达到60%,而且全部污水均向海域排放。

随着沿海城镇和工业的发展,中国沿海排放入海的工业污水和生活污水逐年递增,年排放量超过 80 亿 t,东海沿岸排放量最大,环渤海、黄海和南海北部沿岸排放量也与日俱增。除污水排海之外,城市垃圾、工矿业废渣等倾倒入海也是很大的污染源。城郊农业化肥、农药的残渣废液和塑料污染,亦不容忽视。由于上述诸因素的作用,渤海的辽东湾、渤海湾和莱州湾,黄海的大连湾、胶州湾,东海的长江口、杭州湾及浙南至闽东沿岸,已成为严重的污染区。陆源污染中,主要为有机污染和重金属污染,重金属污染主要指汞、镉、铅等重金属,中国的长江、珠江、鸭绿江等排汞入海的污染源有 60多处,中国沿海铅的污染源达 80 多处(冯士筰等,1999)。大量含有有机物质和丰富营养盐的工农业废水与生活污水排入海洋,造成近岸海域的水体富营养化,尤其是水体交换能力差的河口海湾地区,污染物不容易被稀释扩散,过量的营养物导致腐生耗氧藻类大量繁殖,甚至发生赤潮。赤潮的发生改变海洋生态系统平衡,降低海洋水体的环境质量,损害沿海社会经济的发展。造成近岸海域污染的另一个原因是过度的海水养殖行为,养殖者在滩涂上围堰、围网,影响涨潮、退潮流速,再加上使用有毒农药,使海域底质和水质环境受到污染(舒庭飞和罗琳,2002)。

污染严重的海域大多集中在大型入海河口和海湾,包括辽东湾、渤海湾、莱州湾、胶州湾、象山港、长江口、杭州湾、珠江口等海域。

《2015 年中国近岸海域环境质量公报》显示,全国近岸海域总体水质状况一般,18.3%近岸海域水质劣于第四类海水水质标准,11.6%近岸海域水体呈重度以上富营养化状态。除此以外,海洋生境退化、环境灾害多发等问题益发突出。近海部分海域海洋污染排放已经远远超过海洋的自我调节能力,海洋的环境容量功能严重退化,这种退化不仅会带来生物资源的减少,还会使污染物在海洋食物链中持续积累和循环,从而加剧海洋生态环境的系统性恶化,并对我们的食品安全构成严重威胁(李家彪和雷波,2015)。随着大规模海岸带资源的开发及严重的陆源污染等高强度人类活动加剧,海洋资源与环境越

发具有稀缺性的特征。

3) 海岸带生态系统服务能力减退

海岸带生态系统是海洋生态系统的组成部分。海岸带地区包括了多种多样的生态系统，如泥滩、沙滩、红树林、湿地、河口等，每一种生态系统都提供独特的服务（彭本荣和洪华生，2006）。海岸带生态系统服务能力的减退，可以从提供生态服务的海岸带空间边界的物理变化进行说明。

滨海湿地包括泥滩、河口，是海岸带地区生态系统的组成部分，是世界上生产力最高但受威胁最严重的系统之一。沿海地区工农业的发展及城市用地的扩张，促使滨海湿地不断转化为种植业用地、水产用地、盐业用地和城市用地，使得滩涂湿地面积严重缩减，加上城市化进程对滨海湿地的污染加重，滨海湿地功能退化，湿地生境被破坏，原生生物减少，生物多样性降低，渔业资源严重衰减。20 世纪 50 年代以来，中国已损失滨海湿地约 219 万 hm^2，特别是 50 年代和 80 年代分别掀起的围海造田和围海养殖热潮，使沿海自然滩涂湿地总面积缩减了一半，重要经济鱼类、虾类、蟹类、贝类的生息、繁衍场所消失，许多珍稀、濒危野生动植物绝迹，而且大大降低了滩涂湿地调节气候、储水分洪、抵御风暴潮及护岸保护的能力。

红树林是典型的海陆交界处具有最高生物多样性的生态系统，在提供生物栖息地、维护海岸带水生生物物种方面，具有举足轻重的作用。我国红树林主要分布于福建、广东、海南、广西、台湾等高温、低盐、淤泥质的河口和内湾滩涂湿地。在过去几十年，我国红树林资源遭受了严重破坏，20 世纪 60 年代以来的毁林围海造田、毁林围塘养殖、毁林围海造地等不合理开发活动，使我国红树林面积骤减，其防潮、防浪、固岸、护岸功能亦大为减弱。据统计，20 世纪 50 年代我国有红树林约 5 万 hm^2，因遭受长期围垦和砍伐，80 年代减至 3 万 hm^2，90 年代减至约 1.4 万 hm^2，其中多数红树林的外貌和结构已简单化，仅为残留次生林和灌木丛，一些珍贵树种已消失。

在所有海洋生态系统中，珊瑚礁是生物多样性最高的生态系统，属高生产力生态系统，被誉为"海洋中的热带雨林""热带海洋沙漠中的绿洲"（王丽荣和赵焕庭，2006）。珊瑚礁生态系统不仅为人类的生产和生活提供各种生物资源，还具有巨大的生态功能和生态价值，对保障生物多样性、生物生产率和生态平衡具有重要作用。我国珊瑚礁仅分布于低纬度热带浅海，海南、广东、广西、台湾附近海域为其主要分布区，其中尤以海南的南海诸岛为最多。除个别火山岛外，南海诸岛多数是由珊瑚礁构成的岛屿或礁滩，海南岛约 1/4 的岸段有珊瑚礁。自 20 世纪以来，随着沿海地区人口密度增加和开发强度增大，人们采挖珊瑚用于制作观赏工艺品。在珊瑚礁区过度捕捞，来自陆地和港口活动造成的污染物侵害，以及陆地水土流失和海底拖网导致的海水悬浮沉积物增加对珊瑚生长的干扰等，使珊瑚礁遭受严重破坏，珊瑚礁生态系统明显萎缩。据报道，海南岛岸礁的活珊瑚减少了 95%（Yu and Zou，1995）；广东徐闻的徐闻珊瑚礁作为中国唯一发育和保存的珊瑚礁，2000～2004 年珊瑚的覆盖率持续变化，从 2000 年的 30%～40%、2002 年的 20%～30%，减少至 2004 年的不到 10%（王丽荣和赵焕庭，2006），呈逐年下降趋势。

《2015年中国海洋环境状况公报》显示，实施监测的河口、海湾、滩涂湿地、珊瑚礁、红树林和海草床等海洋生态系统中，处于健康、亚健康和不健康状态的海洋生态系统分别占14%、76%和10%。据初步估算，与20世纪50年代相比，中国累计丧失滨海湿地57%，红树林丧失73%，珊瑚礁面积减少80%，2/3以上海岸遭受侵蚀，沙质海岸侵蚀岸线已超过2500km。外来物种入侵已产生危害，中国海洋生物多样性和珍稀濒危物种日趋减少。图3-5为2004~2015年《中国海洋环境状况公报》显示的海洋生态系统健康状况。

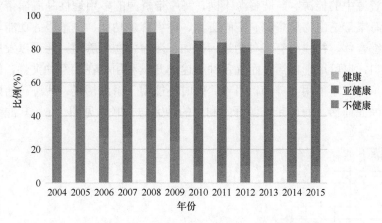

图3-5 2004~2015年中国海洋生态系统健康状况

资料来源：国家海洋局2004~2015年《中国海洋环境状况公报》

3.2.2.3 垄断性是海岸带资源具有价值的制度基础

海岸带资源的稀缺性和有用性客观上要求合理开发利用必须使其具有明确的权属关系，即必须使其具有明晰的产权。"无产者，无恒心。"因为在市场经济制度下，如果一种自然资源或环境没有排他性产权，就会导致对环境资源的过度使用和污染物的过度排放，从而导致"公地的悲剧"。主流经济学认为，市场机制正常作用的基本条件是明确定义的、专一的、安全的和可实施的涵盖所有资源、产品服务的产权。产权是有效利用、交换、保存、管理资源和对资源进行投资的先决条件。首先，产权必须明确定义，否则就会引起法律纠纷，使所有权产生不确定性；其次，产权必须是排他的，产权主体必须对资源具有排他的使用权和收益权，多重产权，无论多么安全，都会打击所有者对资源投资、保存和管理的积极性；再次，产权必须是安全的，产权必须得到法律的明确界定和保护；最后，产权必须是可实施的，即有效监督违章活动并进行处罚（章铮，2008）。

《中华人民共和国宪法》第九条明确规定："矿藏、水流、森林、山岭、草原、荒地、滩涂等自然资源，都属于国家所有，即全民所有；由法律规定属于集体所有的森林和山岭、草原、荒地、滩涂除外"。海岸带资源的重要组成部分——海域，是指中华人民共和国内水、领海的水面、水体、海床和底土。海域中的内水是指中华人民共和国领海基线向陆地一侧至海岸线的海域。《中华人民共和国海域使用管理法》第三条规定："海域属于国家所有，国务院代表国家行使海域所有权。任何单位或者个人不得侵占、买卖或者以其他形式非法转让海域"。可见,《中华人民共和国宪法》和《中华人民共和国海域使用管理法》明确了海岸带资源中的滩涂、海域或红树林等自然资源的法律地位和国家作为海域等资源的所有权主体的地位。也就是说,国家将其所有的海域等资源交给个人或单位使用,后者作为海域的使用者或者使用权人向国家缴纳资源或海域使用金,国家从资源或海域使用者那里受偿。资源所有权的清晰,为海岸带资源的市场化配置提供了法律基础。

3.2.2.4 海岸带资源开发利用的机会成本构成海岸带资源价值量

与陆地资源中的能源、矿产资源不同,海岸带资源的多用途性是海岸带资源的典型特征之一。海岸带是由物质资源、空间资源、环境容量功能、生态服务功能等多种资源组成的自然综合体,往往具有多种用途,例如,滩涂资源可养殖,还可以发展旅游,海湾可作为港口,也可用于排污。而且各种用途的开发利用存在相互冲突性,例如,滩涂资源用于围填海时不能用于养殖,用于养殖时不能用于滨海浴场;浅海石油勘探的地震作业会影响渔业捕捞。海岸带资源开发利用的冲突与关联,见图 3-6。其冲突原因在于

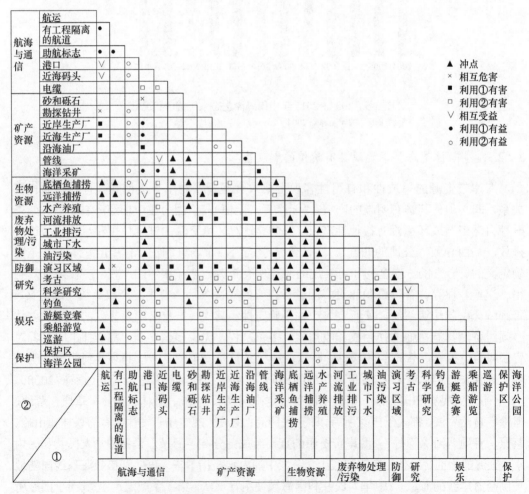

图 3-6 海岸带资源开发利用的冲突与关联(阿戴尔伯特·瓦勒格,2007)
①表示接近 200m 等深线;②表示超过 200m 等深线。图中空白处表示不明确

资源开发利用的不可逆性和变更开发利用方式的高成本性。《中华人民共和国海域使用管理法》规定，我国实行海洋功能区划制。根据《全国海洋功能区划（2011—2020 年）》，我国管辖海域划分为：农渔业区、港口航运区、工业与城镇用海区、矿产与能源区、旅游休闲娱乐区、海洋保护区、特殊利用区、保留区等八类海洋功能区。海域的开发和使用必须在功能区划的前提下进行，海洋功能区划是科学引导用海需求、实现海洋开发最佳利用的立法制度安排。

海岸带资源的公共产品特征使海岸带资源的开发常常具有负外部性。负外部性是指某一经济主体的经济活动对另一经济主体的福利造成损失，这种损失没有反映在其私人成本中，没有通过市场价格机制反映出来。负外部性产生的原因在于所使用的某些物品具有公共产品特征。例如，海水养殖营养物污染、化学药品污染对海水水体环境的负面影响；修建养殖池对沿岸滩涂、红树林的破坏；养殖逃逸的鱼类对其临近海洋生物多样性的破坏；围填海造地带来的渔业生产功能减弱、海域自净能力降低、泥沙淤积、航道变窄变浅，净化空气、调节气温和气候的功能减退等损害。这些损害的产生者往往是广泛且分散的，损失的产生亦是长期和累积的，损失往往没有自然的、自动的边界，成本最终转移给社会，转移给国家，出现资源的低效配置和浪费。研究表明，围填海造地影响海洋生态系统的调节功能，使自然纳潮空间区域大大缩小、滩涂消失、失去波浪消能空间、加大潮灾隐患（于格等，2009）。围垦改变潮滩湿地生境中的多种环境因子，从而导致潮滩湿地生境退化，围填海工程附近海区生物种类多样性将明显降低（尹晔和赵琳，2008）。围填海造地还会使海水污染加重及海岸生态环境质量下降等（刘育等，2003）。但是，用海方并没有承担围填海造地所带来的生态环境破坏成本，而是由国家承担的，因而产生围填海造地的负外部性。

从经济学角度看，海岸带资源的多种利用方式之间的冲突，必然导致资源开发的机会成本的出现。所谓机会成本，是指在其他条件相同时，把一定的资源用于生产某种产品时所放弃的生产另一种产品的价值，或者是指在其他条件相同时，利用一定的资源获得某种收入时所放弃的另一种收入。假如被放弃的产品价值或收入有许多种，其中最高的一种就是它的机会成本。机会成本是经济学研究资源是否合理配置的基础工具。机会成本在使用中表现为边际机会成本，即每增加一单位某种商品生产时所放弃的生产另一种产品的价值。由于资源是稀缺的，机会成本更多地表现为边际机会成本和稀缺成本。边际机会成本可分为代际机会成本和结构机会成本。对于不可再生资源来说，资源可以现在使用，也可以将来使用，现在每开发一单位该自然资源所放弃的将来使用它可能带来的纯收益，就成为现在使用该资源的代际机会成本。结构机会成本是指将资源用于某一用途时，所放弃的其他用途的收益。例如，某沿海滩涂湿地既可以围填海生成土地，又可以保留其生态服务功能，被围垦湿地的生态服务功能的边际纯收益，就成为经济当事人围填海造地的结构机会成本。

新古典经济学派认为，资源价格应等于资源开发利用的边际机会成本；低于边际机会成本的资源价格会刺激过度开发利用资源、恶化环境；高于边际机会成本的资源价格则抑制合理消费（戴维·皮尔斯和杰瑞米·沃福德，1995）。本书用边际机会成本决定海岸带资源的价值量，有三方面优点：第一，它意味着将一部分利润计入成本中，也就是说资源价格不仅包括生产者开采自然资源所花费的财务成本，还包括生产者应得的利润；第二，反映海岸带资源的稀缺程度对资源价格的影响，某一经济当事人使用了某一资源，其他经济当事人就丧失了利用同一资源获取纯收益的机会，现在使用了某一资源，就意味着丧失了今后利用同一资源获取纯收益的机会，用机会成本定价意味着必须将所放弃的机会可能带来的最大纯收益计入成本中；第三，反映资源开发的负外部性，开采自然资源对生态环境、社会和未来造成的损失，均体现在海岸带资源产品价格中。这种将资源与环境结合从经济学的角度来度量使用资源所付出的全部代价的方式，弥补了传统资源经济学中忽视使用资源所付出的环境代价及子孙后代利益的缺陷，可以说是一个新的突破。另外，边际机会成本可以作为决策的有效判据，用来判断海岸带资源环境保护的政策措施是否合理，包括投资、管理、租税、补贴及自然资源的控制价格等，这也可以说是一个新突破。

3.2.3　海岸带资源的价值分类

依据英国环境经济学家皮尔斯、美国环境资源经济学家克鲁蒂拉等对环境资源经济价值的研究成果，环境和资源服务通过市场体系①或通过那些无法在市场中进行正常交易的物品和服务（如健康、环境舒适性及生态娱乐机会等）的价值表现出来，因此自然资源与环境的经济价值分为使用价值和非使用价值。海岸带资源作为自然资源组成部分，其经济价值也分为使用价值和非使用价值，见表 3-2。

表 3-2　海岸带资源的总经济价值

价值构成		说明
使用价值	直接使用价值	海洋资源的商业价值：鱼类，贝类等
		娱乐休闲价值：滨海旅游，休闲垂钓等
	间接使用价值	气候调节，空气质量调节，干扰调节，生物多样性维持等
	选择价值	可能未来被使用（直接使用价值+间接使用价值）
非使用价值	存在价值	基于人类具有遗赠动机、礼物动机、同情动机等的价值判断

1）使用价值

使用价值是指当海岸带资源被使用或消费的时候，满足人们某种需要或偏好的能力，由直接使用价值、间接使用价值和选择价值构成。

直接使用价值包括海洋资源为人类直接提供的各种海洋食品（如鱼类、虾类、蟹类、大型可食用海藻等），为人类间接提供的食物及日常用品、燃料、药物等生产性材料（如海洋鱼类生产鱼肝油、鱼粉等，甲壳类提供几丁质、饲料等），以及海洋生物自身所携带的基因资源（可能会是人类将来最宝贵的资源之一）。直接使用价值的概念是易于理解的，但这并不意味着它在经济上易于衡量。提供的各种海洋食品和生产性材料的使用价值可以根据市场或调研数据进行估算，但是基因资源的使用价值却难于衡量。

---

① 该市场体系是以生产者收入的变化、消费者效用的改变及市场商品和服务的价格等形式表现出来的。

海洋调节服务和生物多样性维持服务的价值属于间接使用价值，它们虽然不直接进入生产和消费过程，但却为生产和消费的正常进行提供了必要条件。例如，海岸带沼泽群落、红树林等对海洋风暴潮、台风等自然灾害的衰减作用；浮游动物、贝类等对有毒藻类的摄食及对二氧化碳的吸收，生态系统对病原生物的控制；海水对有害物质进行分解还原、转化转移及吸收降解，以达到处理废弃物和净化水质的目的。间接使用价值为人类福利做出重大贡献，但是量化这些间接使用价值，仍是一个重大的挑战。

选择价值与人们为保护海岸带资源以备未来使用的支付意愿有关。也就是说，该海洋资源不是现在被使用而是有可能在未来被使用，包括未来的直接使用价值和间接使用价值，如生物多样性、被保护的栖息地等。选择价值的出现取决于海洋生态服务供应和需求的不确定性是否存在，并且依赖于消费者是想逃避风险还是喜欢冒险。因此，选择价值相当于消费者为一个未利用的资产所愿意支付的保险金，仅仅是为了避免在将来不能得到它的风险。

2）非使用价值

非使用价值是人们对于海洋资源价值的一种道德上的评判。人们由于具有遗赠动机、礼物动机、同情动机等而对海洋资源非使用属性的存在具有支付意愿，因而其非使用属性就是存在价值的基础。

本书所界定的价值损失，仅指使用价值减少，围填海造地的价值损失是对海域资源的直接使用价值、间接使用价值及选择价值损害的货币化测度。

3.2.4 海岸带资源产品的价格构成

根据海岸带资源的边际机会成本保留价格构成理论，开发利用海岸带资源产品的价格是由三个部分构成的：边际生产成本（marginal production cost，MPC）、边际资源折耗成本（marginal depletion cost，MDC）与边际生态环境损害成本（marginal environmental cost，MEC），即

$$海岸带资源产品的价格=MPC+MDC+MEC \tag{3-3}$$

边际生产成本（MPC）是指资源开发利用必须支付的生产成本，如原材料、工资、设备等。即使是未利用的自然资源，生产成本同样存在，其包括勘探成本、开采成本、管理成本等。这里边际生产成本是指资源开发利用数量的单位变动所引起的总生产成本的相应变动。

边际资源折耗成本（MDC）是经济当事人因正常使用具有稀缺性的环境资源而应该向环境资源所有者支付的费用。由于历史的原因，经济学家经常用不同的术语来表示边际资源折耗成本，如资源使用费、租金或资源租金、资源折耗费、耗竭成本或使用者成本。海岸带的边际资源折耗成本是海岸带资源的折损费用，海岸带资源储量随着单位资源产品的产出而逐渐减少，减少的价值即为海岸带资源的折损费用。

边际生态环境损害成本（MEC）是指那些由某经济主体的经济活动所引起，但尚不能精确计量，并由于各种原因而未由该主体所承担的不良环境后果。这种不良环境后果

最终以人们福利效用减少的方式表现出来。有时，在环境污染引起的成本中，有一部分已被摊入生产成本（如治理污染工程的开支、支付给劳动者的医疗费用等），即一部分外部成本已经被内部化。但是，由于许多环境损害没有自然和自动的边界，而且损害的体现是滞后的，因此量化边际生态环境损害成本还有一定的困难。

3.2.5 海岸带资源价值补偿

海岸带资源的价值补偿包括生产成本补偿、资源折耗成本补偿及生态环境损害成本补偿。对于生产成本，它的价值通过资源产品的出售可顺利得到补偿，故这里不进行研究。因而，海岸带资源价值补偿包括资源折耗成本补偿及生态环境损害成本补偿。

对于资源折耗成本来说，在所有权清晰、产权主体明确的前提下，折耗成本是经济当事人因正常使用具有稀缺性的海岸带资源而应该向资源所有者支付的费用，被称之为资源租金。如果资源价值补偿充分，海岸带资源的自身价值应该与资源所有者从资源开采中所获得的经济租或收入相等。而在资源价值补偿不充分的情况下，海岸带资源的自身价值应该是已得到补偿的经济租与其价值折耗的和。换个角度来说，补偿充分时，国家从资源开发利用中获得的租金收入应当等于资源利用者向国家缴纳的资源税费；补偿不充分时，应当是资源利用者向国家缴纳的资源税费与其价值折耗的和。《中华人民共和国海域使用管理法》规定的海域有偿使用制度是我国海域资源折耗补偿的制度保证，国家依法向海域使用者征收的海域使用金是海域资源折耗成本的补偿形式。市场决定资源配置是市场经济的一般规律。我国海域资源的市场化管理水平仍处于初级阶段，海域使用金还没有完全反映资源折耗成本，因而海域使用金的征收标准需要进一步调整，该内容将在本书第6章中进行论述。

对于生态环境损害成本，在市场经济条件下它常常被当作公共产品来看待，以至于不能完全通过市场交换来得到补偿，结果造成海岸带资源价值的损失，影响海岸带资源的可持续开发利用。生态环境损害补偿应以可量化的生态环境损害成本为依据，根据"谁破坏、谁恢复"的原则，由国家通过征收生态环境损害补偿金的形式向责任方征收。

海岸带资源的价值补偿是实现海岸带资源可持续利用的关键。海岸带资源的可持续利用是指为保持或延长自然资源的生产使用性和自然资源基础的完整性，使自然资源能够永远为人类所利用，不至于因其耗竭而影响后代人的生产与活动。为了遵循这条准则，一种海域资源被开发利用时，必须进行经济补偿，使资源的产品价格体现资源补偿费。如果一种自然资源枯竭，如围填海造地使滨海湿地和自然岸线成为不可再生资源，必须从资源开发的收入中提取一部分折旧，用于后备资源和替代资源的修复、整治及保护。总之，无论自然资源的利用结构如何调整，都应该保持自然资源总存量的不变，以保证下一代的自然资源经济福利水平不降低。

海岸带资源价值补偿是公众生态环境福利水平不降低的制度保证。海岸带资源的开发利用，在取得一定经济效益的同时，也会或多或少地影响和破坏生态环境，而生态环境的破坏，将会间接影响人类的生产和消费水平。如果对生态环境造成破坏，在经济上要对生态环境进行补偿，使自然资源的产品价格体现生态环境损害，借助生态环境损害成本弥补、维持和改善生态环境质量，即要保证在自然资源的利用过程中生态环境的质量不降低，以保证下一代的生态福利水平不降低。以上准则，是实现现代经济中自然资源优化配置和持续利用的帕累托最优的重要保证。

3.3 小　　结

本章在对传统经济学的价值理论和我国当代自然资源价值理论评析的基础上，针对海岸带资源的特征，探讨了海岸带资源的价值决定理论和海岸带资源产品价格构成内容，主要结论有以下几方面。

（1）近年来，随着世界性的自然资源衰减速度加快，经济发展与环境资源矛盾日益突出，可持续发展已成为世界各国政府管理部门与学者优先考虑和思索的问题。各国政府和学者达成共识的是，自然资源的价值决定和价值补偿是实现可持续发展的基础与途径。但是对于自然资源的价值来源问题，也就是对自然资源价值本质问题的理解还存在很大的争议。

（2）在传统经济学理论基础上构建的资源价值决定理论主要表现为边际效用价值论和劳动价值论。由于时代的限制，马克思的劳动价值论没有考虑资源环境稀缺性对商品价值的影响，因而也就认为自然资源是自然力的结果。边际效用价值论是西方主流的价值决定理论，也是进一步阐明资源环境具有价值的前提，但是它的局限性在于自然资源的价格构成是无法应用效用价值论来解释的。

（3）20 世纪 80 年代以来，我国的理论界开始对自然资源价值决定理论进行研究，其中包括于连生等（2004）的自然资源功能价值论、冷淑莲和冷崇总（2007）的自然资源补偿价值论、李金昌等（1999）的自然资源生态价值论，这些理论以马克思劳动价值论或者以生态服务功能为基础探讨资源环境的价值决定及管理问题。但是没有揭示资源环境量化的内在依据，在解释海岸带资源的价值基础上缺乏理论应用性。

（4）有用性是海岸带资源具有价值的依据；稀缺性是海岸带资源具有价值的充分条件；产权的垄断性是海岸带资源具有价值的制度基础；海岸带资源开发利用的机会成本是海岸带资源价值的量化依据。

（5）海岸带资源的价值由资源开发的边际生产成本、边际资源折耗成本、边际生态环境损害成本三部分组成。由边际机会成本定价的资源价格既包括生产者应得的利润，又反映资源的稀缺性和稀缺程度变化对资源价格的影响，同时反映资源开发的负外部性，这种将资源与环境结合，从经济学的角度来度量使用资源所付出的全部代价的方式，弥补了传统经济学中忽视资源使用及所付出的环境代价和子孙后代利益的缺陷。

（6）价值补偿是实现海岸带资源可持续利用和环境福利水平不降低的制度保证。根据海岸带资源的价值构成，其价值补偿包括资源折耗成本补偿和生态环境损害成本补偿。国家依法向海域使用者征收的海域使用金是海域资源折耗成本的补偿形式，征收生态环境损害补偿金是生态环境损害成本补偿的货币表现。

4 围填海造地的发展及社会经济效应

围填海造地，又称围垦，是在岸线以外的滩涂上或浅海上建造围堤阻隔海水，并排除围区内的积水使之成为陆地的海岸带资源开发工程。早期的围填海造地主要用于农业耕种，近年来，围填海造地主要用于建设临海工业区、港口堆场码头、物流园区等（陈吉余，2000）。围填海造地是海岸带地区开发资源的典型活动，更是沿海地区解决土地供应不足、扩大社会生存和发展空间的便捷方式，因此，世界上大部分沿海国家和地区，尤其是人多地少问题突出的城市和地区，都有围填海造地的历史。中华人民共和国成立以后，先后经历了五次大的围填海造地高潮。"十二五"规划实施以来，发展海洋经济成为国家战略。在国务院先后批复的区域发展规划中，有 17 个战略规划位于沿海地区，海洋经济发展战略进入全面实施的新阶段。沿海地区也纷纷确定了"以依托临海临港优势、大力发展海洋经济"为主题的战略定位。本章首先对荷兰、日本及韩国的围填海造地情况进行简单的介绍，然后总结归纳中国围填海造地的发展阶段，并客观阐述围填海造地对中国海洋经济发展的贡献。

4.1 国外围填海造地的发展

荷兰具有悠久的围填海造地历史，其 20%的陆地是通过围填海造地形成的；日本平原狭窄，国土资源匮乏，其国土的开发历史，其实就是一部开发利用海洋的历史，并且围填海造地的开发利用始终贯穿其中；20 世纪 90 年代以来，韩国的围填海造地一直在争议中前行。本节选取以上三个典型国家围填海造地的发展予以介绍。

4.1.1 荷兰围填海造地的发展

荷兰位于西欧北部，东邻德国，南接比利时，西、北濒临北海，地处马斯河、莱茵河和斯海尔德河的下游河口地区。海岸线长约 1075 km，沿海有长达 1800 km 以上的海坝和岸堤。"荷兰"在日耳曼语中称为"尼德兰"，意为"低地之国"，因其国土有一半以上低于或几乎水平于海平面而得名，可以说低平是荷兰地形最突出的特点，除东部及南部有一些丘陵外，绝大部分地势都很低。因其特殊的自然地理环境，荷兰人为了生存发展，避免在海水涨潮时遭灭顶之灾，长期与海搏斗，进行围海造田。早在 13 世纪，荷兰人就筑堤坝拦海水，再用风动水车抽干围堰内的水进行围海造田。几百年来荷兰修筑的拦海堤坝长达 1800km，增加土地面积 60 万 hm^2 以上。如今荷兰 20%的陆地是人工围填海造出来的，因此有着"上帝造人，荷兰人造地"之说。荷兰围填海造地分为以下 4 个阶段。

1）13~16 世纪缓慢发展阶段

荷兰围填海造地大约于 13 世纪开始进行，选择天然淤积的滨海浅滩，使用原始的方法，围出淤积区，区外修筑海堤，截断海水，并排去区内积水，使土壤脱盐，同时种植芦苇，加速土壤排干过程。这种做法从海中获得了土地，但进展缓慢。13~16 世纪，每个世纪只能围海造田 3 万~4 万 hm²。同时，这种围海方式所建海堤防潮标准很低，几乎每隔 10 年发生一次洪灾，造成财产、生命的重大损失。

2）17~19 世纪高速发展阶段

17 世纪，欧洲的资本主义经济得到较快发展，各国之间的贸易往来日益增多，荷兰国力增强，成为世界上最强大的海上霸主，被称为"海上马车夫"。一方面，随着城市的发展，对农产品的需求增加，从而对土地的需求也增加；另一方面，商人的投资增加，风车也得到了改进，因此造地的速度得到加快。在 17 世纪，造地达到了 11.2 万 hm²。

3）20 世纪顶峰阶段

进入 20 世纪，荷兰与水斗争的经验更为丰富，同时随技术发展，柴油机和电力取代了蒸汽动力，围海、排水造田的规模进一步扩大，在这一时期出现了一些极为庞大的项目，如著名的须得海区东弗莱福兰岛围垦工程及三角洲工程，并且这一时期围填海造地的目的也在不断发生改变。在 1953 年以前，大规模土地围垦主要用于居住及生活；1953~1979 年，因荷兰多次发生风暴潮，造成严重损失，所以这一时期主要为保护安全进行围填海；1979~2000 年，这一时期人们环保意识不断加强，所以为保护安全和河口生态环境而进行围填海（李荣军，2006）。

4）21 世纪的退滩还水阶段

21 世纪以来，荷兰围填海规模极少，一方面随着环境问题不断加重，人们对于环境也越发重视；另一方面，围填海造地在创造巨大经济和社会效益的同时，也给荷兰带来了一系列环境问题，如自然纳潮空间大大缩小、生物多样性下降、河床淤积以至影响泄洪安全、海滩和沙坝消失、地下水位明显下降、环境污染加剧等。为了解决这些负面影响，进入 21 世纪以来，在保障抵御海潮和防洪安全的前提下，荷兰政府和人民不断思考，尝试着"与海洋一起成长"，真正实现与自然和谐共处（胡斯亮，2011）。在这一背景下，荷兰开始研究退滩还水计划，将围填海造地的土地恢复成原来的湿地，主要包括养育和培育沙岛，使沿海沙丘形成一个自然美丽的区域并形成林带，从而可以吸引鸟类和鱼群；对相应区域进行不定期的连续性评估，以决定是否及在何时何地进行修复，从而保证生态的平衡和人与自然的和谐发展；恢复三角洲作为荷兰生态核心区地位，强化海岸作为众多海洋生物栖息地的功能；增加河道宽度，有助于湿地沼泽及泥地的形成，并能够提高淡水区、微咸水区及盐潮汐区的生态功能，有利于航道的自然发展；扩大沼泽地，新产生的沼泽地能够充分地吸收营养物质，并且对水有一定的清洁净化功能，而更加洁净的水又会大大促进水生植物的生长，从而有利于对水的净化（唐建荣，2005）。

4.1.2 日本围填海造地的发展

日本的地理环境是多山少平原，山地和丘陵约占总面积的 71%，而平原主要分布在河流的下游近海一带，多为冲积平原，并且规模较小。由于平原较少，从古至今，日本人对土地有着特殊的渴望。日本围填海的进程贯穿其农耕、工业和城市现代化发展的全过程，大体可以分为 4 个阶段（徐皎，2000）。

1）明治维新之前，以发展贸易和农业为目的

日本最初的人造陆地始于对海岸空间的利用，特别是与港湾利用贸易往来难分难解。远在大和政权即公元 4 世纪时期，政府提出的口号就是"制御水运，即制御国家"。随着海运和造船业的发展，码头建设被提上议事日程，到了平安时代，日本与中国、朝鲜的经济文化交流日益频繁，在濑户内海沿岸出现了不少经过人工改造而形成的泊位码头，为过往船只补充生活必需品，提供防风避浪场所。到了江户时期即 17 世纪，幕府将军又在东京湾进行了大规模的填海造地，主要是为增加粮食产量。

2）从明治维新到 20 世纪 60 年代，填海用于重化工业开发

明治维新后，1898 年为克服资源短缺，日本政府派遣大量学者和技术人员赴欧美学习，这些学者归国后提出了建设现代工业布局理论，提出必须利用日本的海湾资源填海造地解决土地问题。这一时期企业出资在东京湾西岸填海造地并建起了大型的水泥厂、造船厂等，收到显著效益。自此，依赖填海造地而形成的京滨工业带的雏形逐渐显现。大正 10 年，日本政府正式颁布了《公有水面埋立法》，以东京湾、大阪湾为开端，填海造地在全国各地展开。据估算，从明治、大正到昭和 20 年（1945 年），日本临海共造地 14 500hm^2，东京湾、大阪湾、伊势湾及北九州市等都以各自原有的港口海湾为中心填造了大量土地，形成了众所周知支撑日本经济的四大工业地带（考察团，2007）。

第二次世界大战之后，四大工业地带的生产能力得到迅速恢复和发展，与其他地区经济发展的不平衡加剧。于是，日本政府在 1962～1969 年制定了新的产业都市和沿海工业发展规划，统一进行工业布局，在沿海地带建立了 24 处重化工业开发基地。1945～1975 年，日本政府在临海填海造地 118 000hm^2，约相当于新加坡面积的 2 倍。东京湾东岸的千叶工业带、伊势湾名古屋港的大型集装箱码头、大分与水岛的巨型化工联合生产基地等都是这一时期的产物。由此在太平洋沿岸形成了一条长达 1000 km 以上的沿海工业地带，即闻名于世的环太平洋带状工业地带，其常被作为世界沿海工业布局的典型。

3）20 世纪 70 年代以后，以第三产业开发为主的填海陆地再改造

石油危机以后，临海型重化工业的重要地位开始让位于技术型产业，在此背景之下，日本提出了"技术立国"的国民经济建设方针。在产业结构转型过程中，沿海地带的重化工业向东亚、东南亚等海外地区大批转移。日本政府于 1973 年通过了《公有水面埋立法修正案》，填海造地政策由鼓励转为限制，开始对产业转移后的遗留工厂和港湾进行改造，开辟新的城市功能，发展第三产业。东京湾临海副都心、神户人工岛、东京迪士尼乐园、横滨 21 世纪未来港等都是这一时期的代表性工程。这一时期，基于填海造地的关西国际机场于 1987 年开始建造，1994 年建成并启用。但是，与前期相比，这一时期填海造地的规模和速度都大大减小，1979~1986 年日本填海造地的面积大约为 13 200hm^2。

4）21 世纪以来，严格控制围填海规模

20 世纪 90 年代以后，日本经济增长速度放缓，大规模围填海造地和工业生产导致的生态环境问题也陆续显现，日本政府开始耗资进行生态修复和维护，同时严格控制围填海规模。近年日本工业用围填海量下降明显，截至 2005 年，日本围填海总面积已经不足 1975 年的 1/4，每年的围填海造地面积只有 500hm^2 左右，围填海主要用于港口码头建设，形式主要是人工岛。

近年来，日本许多环保组织和渔业人士纷纷采取各种形式反对围填海。包括地方政府在内的各界人士，对于围填海也不再坚持一切以发展为上的态度，开始反思和权衡围填海的利弊关系，对围填海的认识变得更加理性。日本围填海的审批和实施变得比较谨慎与严格。原来日本政府有关方面制定的东京湾的"三番濑"、伊势湾的"藤前"等滩涂造地计划，因遭到了多方面的强烈反对，一些项目已经被迫停止或缩小规模。值得一提的还有广岛县福山市鞆町的"填海建桥"规划方案，本是一个地方行政议题，因民众反对，2007 年 4 月被诉诸公堂，升级为世人瞩目的舆论事件。负责世界遗产候补地调查事宜的联合国教育、科学及文化组织的咨询机构"国际纪念物遗迹会议"于 2005 年和 2008 年两度召开会议，通过了要求中止建设工程的决议案。广岛县地方法院更是以保护"具有历史、文化价值""属于值得从法律上予以保护"的，以及"工程竣工后不可能复原"的"景观利益"为由，判决中止工程建设。

现在，日本的各种海洋环保机构正在不断进行各种试验，希望能够找到一些恢复生态环境的好方法。这些试验包括人造海滩、人造海岸、人造海洋植物生存带等。经过把多种技术组合起来进行试验，现在看起来很有效，各种小鱼、小虾、贝类和微生物已经出现在人造海滩、人造海岸周围，显示了环境的改善。

4.2 中国围填海造地的发展与现状

中国是一个围海大国，有悠久的围填海造地历史。中华人民共和国成立以来，伴随着中国沿海地区经济发展的不同进程，围填海工程也可以分为以下不同的发展阶段。

4.2.1 《中华人民共和国海域使用管理法》实施前的围填海造地

自东汉以后，我国开始兴建海塘工程。海塘是我国最早的围填海工程，又名海堤、基围、海堰，是海岸或河口地区沿岸线修建的直接护岸工程，可以保护天然岸线免受潮流、波浪冲刷而发生侵蚀，从而保护沿岸地区免遭江海潮流的袭击。到唐代，江苏、浙江、福建三省都有系统的海塘出现。宋代以后，开始围垦海滨的滩地。明、清之后，开始重视对海塘的维修和管理。

中华人民共和国成立前，沿海经济发达地区由于人口众多，人均占有耕地面积少，对土地的需求非常迫切，当地民众开始了自发性的围填海造地行动。据统计，1949 年以前我国围填海造地面积已达 1300 万 hm^2（孙丽，2009）。

中华人民共和国成立后，围填海工程有了大规模的发展。按开发的规模和用途，大致可以分为以下几个阶段（刘伟，2008）。

（1）20 世纪 50 年代，除民众自发性的小规模围涂外，政府组织围垦了一部分土地，兴办了一批国营农场、华侨农场、军垦农场、养殖场等，除有较大面积用于盐业外，一般规模不大。这一阶段的围海造地以顺岸围割为主，围海造地的用途是晒盐。长芦盐场和莺歌海盐场就是在此期间建设投产的。这一时期围填海工程的环境效应主要表现在岸滩淤积的加速。

（2）20 世纪六七十年代末期，在"以粮为纲"的思想指导下，提出了"向海要地，与海争粮"的口号，围海造地由小规模的低标准围海，发展成由地方组织的大规模围涂造地运动。围垦的方向已从单一的高潮滩扩展到中低潮滩，这一时期的围垦滩涂主要用于农业开发，以耕地最多。自 20 世纪 50 年代开始的围垦河口平原咸淡水交替的大面积芦苇地，经洗盐改土发展水稻生产，建成了我国沿海最大的农场垦区和优质大米的出口基地。这一时期围海造地的环境效应主要表现在大面积的近岸滩涂消失。

（3）1978～2002 年，各级政府加强了对围海工作的管理，加强了围海工作的总体规划。上海、江苏、浙江、福建等省（区、市）均制定了海岸带和海涂管理条例，明确规定滩涂属国家所有，开发滩涂应有总体规划，围海工程应该严格按照基本建设程序办事。这一阶段的围海主要发生在低潮滩和近海海域，滩涂围垦主要用于海水养殖，农、渔部门之间的矛盾得到缓解。1978～2002 年全国围填海造地的规模与用途分别见表 4-1 和表 4-2。

表 4-1　1978～2002 年全国围填海造地的规模　　　　（单位：hm^2）

省（区、市）	辽宁	河北	天津	山东	江苏	浙江	上海	福建	广东	广西	海南
面积	178	2 117	75	8 511	90 241	—	—	62 611	1 031	470	319
合计	165 553										

数据来源：国家海洋局北海分局 2010 年《围填海造地项目研究报告》，本书有删改
注：合计项不包括浙江、上海；—表示无数据。

表 4-2　1978～2002 年全国围填海造地的用途

用海类型	港口用海	临海工业用海	渔业基础设施用海	海岸防护工程用海	围垦用海	污水排放用海	工程项目建设用海	旅游基础设施用海	其他用海
面积（hm^2）	6 430.78	3 371.08	2 735.55	823.50	151 308.63	330.95	426.30	54.76	127.30
比例（%）	3.88	2.04	1.65	0.50	91.36	0.20	0.26	0.03	0.08

数据来源：国家海洋局北海分局 2010 年《围填海造地项目研究报告》，本书有删改

以上 3 个阶段的围填海造地具有以下几个特征。

（1）围填海方式主要是围垦滩涂，用于扩展农业用地或发展海水养殖，缓解渔业捕捞的压力，解决耕地不足，增加农业收入。2002 年以前，农业发展和港口建设的用地面

积分别占围填海造地总面积的 86.2%和 4.9%。

（2）围填海造地无偿使用，无序管理。受传统的资源和价值观念影响，人们认为海洋是浩瀚无边的，资源是取之不尽、用之不竭的，海域的开发和使用是无偿的。虽然国家和各省（区、市）对海域的使用与管理出台了一些规定，但是《中华人民共和国海域使用管理法》出台之前，多头管理的现象十分严重，上至国务院，下到乡镇政府都能审批围填海项目，水利、交通、农业等部门也能审批围填海项目。传统的资源价值观念和不完善的管理，使自中华人民共和国成立到 20 世纪 90 年代中期，围填海处于一种无序和无偿状态。

（3）围填海造地的环境影响已显露端倪。大规模的围填海造地、养殖已使一些海岸带的沿岸格局发生变化。在 1949~1980 年的 31 年间，珠江口范围内围垦滩涂的面积为 18 667hm^2，平均每年 602hm^2，主要港口航道都靠疏浚来维持通航水深。厦门市的马銮湾曾是红树林珍稀动物小型鲸和白海豚游弋的场所，1960 年，为发展盐业和解决交通问题，在湾口修筑海堤，海洋水动力大大减弱，水面面积减少，水质严重恶化（黄广宇，1998）。山东省荣成市成山卫镇西北侧的朝阳港，原有滩涂面积 1000hm^2，1974 年成山卫镇湾内小俚岛以北修建了 2.6km 大坝，将朝阳港围出 160hm^2 造田，筑堤后仅造田 53.3hm^2。这一工程后，潟湖纳潮量减少 20 万 m^3，港内产生了严重淤积，港口被迫迁移，破坏了滩涂的贝类资源，鱼、盐生产受到较大影响，其余被围土地成了荒滩地（陈则实等，2007）。

4.2.2　《中华人民共和国海域使用管理法》实施后的围填海造地

21 世纪初期，中国经济进入快速发展时期，工厂、铁路、港口等设施的建设，均需要使用大批土地，使本来就人多地少的沿海经济发达区承受了土地匮缺的巨大压力。

2002 年《中华人民共和国海域使用管理法》施行，这是我国颁布的第一部关于海域资源管理、全面调整海域权属关系的法律，正式确立了海域有偿使用制度。对于围填海造地，《中华人民共和国海域使用管理法》规定"国家严格控制围填海造地"，围填海造地分为建设围填海造地用海、农业围填海造地用海和废弃物处置围填海造地用海，一次性征收海域使用金。

2002~2008 年，虽然《中华人民共和国海域使用管理法》已经施行，对围填海造地实施海域使用金管理，但是这一时期，又是沿海地区工业化、城镇化进程加快的时期。2002~2008 年，沿海 11 个省（区、市）的国内生产总值每年以大于 10%的速度增长，沿海地区总人口 5.54 亿人，其中城镇人口约 2.98 亿人，平均城镇化水平 53.79%，高出全国平均城镇化水平近 10 个百分点。在这种情况下，"向海洋要土地"就成为沿海地区和沿海城市谋求新发展的一种选择，中国沿海地区掀起了新一轮的围填海造地高潮。由表 4-3 可知，2002~2008 年中国围填海造地面积除个别年份下降外不断增加。表 4-4 为2002~2007 年中国围填海造地的用海类型，与 2002 年以前相比，用于港口和临海工业建设的围填海造地面积显著增加。表 4-5 和表 4-6 分别为 2002~2007 年中国沿海各省（区、市）围填海造地面积及围填海造地海域使用金征收情况。

表 4-3　2002～2008 年中国围填海造地面积

年份	确权海域面积（hm²）	围填海造地确权面积（hm²）	围填海造地确权面积占确权海域面积的比例（%）
2002	222 473	2 033	0.91
2003	205 266	2 123	1.03
2004	169 112	5 352	3.16
2005	272 555.32	11 662.24	4.28
2006	227 318.41	11 293.94	4.97
2007	244 639.26	13 425.00	5.49
2008	225 432.31	11 000.71	4.88

数据来源：国家海洋局北海分局 2010 年《围填海造地项目研究》

表 4-4　2002～2007 年中国围填海造地的用海类型

用海类型	港口用海	临海工业用海	渔业基础设施用海	海岸防护工程用海	围垦用海	城镇建设用海	污水排放用海	工程项目建设用海	旅游基础设施用海	其他用海
面积（hm²）	12 879	9 382	630	676	24 180	847	151	1 172	5 428	1 605
比例（%）	22.61	16.47	1.11	1.19	42.46	1.49	0.27	2.06	9.53	2.82

数据来源：国家海洋局北海分局 2010 年《围填海造地项目研究》

表 4-5　2002～2007 年中国沿海各省（区、市）围填海造地面积　　（单位：hm²）

省（区、市）	辽宁	河北	天津	山东	江苏	浙江	上海	福建	广东	广西	海南
面积	4 730	1 232	8 029	3 295	8 043	2 043	14 832	9 758	2 354	1 912	722
合计						56 950					

数据来源：国家海洋局北海分局 2010 年《围填海造地项目研究》

表 4-6　2002～2007 年中国沿海各省（区、市）围填海造地海域
使用金征收情况　　（单位：万元）

省（区、市）	2002 年	2004 年	2005 年	2006 年	2007 年
辽宁	3 411.8	6 178.1	19 558.66	22 629.15	38 707.83
河北	1 118	3 632.1	3 468.12	11 314.56	13 953.23
天津	51.6	190	2 811.15	1 389.52	25 494.75
山东	2 815.1	10 186.5	22 772.93	22 974.72	44 050.26
江苏	479.2	1 298.7	2 436.79	14 423.08	33 998.15
浙江	1 371.8	2 991.1	1 402.89	8 771.25	31 458.58
上海	—	—	—	71.95	2 674.78
福建	955.6	4 466.5	7 886.33	13 637.08	33 718.14
广东	866	2 641.5	5 746.58	2 132.4	51 908.26
广西	599	5 602.8	6 842.86	8 721.02	16 393.08
海南	153.7	694.7	1 140.11	1 068.29	3 510.83
合计	11 821.8	37 882	74 066.42	107 133.02	295 867.89

数据来源：国家海洋局北海分局 2010 年《围填海造地项目研究》
注：2002 年、2004 年、2005 年的合计数据中不包含上海；—表示无数据

　　过度且缺乏科学指导的围填海造地带来了相应的负面影响，生态环境受到严重破坏。为了加强海域使用管理，维护海域所有权者和海域使用权者的合法权益，促进海域的合理开发和可持续利用，2007 年财政部、国家海洋局颁布了《关于加强海域使用金征收管理的通知》，依据海域的等级和类别，大幅提高了海域使用金征收标准。将建设填海造地、农业填海造地、废弃物处置填海造地 3 种用海类型分为 6 个等级，其海域使用金征收标准为 30 万～195 万元/hm²，见表 4-7。随后，我国沿海各省（区、市）纷纷调整各自的海域使用金征收标准，出台相应的海域使用金管理办法。

表 4-7　中国围填海造地海域使用金征收标准　　　　　　　　（单位：万元/hm²）

用海类型	一等	二等	三等	四等	五等	六等
建设填海造地用海	180	135	105	75	45	30
农业填海造地用海	具体征收标准暂由各省（区、市）制定					
废弃物处置填海造地用海	195	150	120	90	60	37.50

数据来源：财政部、国家海洋局《关于加强海域使用金征收管理的通知》

　　此外，随着公众对各种海洋开发活动对海洋资源和生态环境影响认识的提高，以及国家对生态文明建设的进一步重视，自 2009 年以来，围填海造地面积有所下降。如表 4-8 所示，围填海造地确权面积占确权海域面积的比例由 2009 年的 10.03%下降至 2014 年的 2.91%。表 4-9 为 2009～2011 年中国沿海各省（区、市）的围填海造地面积，同期除江苏、广东、海南三省的围填海造地面积有所增加外，其余各省（区、市）的围填海造地面积均下降或持平。表 4-10 为 2009～2011 年中国沿海各省（区、市）围填海造地海域使用金征收情况。2009～2011 年围填海造地海域使用金占全部海域使用金的比例大多在 70%以上，且围填海造地海域使用金在迅速提高，平均增长率达到 7.84%。

表 4-8　2009～2014 年中国围填海造地面积

年份	确权海域面积（hm²）	围填海造地确权面积（hm²）	围填海造地确权面积占确权海域面积的比例（%）
2009	178 366.86	17 888.09	10.03
2010	193 769.16	13 598.74	7.02
2011	185 946.16	13 954.92	7.50
2012	271 689.85	8 868.54	3.26
2013	349 587.57	13 169.54	3.77
2014	335 783.96	9 767.3	2.91

数据来源：国家海洋局 2009～2014 年《海域使用管理公报》

表 4-9　2009～2011 年中国沿海各省（区、市）的围填海造地面积　　　（单位：hm²）

年份	辽宁	河北	天津	山东	江苏	浙江	福建	广东	广西	海南
2009	3256.47	2696.02	2807.99	1292.58	631.91	2852.35	2760.21	242.71	1068.05	279.8
2010	3011.53	1180.82	1290.25	1421.53	1333.92	2384.88	1312.82	310.03	1174.98	177.98
2011	1335.7	2225.44	1002.91	1091.4	1811.49	2231.26	1267.57	1335.6	1061.68	586.48

数据来源：国家海洋局 2009～2011 年《海域使用管理公报》，上海市无数据

表4-10 2009~2011年中国沿海各省（区、市）围填海造地海域使用金征收情况

年份	征收情况	辽宁	河北	天津	山东	江苏	浙江	福建	广东	广西	海南	总计
2009	金额（万元）	80 869.55	10 067.69	211 533.88	108 669.38	6 553.65	49 401.62	117 472.89	54 992.81	51 111.96	13 336.88	704 010.31
	比例（%）	79.8	69.24	99.17	89.28	48.09	85.12	98.11	86.16	99.09	76.86	73.96
2010	金额（万元）	125 810.36	50 042.99	183 677.6	94 458.84	44 766.11	81 103.9	81 725.77	58 478.03	50 155.72	11 955.68	782 175
	比例（%）	75.38	96.33	91.83	87.12	87.67	89.34	89.38	83.05	99.07	79.59	87.23
2011	金额（万元）	143 248.26	103 851.07	142 965.82	71 070.28	82 430.32	112 280.06	39 969.51	41 186.64	54 039.07	32 652.01	823 693.04
	比例（%）	79.05	94.9	95.81	67.02	92.9	90.53	84.58	74.36	92.58	94.93	86.33

数据来源：国家海洋局，2009~2011年《海域使用管理公报》

注：比例指围填海造地海域使用金占全部海域使用金的比例

自 2002 年后，中国围填海造地呈现出以下特征。

（1）地方主导的围填海造地比例增加。《中华人民共和国海域使用管理法》规定，填海 50hm^2 以上、围海 100hm^2 以上的项目用海，应当报国务院审批。较为严格的围填海造地国家审批制度使重大建设项目用海和 50hm^2 以上围填海用海增加速度变缓，但是地方管理层次的围填海用海则大幅度增加。以山东为例，2011～2013 年山东省审批用海项目共 311 个，其中围填海造地用海项目为 129 个，占用海总项目数的 41%；累计用海面积共 7905.11hm^2，其中围填海造地的用海面积为 2495.52hm^2，占总用海面积的 32%。伴随着工业化、城镇化和人口集聚趋势的进一步加快，沿海各省（区、市）纷纷制定了海洋开发战略并加快了海洋开发步伐，千军万马上项目，进一步加大了围填海造地投资规模。地方围填海项目中，有的化大为小、化整为零，有的合法，有的违规，大的围填海工程如天津港的围海造地工程计划分期造地 5000hm^2、大连长兴岛的围海造地已成陆 3000hm^2 等，小的围填海工程如福建省连江县下宫乡违法围填海造地 6.27hm^2（刘伟，2008）。

（2）围填海造地主要用于临海工业建设。2009 年国家先后出台了汽车、钢铁、船舶、装备制造等重点产业振兴规划，明确要求石化、钢铁、造船、火电、核电等重工业大规模向沿海地区转移。例如，天津港的围填海工程正是满足天津及环渤海区域发展所必需的，河北曹妃甸的围填海工程也是满足首都钢铁集团搬迁所必需的，福建厦门的象屿保税区、大唐宁德发电厂等项目所需土地多来自围填海（王孟霞，2005）。从表 4-2 和表 4-4 可以看出，港口用海、临海工业用海和旅游基础设施用海所占比例由 1978～2002 年的 5.95% 迅猛升到 2002～2007 年的 48.61%，与此同时，围垦用海由 91.36% 下降到 42.46%。

（3）围填海造地是地方增加土地供应的便捷通道。2004 年修订的《中华人民共和国土地管理法》明确提出土地用途管理制度和占用耕地补偿制度，国家层面上对耕地的数量和用途转化控制越发严格。围填海造地可以实现土地新增，从而弥补耕地占用，实现土地的占补平衡。我国东部沿海各种围填海工程泛滥，很大程度上是为了解决耕地占补平衡问题。

（4）围填海造地成为地方政府增加财政收入的逐利表现。土地作为城市的一种特殊的紧缺资源，如何开拓和经营土地也直接关系城市的快速持续发展。土地收益已经成为地方政府的"第二财政"。以沈阳市为例，2000～2003 年土地收益从 2000 万元增至 20 亿元，土地收益占财政收入的比例从 1.15% 增至 15.87%，可见土地收益对于增加地方财政收入的影响之大。围填海工程实施一方面可以增加土地面积，一定程度上缓解建设用地紧张，另一方面可以通过出让土地获取土地收益来增加财政收入。此外，随着海域使用金标准的提升，围填海造地海域使用金亦迅速增长，成为新的财政收入来源（刘伟和刘百桥，2008）。

2012 年以来，我国再次提出要严格控制围填海规模，加大对"批而未用、围而不建、填而不建"等圈占海域行为的查处力度；2017 年国家海洋局对沿海 11 个省（区、市）开展了围填海专项督查，提出建立围填海总量控制制度，减少围填海造地用海规模；2018 年印发了《国务院关于加强滨海湿地保护严格管控围填海的通知》，要求除国家重大战略项目外，全面停止新增围填海项目审批，加快处理围填海历史遗留问题。在 2017 年底前批准而尚未完成围填海的，最大限度控制围填海面积，并进行必要的生态修复。对严重破坏海洋生态环境的坚决予以拆除。支持通过退围还海、退养还滩、退耕还湿等方式，逐步修复已经破坏的滨海湿地。至此，我国围填海造地进入了严格管控和理性发展阶段。

4.3 中国围填海造地的社会经济效应

进入 21 世纪以来，中国沿海地区成为经济增长最快、人口压力最大、土地资源最稀缺的地区，不能不肯定围填海造地在促进地区经济发展中发挥的重要作用（尹晔和赵琳，2008）。

4.3.1 围填海造地增加土地资源

围填海造地能够增加土地资源，能够在一定程度上促进沿海地区土地的供需平衡，能够极大地拓展沿海经济和沿海城市的发展空间。例如，上海围垦造地的面积已占上海现有土地面积的 62%，极大地缓解了用地矛盾，对合理调整城乡产业结构和布局起到了重要作用，形成了垦区社会经济实体，取得了良好的社会经济效益。上海的 15 个大型国有农场、3 个军队农场、一些县级和乡级的农场、4 个乡级和包括上海石化总厂在内的一大批工厂企业，都是在围垦滩涂的基础上建立和发展起来的。据历年《海域使用管理公报》和《中国国土资源年鉴》统计，2003~2012 年，沿海地区围填海造地总面积占新增建设用地总面积的比例约为 12%。在严格保护耕地的大背景下，围填海造地为沿海地区新增建设用地提供了极大的补充。统计数据显示，2005~2010 年，围填海造地面积呈较为稳定的上升态势，增速均值高达 17.5%，围填海造地成为沿海地区增加建设用地的重要手段。从地区差异来看，2003~2012 年，天津围填海造地占新增建设用地的比例最大，约为 50%，有力推进了滨海新区的开发。此外，海南、福建、辽宁围填海造地占新增建设用地的比例也均在 20%以上。

根据《全国海洋功能区划（2011—2020 年）》和《土地利用总体规划管理办法》，2011~2020 年，建设围填海造地预期规模将占新增建设用地面积的 19.75%。对于海洋依赖性较强的省（区、市），围填海造地的作用将更为明显。浙江围填海造地占新增建设用地的比例预计将高达 50%，福建、海南占比也在 30%左右（郭信声，2014）。

4.3.2 围填海造地促进区域经济发展

一方面，围填海造地为海岸带主导产业发展提供空间。十二五时期，从石油、铁矿、粮食、棉花等重要资源的供给来看，国内储量不足，海外进口的产品在国内市场有较强的竞争力。我国生产力布局仍然是以东部沿海区域为重心，围填海造地扩大了港口规模，促进了临港和临海工业的发展。据国家海洋局统计，1978~2002 年前，港口用海面积为 6430.78hm^2，占全国用海面积的 3.88%；2002~2007 年，港口用海面积迅速增加到 12 879hm^2，占全国用海面积的 22.61%。围填海造地扩大了港口规模，提高了港口的吞吐能力。在港口加快建设、扩大规模的带动下，沿海港口城市和地区依托临海区位和港口的优势，积极引进工业项目，发展临海或临港石化、钢铁、电力、加工等工业，培育了新的经济增长点。

另一方面，围填海造地开发了新的旅游观光和休闲度假区。滨海城市在围填海造地的规划中都考虑了旅游业的发展问题，因此几乎所有的滨海城市在围填海造地过程中都发展起了旅游观光和休闲度假产业。滨海旅游业在某些沿海省（区、市）已成为主导产业，其发展不仅增加了地方财政收入，还美化了环境，提升了沿海城市的形象。

4.3.3　围填海造地提供新的就业机会

沿海地区人口密集，增加了许多新的就业机会。例如，2007 年江苏沿海垦区解决了60 余万常住人口的就业问题，每年吸纳各类劳动力近万人。浙江围垦区已吸纳各类就业人员 227 万人，占全省从业人员的 7%。2007 年浙江滩涂围垦区实现生产总值 1641 亿元，占全省生产总值的比例达 10%，围填海造地带动的经济发展大大拓宽了就业渠道。天津滨海新区是通过围填海造地方式发展起来的典型区域，2013 年，天津滨海新区生产总值 8020.4 亿元，同比增长 17.5%，比 2009 年增长 1.1 倍，城乡居民人均可支配收入增长 12%。特别值得一提的是，天津滨海新区的快速发展，为当地新增了大量就业机会，仅 2013 年就新增就业 12 万人（郭信声，2014）。

4.3.4　围填海造地缓解区域海洋灾害

沿海许多地区都是海洋自然灾害的频发区，海岸经常会受到台风、海啸、海流、海浪的袭击、侵蚀和冲刷。通过围垦工程和岸线整治，可以有效防御风暴潮的袭击，避免或缓解海蚀作用的影响，改善岸线景观，从而对海岸带及海岸工程、浅海域生态和沿海居民的生命财产安全起到保护作用。上海通过围填海造地使北港、南港分水分沙的复杂程度得以降低，近百年来泥沙极易淤积主航道的主要原因基本消除。今后如果能科学保护、适度围垦九段沙和横沙浅滩，将更有利于长江口航道的治理。福建是海洋自然灾害的重灾区，一些开阔的海湾岸线出现了土质沙化、岸线崩塌、土地减少、水土流失等现象，通过围垦工程，有效防御了风暴潮的袭击，减少了海洋灾害的发生。

4.4　小　结

总体来看，国外在掀起围填海高潮之后，很多国家进入反思期，因为围填海带来的生态环境而发生了变化。韩国、日本等在反思之后，做出了严禁大规模围填海的举措；荷兰等传统围填海造地国家也因不合理的围填海造地方式，出现了海岸侵蚀、土地盐化、物种减少等问题，新围填海造地采取严格的管理措施，改进填海方式，坚持透空式填海；有的国家把已填起来的海域部分恢复成湿地和滩涂，以挽救急剧减少的动植物，恢复生态和谐，探索与海共存的新路。从我国围填海造地的发展历史可以看出，围填海造地是社会经济发展到一定阶段的必然产物。20 世纪 50 年代，围海造地，沧海变桑田，以粮为纲，发展农业。21 世纪以来，围海造地，发展工业，实现产业升级，向海洋要发展、要空间成为经济发展速度快、人口密度高的沿海地区的战略选择。中国共产党第十八次全国代表大会以来，伴随着国家对生态文明建设的高度重视，我国对围填海的管控也进入了"史上最严"阶段，围填海整治已经上升到国家战略的高度，围填海造地用海管理进入新的历史时期。

5 围填海造地对资源和生态环境的影响及价值损失

大量研究表明，围填海造地作为一种特殊的用海方式，也意味着海洋及海洋生态系统自然属性的永久性改变，进而导致为人类提供服务能力的降低或丧失，并带来其他问题，如海洋水动力条件变化、泥沙淤积、海洋环境质量下降及海岸带生物多样性降低等。自20世纪80年代以来，国内外大量学者对围填海造地对资源和生态环境的影响进行了全方位研究，从长期看它对整个人类社会、经济、环境的协调与持续发展都会产生极大的负面影响。

5.1 围填海造地对资源和生态环境的影响

5.1.1 围填海造地使海域资源消失

围填海造地以海岸线截弯取直、变沧海为陆地这种改变海域属性的开发方式，剥夺了子孙后代开发海域其他用途的机会，使被填海域成为不可再生资源。

根据中国科学院海洋研究所遥感调查结果，2000年，由于围填海造地、围海形成虾池、盐田等，山东主要海湾（不含莱州湾）面积减少为 66 600hm²，而 20 世纪 80 年代海岸带与海涂资源综合调查时，山东主要海湾面积为 88 000hm²，两者相差 21 400hm²，海湾岸线总长缩短了 165km。

泉州湾位于福建东南部沿海，海域面积为 12 800hm²，其中滩涂面积达 8040hm²。该湾的四周主要由花岗岩缓丘、红土台地和第四系海积两个冲积平原组成，晋江和洛阳江在此汇合入海，属于典型的河口半封闭型海湾。20 世纪 70 年代以来，泉州湾洛阳江水道先后建设了洛阳江闸、凤屿北堤和南堤、百崎至白沙海堤及"五一围垦"等大型围填海工程，其中，前三者所围海域面积约 1000hm²，而"五一围垦"是泉州湾迄今最大的围垦工程，围垦面积约 1360hm²。此外，在蚶江至水头约 3km 长的海堤围造了 280hm² 的陆地和池塘。泉州湾海域面积由 1955 年的 16 330hm² 减至 1990 年的 13 260hm²；内湾 0m 等深线以内的水域面积由 1955 年的 1980hm² 减至 1990 年的 1040hm²，内湾水域面积缩小了将近一半。因人工围垦，目前泉州湾天然岸线已所剩无几（陈彬等，2004）。

毫无疑问，由于围填海造地，海湾资源成为不可再生资源，赋予后代的资源量减少，最终表现为价值损失。

5.1.2 围填海造地加剧海域污染

港湾的纳潮量是反映湾内水体与外海海水交换的重要参数（郭伟和朱大奎，2005），填海造陆往往在海湾内部进行截弯取直式的填海，这在大多数情况下会导致海湾纳潮量减小（谢挺等，2009）。围填海造地纳潮量减少，会导致流速下降和海湾水交换能力降低，从而使海湾环境恶化。刘建等（2006）在总结深圳湾内一系列填海项目时，得出围填海造地使得湾内纳潮量减少，水体的总体交换能力下降，水质状况进一步恶化。刘伟和刘百桥（2008）研究了厦门西海域的海岸工程和围垦造地情况，结果表明该工程使得该区域的纳潮量减少了 67%左右，潮汐对泥沙的输运能力因此大大减弱，使厦门港的淤积加重且通航条件受到影响。王学昌（2000）以胶州湾为例，根据几个填海方案进行预测，得出填海面积越大，对胶州湾潮流、水位、流通量等水动力因素的影响就越大。王世俊等（2003）研究了南海小海湾围垦工程和网箱养殖的环境影响，南海小海湾纳潮量大为减少，湾口流速在太阳河改道大大减小后，又大大减少，从而彻底改变了小海湾状况，小海湾的自我调节功能完全丧失，环境日趋恶化。陈彬等（2004）分析了近几十年来福建泉州湾围海工程的环境效应，结果表明，围海工程促进了海滩的淤浅，减少了内湾的纳潮量和环境容量，使得泉州湾内湾水质恶化，其最终后果为围海工程附近海区生物种类多样性普遍降低、优势种和群落结构发生改变。当入海污染物如生产生活废水、废气降尘降酸等持续不断并超过海水自净能力时，污染物在时间和空间上累积，首先表现为水质下降，而后发生水体富营养化甚至赤潮，进而危及水生生物，并通过食物链影响人类健康，例如，厦门港海区近年来赤潮频发与其周边大规模围海造陆有密切关系（陈尚等，2006）。另外，水质恶化、污染物渗入底泥，还会降低港湾沉积环境质量（林桂兰和左玉辉，2006）。

5.1.3 围填海造地破坏海岸带的港口航行功能

海域面积的减少、纳潮量的减少和流速的减小，引起航道产生淤积，使航行受到极大影响。厦门港是围填海造地造成海湾航道淤积的典型例子。众所周知，厦门港原来是不淤的天然深水良港，但 1956 年建成的集杏海堤、1959 年建成的马銮海堤和 1971 年建成的筼筜港海堤等围堵的海湾面积达 4800hm^2，使厦门港的纳潮面积减少 1/3、纳潮量减少 1.2 亿 m^3，导致潮流速度比围垦前明显减小，厦鼓水道中的涨、落潮流降低了 0.5km，宝珠屿港域流速几乎减至零，而且余流的方向明显改变了，结果航道普遍淤浅了 2.0m，有的地方竟淤浅了 5.0m，使航道受到了明显影响。

由围湾引起的海湾淤积不只是厦门港一处。地处榕江口的汕头港水深逐年变浅，其重要原因就是围填海造地使水域面积减少。据测量，1931 年榕江河口湾面积为13 980hm^2，1964 年为9870hm^2，1983 年为6740hm^2，1983 年比 1931 年减少了 7240hm^2；其纳潮量由 1931 年的 2.59 亿 m^3 减至 1964 年的 1.83 亿 m^3、1983 年的 1.24 亿 m^3，即1983 年比 1931 年纳潮量减少了 52.1%（戴维·皮尔斯和杰瑞米·沃福德，1995）。

维多利亚港是香港口岸的主体，主要功能有商港、高速船客运和海峡轮渡、渔港、游艇港、军港等。维多利亚港十分繁忙，港内船舶密度很大。原有港内水域面积 7000hm^2，至 1995 年围填海面积总计 2800hm^2，现有水域面积 4200hm^2，仅为原水域面积的 60%，因此造成了港口用地不断被挤占、水域面积不断减少、船舶活动的密度过大、船舶航行条件恶化等问题，其中部分航道如港九海峡主航道大型船舶通航已被局部限制，12%的中流作业浮筒被迁移至条件较差的港区界线以外。此外，填海使港九海峡附近的波高增大，港口中流作业及小型船舶安全受到威胁，近年来海事平均以30%的速度增长，1993年达到286起（罗章仁，1997）。

围填海的面积越大，对海域的潮流流场、流向、流速等水动力条件的影响也越大，从而可能导致泥沙淤积、港湾萎缩、航道阻塞（潘林有，2006）。例如，汕头港牛田洋围垦导致航道严重淤浅。围填海造地引起的海区冲淤变化的总趋势是浅滩扩展、深槽萎缩（赵焕庭等，1999）；突堤式码头对附近局部区域的流速将产生较大影响，可能产生泥沙淤积（王学昌等，2000）。在连岛填海工程中，阻断潮汐通道将会导致泥沙快速淤积，例如，曹妃甸填海通岛公路导致深达22m的老龙沟港口潜力区淤积变浅（尹延鸿，2007）。

5.1.4 围填海造地破坏海岸景观

海岸线曲折蜿蜒，有独特的地质、地貌，或是平原，或是山地丘陵，或为生物景观。泥沙质海岸潮进潮退，生物丰富多样；粉砂质海岸可俯拾贝类；红树林海岸苍翠茂盛，俨然绿色屏障；珊瑚礁海岸多姿多彩，鱼群缤纷。围填海造地，使多样的地貌变为单一呆板的平直岸线。刘育等（2003）分析了广东南澳岛7处围填海工程，结果表明，这些工程造成环岛沿岸沙石裸露，水土流失严重，破坏了海岸景观和生态系统，使海岸线的舒适性资源功能严重衰退。

5.1.5 围填海造地使海岸带生态功能减弱

海岸带是一个完整的生态系统，包括泥滩、沙滩、河口、含盐沼泽、海草、珊瑚礁、红树林、近海海洋等（彭本荣和洪华生，2006），具有气候调节、空气质量调节、干扰调节、生物多样性维护等生态功能，这些功能虽然没有形成物质产品，没有直接为人类带来经济利益，但是任何一项功能的减弱或丧失都能直接或间接影响人类健康和生活质量，进而影响人类社会的经济发展与持续性。例如，海洋浮游植物的减少将降低该海域的初级生产力，进一步影响该海域的其他生物资源数量和渔业产量，同时减弱海洋对大气中CO_2的吸收能力，直接影响该地甚至全球的空气质量，进而影响人类的生存和健康（爱德华·H.P.布兰斯，2008）。围填海造地通过对滩涂、珊瑚礁或红树林的破坏，破坏了海岸带的某些生态功能。

1）降低生物多样性

陈永星（2003）研究分析了福清东壁岛围垦，结果表明，垦区内围垦后底栖生物和浮游生物大量减少，垦区外围垦后堤外产生新的淤积，使港湾面积缩小，可能严重影响经济鱼类、虾类、蟹类、贝类的天然产卵场、苗种场、索饵场或洄游通道。胡小颖等（2009）对20世纪50年代和80年代的围海造田的研究结果表明，围垦区内重要经济鱼、虾、蟹和贝类的生息与繁衍场所消失，许多珍稀濒危野生动植物绝迹。慎佳泓等（2006）调查了乐清湾和杭州湾滩涂湿地围垦后的植被、植物种类的变化，结果表明，围垦行为破坏了生境，影响了生物的生存繁衍。葛宝明等（2005）通过研究灵昆岛的围垦行为，发现围垦改变了地域水文条件，从而影响了物种的分布、密度和多样性，引起群落结构的变化，破坏了生物多样性。

2）影响海岸带的干扰调节功能

海岸带的干扰调节功能是指海岸带生态系统对各种来自外部和内部干扰的调节，较典型的例子就是红树林和珊瑚礁的风暴及海浪带防护服务，以及红树林和湿地的洪水控制服务、侵蚀控制服务。例如，福建东山湾原有红树林 $200hm^2$，红树林湿地被开垦后，现在只剩 $47hm^2$；钦州湾 1977～1988 年的围垦使 $590hm^2$ 的红树林遭到破坏，红树林的破坏使海岸失去了天然屏障，抵抗和防护风暴潮与海浪的功能大大减弱。

3）影响空气质量调节功能

海岸带资源和环境通过浮游植物及其他植物（包括红树林）的光合作用吸收二氧化碳、释放氧气来维持空气质量，并对气候调节产生作用。围填海造地使海域变成陆地，红树林和浮游植物完全消失，空气质量调节功能受到破坏。在 20 世纪六七十年代的第二次围填海造地的热潮中，海南岛红树林面积减少 52%，湛江通明海港湾滩涂区原来分布有大陆最集中、面积最大的红树林，目前已开发成大陆沿岸面积最大的滩涂海水养殖区，红树林被大规模破坏（董振国，2005）。

5.2 围填海造地价值损失及其分类

5.2.1 围填海造地价值损失的概念

经济价值是个人经济活动所追逐的目标。根据新古典福利经济学理论，经济活动的目的是为了增加社会中的个人福利，即经济价值。福利经济学认为，可以通过两个理论上相对称的经验测度方式来反映经济价值。第一个是支付意愿，即人们对产品和服务的某一项具体的改善而愿意支付的货币数量；第二个是受偿意愿，即个人对产品和服务的某一项具体下降愿意接受的最少补偿的货币数量。每个人的福利不仅取决于其所消费的私人物品及政府提供的物品和服务，还取决于其从资源和生态环境系统中所得到的非市场性物品和服务的数量与质量，如健康、视觉享受、户外娱乐等。经济价值和个人福利是可以互相替代的，并且每个人都能够正确地判断自己的福利状况。

如果环境影响导致个人福利减少，则是价值损失，可计量为个人对服务降低所要求得到的补偿货币数量。如果环境影响使个人福利增加，则是价值增加，增加的部分即为人们对产品和服务功能改善愿意支付的货币数量。

资源和生态环境变化可以通过四种途径影响人们的福利，即在市场上购买的商品的价格变化、生产要素价格变化、非市场性物品与服务的数量和质量变化及人们所面对的风险的变化。围填海造地影响人们的福利主要是非市场性物品与服务的数量和质量变化，占用稀缺的海域资源，使赋予个人的资源量减少，而且环境和生态服务功能质量下降，因而影响人们的福利水平，最终表现为价值损失。

5.2.2　围填海造地价值损失的分类

依据海岸带资源产品的价值构成理论，围填海造地不但改变海域资源属性，使被填海域资源成为不可再生资源，而且造成海域环境污染和海洋生态破坏。据此，围填海造地的价值损失亦可分为以下两个组成部分。

1）围填海造地资源折耗成本

围填海造地永久性改变海域的自然属性，使滩涂或海湾成为陆地、海域资源成为不可再生资源。在没有替代资源保证的情况下，现在对海域的围填海造地所发生的机会成本，就是资源折耗成本。

美国经济学家霍特林率先提出了不可再生资源使用中资源租金的概念，认为由于资源的不可再生性，即使在完全竞争条件下，其资源价格也不等于边际开采成本，而是等于边际开采成本加上这种未开采资源的影子价格。影子价格表现为资源不用于生产时而放弃的利润代价，即资源的稀缺租金，它集中反映了由于资源不可再生所造成的机会成本，即使用者成本。1991年，我国学者汪丁丁等（1993）把使用者成本的概念介绍给国内学术界，认为使用者成本就是"产权使用费"。1996年，我国资源与环境经济学者张帆（2007）具体解释了使用者成本，即指现在使用一单位资源对未来使用者造成的机会成本。使用者成本体现的一层含义是资源用于一种用途而放弃其他用途，它反映了今天开采对于未来开采净收益的机会成本，它是社会成本的概念。使用者成本是环境和生态资源的动态有效配置与代际补偿的基础。从代际公平的角度看，当代人与后代人同为非可再生资源的受益者，使用者成本等于现在开采一单位资源给后代消费者造成的福利牺牲。使用者成本的代际性与社会性，使得其补偿问题成为一个难点。一方面，作为机会成本，它是隐性的而不是显性的，不能简单地通过会计折旧来计摊；另一方面，作为社会成本，它与资源使用者实际付出的成本未必相等。从这一角度看，使用者成本的补偿，实质是社会成本的内部化。1993年，联合国统计署（United Nations Statistics Division，UNSD）发布了"环境与经济综合核算体系"（System of Integrated Environmental and Economic Accounting，SEEA），将环境资产存量的期末价值与期初价值的余额及自然资产的折旧定义为资源的折耗成本。1998年，基于 SEEA 的操作手册出版。此外，Daly 和 Cobb（1989）提出的可持续经济福利指数（index of sustainable economic welfare，ISEW）与 World Bank（1995）倡导的真实储蓄和国民财富，都是基于自然资源的折耗成本而做出的绿色国内生产总值（Gross Domestic Product，GDP）核算的尝试。在社会经济活动中，资源的变化量一般以减少为准，表现为资源的净减少，又称为资源折耗成本。

王育宝和胡芳肖（2009）针对非可再生能源提出资源自身价值折耗的概念，认为资源自身价值折耗是为了寻找替代资源而投入的"有效劳动"。传统上，人们一般将其看作资源的租金或霍特林租金，是资源所有权在经济上的反映。如果资源价值补偿充分，在矿产资源所有权清晰、产权主体明确的情况下，矿产资源的自身价值应该与资源所有者从资源开采中所获得的经济租或收入相等；在资源价值补偿不充分的情况下，矿产资源的自身价值应该是已得到补偿的经济租与其价值折耗的和。

以上可以看出，无论是从所有者的角度看——应是产权使用费或资源租金的概念，还是从资源的可持续利用角度看——称之为使用者成本或绿色国民经济核算所使用的资源折耗成本的概念，都反映了一个共同的目标：资源是可耗竭的，为了减缓资源的耗竭或寻找新的可替代资源，应使用资源租金或使用者成本对资源的耗减进行补偿，用于投资新的自然或人造资本开发，抵消失去的可耗竭资源。可见，三个概念的含义是等同的。

本书的研究对象为围填海造地资源开发，该用海方式永久性改变海域自然属性的本质特征，使海域成为不可再生资源，为了更直观地说明资源的存量下降，在此使用资源折耗成本概念，即海域资源存量由于经济利用而减少的价值，侧重于从资产核算的角度说明价值量的变化。

《中华人民共和国海域使用管理法》规定了海域有偿使用制度，任何使用海域的单位和个人必须向国家交纳海域使用金。该法释义指出，海域使用金是国家对海域所有权的权利金，是国有资源性资产国家利益的体现。本书认为在所有权清晰、产权主体明确的前提下，海域使用金应该是经济当事人因正常使用具有稀缺性的海岸带资源而应该向资源所有者支付的获取利润的最高值；从所有者的角度看，应是产权使用费（汪丁丁等，1993）或资源租金；从资源的可持续利用角度看，称之为使用者成本；从资源核算的角度看，即资源折耗成本。

2）围填海造地生态环境损害成本

科学界定"海洋生态损害"的概念内涵是进一步开展价值损失评估与价值补偿的前提。目前，国外对于"海洋生态损害"尚未有公认的概念界定，但学者、欧美等国家和地区的相关法律制度对于"生态损害"或"环境损害"的概念已有较多阐述。Lahnstein（2003）认为生态损害是指对自然的物质性损伤，具体而言，即为对土壤、水、空气、气候和景观及生活于其中的动植物和它们间相互作用的损害，也就是对生态系统及其组成部分的人为的显著损伤。Bowman（2005）界定环境损害的概念为"任何环境资源的部分或整体的改变、恶化或破坏，造成人类和自然的不利影响"。De La Fayette（2002）认为环境损害是"因外在的人为原因而引发的生态系统组分及其功能、相互作用的一种有害的变化"。相关组织机构及立法机构也对生态损害相近概念进行了说明，1994 年联合国环境规划署将环境损害定义为"对环境非使用价值及其支持和维持可接受的生活质量、合理生态平衡能力的重要不利影响"；2000 年欧盟《环境民事责任白皮书》界定环境损害为"包括对生物多样性的损害和以污染场所形式表现的损害"；2004 年欧盟发布的"Directive on Environmental Liability with Regard to the Prevention and Remedying of Environmental Damage"（2004/35/CE）明确将自然资源服务功能（natural resource service）的损伤纳入损害范围，认为环境损害主要是"对受保护物种和自然栖息地、水及土地可能直接或间接产生的、可计量的某一自然资源的不利变化或可计量的某一自然资源服务功能的损害"；法国最高法院提出了"纯生态损害（pure ecological damage）"的概念，将其定义为"因侵害而使生态遭受的直接或间接的损害"，使之与精神损害、经济损害相区分（竺效，2017）。特别需要指出的是，美国立法和美国学者经常使用"自然资源损害"概念，自然资源损害是指对自然资源的侵害、破坏或者丧失对自然资源的使用，也包括对损害评估的合理费用（Maes，2005）。因此，"自然资源损害"基本上可以被看作欧洲学者经常使用的"生态损害"的同义词。在海洋环境方面，1994 年的《联合国海洋法公约》对"海洋环境的污染"进行了界定："人类直接或间接把物质或能量引入海洋环境，其中包括河口湾，以致造成或可能造成损害生物资源和海洋生物、危害人类健康、妨碍包括捕鱼和海洋的其他正当用途在内的各种海洋活动、损坏海水使用质量和减损环境优美等有害影响"。

近年来，我国政府部门出台的相关技术导则、管理规则对环境损害给出了权威性定义。例如，2016 年我国环境保护部颁布的《生态环境损害鉴定评估技术指南 总纲》将生态环境损害定义为"指因污染环境、破坏生态造成大气、地表水、地下水、土壤等环境要素和植物、动物、微生物等生物要素的不利改变，及上述要素构成的生态系统功能的退化"。就海洋环境要素而言，近年来，有部分学者开始对海洋生态损害进行界定：韩立新（2005）指出，海洋生态损害是直接或间接地把物质或能量引入海洋，造成的除人身伤亡和财产损害以外的海洋生物、海洋资源、海水使用质量等的灭失或损害，以及捕鱼和海上其他合法活动的损害；刘斐斐（2008）指出，海洋生态损害是自然变化或人类活动引起或可能引起的海洋生态系统失衡和生态环境恶化，以及由此给人类和整个海洋生物界的生存和发展带来的不利影响，既包括自然灾害，又涵盖人为影响；张晶（2014）基于生态损害的定义并结合海洋生态的特点，将海洋生态损害界定为人类活动造成的对海洋生态系统本身及其组成部分的严重不利后果，进而导致海洋生态系统的整体结构、组成部分或生态要素发生严重损害的事实状态。2013 年国家海洋局出台的《海洋生态损害评估技术指南（试行）》定义了"海洋生态损害事件"的概念，即"由于人类活动直接、间接改变海域自然条件或者向海域排入污染物质、能量，而造成的对海洋生态系统及其生物因子、非生物因子有害影响的事件"。

围填海造地不仅占用海域资源，还产生损害海洋生物资源、降低海水质量、减损海洋生态服务功能等有害影响，借鉴《生态环境损害鉴定评估技术指南 总纲》和《海洋生态损害评估技术指南（试行）》中的定义，本书对围填海造地的影响使用生态环境损害的概念，即由围填海活动直接改变海域自然属性而造成对海洋环境容量与生态系统及其生物因子、非生物因子的有害影响。根据环境福利水平上升归类为收益，环境福利水平下降归类为成本的原则，可以将围填海造地生态环境影响界定为生态环境损害并予以量化为成本。

围填海造地的生态环境损害成本有两个特征。一是生态环境影响的整体性。海岸带资源、环境和生态之间构成一个有机的整体。在海洋的生命系统和非生命环境系统之间，以及生命系统内部、环境系统内部，都存在物质循环和能量流动，海岸带资源环境的各种功能同时存在相互联系、相互作用。围填海造地使某种功能的受损或缺失会影响其他功能的正常发挥，造成资源环境整体功能的退化甚至崩溃。二是生态环境损害计量的复杂性。虽然围填海造地对海岸带环境和生态功能产生破坏性影响，但是海岸带的环境和生态功能如环境容量功能、空气质量调节功能、生物多样性维持功能等并不因人类的存在而存在，它们的提供与接受并不通过市场。因此，研究围填海造地对海岸带环境功能的损害，明确各种损害的实物量，并将实物量的损害货币化，在生态学参数选择与经济学方法确定方面有一定难度和争议。

虽然围填海造地的价值损失是整体的，而且损失的计量是复杂的，但这并不意味着价值损失可以被忽略。随着生态资源环境由充足资源变成稀缺资源、由外生生产要素变为内生生产要素，并且成为任何经济增长和发展都不可缺少的重要生产要素，资源开发价值损失的界定和计量变得越来越重要。

5.3　小　　结

围填海永久性改变海域的自然属性，使海域资源成为不可再生资源，减少了后代人对海岸带资源的开发机会、影响水动力交换、加重海域污染、同时使海岸带的生态功能减弱或丧失，最终直接或间接影响人类健康和生活质量，影响人类社会经济发展与持续性，因而是一种价值损失。由于这种影响是通过非市场性物品与服务的数量和整体质量变化来影响人们福利的，因而价值损失的界定和计量也是整体的和复杂的。特别强调的是，界定并计量价值损失不是目的，只是手段，约束人们使其在生产生活中尽量减少对环境的污染和对生态的破坏，并为价值损失的补偿提供依据，进而克服资源和生态环境因素对经济社会发展的制约，实现经济、资源和生态环境的协调发展。

6 围填海造地价值损失评估方法构建

海岸带资源与陆地资源具有一些共性，例如，海岸带与土地、矿产等都具有自然生产能力和其他方面的利用潜力，可以根据对它们的经营使用获得的收益，并采用收益资本化的方法，测算资源自身价值或价值损失。然而，海岸带资源自身又具有许多固有的特点，如海岸带资源的空间立体性、海水的流动性、资源利用方式之间的冲突性、海洋生态系统服务功能的整体性、生态环境影响的长期性甚至不可逆性，这就造成海岸带资源价值损失评估比一般性资源价值损失评估工作的复杂性和难度大得多。海岸带资源开发是 21 世纪重要的经济增长点，海洋资源存量和质量的变化直接影响国民经济的稳定与国家安全，因而评估海岸带资源的价值损失，对于维护国家对海岸带资源的所有权益、促进海洋经济发展、实现海洋环境保护和海岸带资源的可持续利用具有十分重要的意义。本章以海岸带资源价值构成为基础，基于围填海造地的资源和生态环境损害，以及围填海造地的价值损失分类，借鉴不可再生资源价值评估理论和环境影响价值评估方法，构建定量计算被填海域资源价值折耗成本和生态环境损害成本的理论与模型，为调整围填海造地的海域使用金征收标准和征收生态环境损害补偿金提供依据。

6.1 围填海造地资源折耗成本评估

6.1.1 资源折耗成本的概念及其计算方法

6.1.1.1 资源折耗成本概念的提出

现代经济增长理论的注意力仍集中在土地、劳动、资本和人力资本等投入要素，不重视经济增长中日趋突出的资源约束。在讨论经济增长时，一般假定所有生产要素投入不会耗尽，或者耗尽时有其他替代要素来使用。当不可再生自然资源作为重要的生产要素投入时，这一假定不再有效（林伯强和何晓萍，2008）。煤炭、石油、天然气都是不可再生资源。在未发现新储量或没有替代资源保证的情况下，一种不可再生资源被开采投入使用，意味着要考虑其最终枯竭的前景。也就是说，现在对可耗减资源的开采利用包含未来的机会成本，即资源耗减的成本。随着资本积累和劳动增长，有限的自然资源势必日益稀缺。最初，在现有技术调整范围内，还可以通过使用更多资本和劳动来替代日益稀缺的自然资源，一旦这种调节达到现有技术下要素替代的极限，自然资源最终将构成经济增长的瓶颈（罗浩，2007）。

最早对资源的可耗竭及其持续利用进行分析的是美国经济学家霍特林。1931 年，霍特林在 *Journal of Political Economy* 上发表了 "The economics of exhaustible resources" 一

文，奠定了资源经济学的基础。霍特林（1931）认为，可耗竭资源的市场价格由两部分组成，一部分是生产成本，另一部分是资源租金（R）。在生产成本为零的完全竞争条件下，资源开发的收益都为资源租金，要做到不同时期（t）资源利用净效益的现值最大化，资源租金须以相当于实际利率（r）的速率增长，后将其称作霍特林法则，即

$$R(t)=rR(t) \tag{6-1}$$

式（6-1）也可以表述为资源影子价格的增长率等于社会效用折现率。

继霍特林之后，许多学者通过建立可耗竭资源跨期开发、定价和地租的数学模型，丰富和发展了霍特林的结论。将假设条件中的生产成本拓宽到可变的情形，如下所示：

$$P(t)=rR(t) \tag{6-2}$$

因为 $R(t)=P(t)-C$，所以式（6-2）可以写成下式：

$$P(t)=r \times (P-C) \tag{6-3}$$

式中，C 为生产成本；P 为资源价格。

Hason（1979）指出，随着单位生产成本的上升，价格增长将放慢，这意味着资源租金的绝对量将下降。当成本（生产成本）与价格（资源价格）相等时，资源租金为零，价格增长也为零，资源耗竭（张云，2007）。

霍特林法则将静态效率的概念扩展为动态效率的概念，即不仅要考虑成本和收益的关系，还要考虑时间对成本和效益的影响，这推动了对可耗竭资源最佳配置的深入研究。这一法则是从所有者与开采者合一的假设出发，侧重从理论上探讨"租"和"价格"的变化规律。

1946 年，希克斯（Hicks）从代际公平的角度提出了使用者成本的概念。希克斯指出，对个人福利的度量而言，"收入是他在一星期当中所能消费的最高价值，并预期他在周末的处境会和周初的一样好"。其他经济学也解释说，货币收入或货币支出代表资产的转换或交换，实际收入表示财富（资产积累）的变动。Hartwick（1977）根据希克斯等对收入的定义，推导出社会需要将非可再生资源的开采租金储蓄下来，再作为生产性资本投入。如果这种投入大于攫取的资源的价值部分（稀缺性租金），那么，就可以保证跨代收入相等或效用不变，经济增长就是可持续的。这种达到不变路径的投资法则被后人称为哈特维克（Hartwick）准则，它对可耗竭资源最优利用的霍特林法则赋予了代际公平的含义。

6.1.1.2 资源折耗成本的计算方法

虽然自 20 世纪 30 年代起经济学家提出了在国民收入中考虑资源租金或使用者成本的概念，但广泛的讨论是 80 年代到 90 年代。随着可持续发展的度量研究大量出现，一些资源耗减价值的计算方法被相继提出，如净价格法（net price method）、净租金法（net rent method）（Serafy，1981）、使用者成本法（user cost approach）（Repetto et al.，1989）、净现值法（change in value method）（World Bank，1995）、交易价格法（transaction price method）、替代成本法（replacement cost approach）（United Nations，2003）等。本小节选取较有代表性的计算方法进行评述。

1）净价格法

净价格法也称净租法，是指计算非可再生资源自身折耗的前提是以资源的净价格为基础，用自然资源产品市场价格减去自然资源的生产成本（勘探开发生产成本加上合理经营利润）的余额，即自然资源净价格。净价格法的计算步骤如下：第一，考虑资源的净价格，这里的净价格是指资源的市场价格与边际生产成本之间的差额，此时的净价格是资源的经济租金；第二，需要考虑资源的开采量，即明确在特定的时期内资源的增加量或减少量，而资源自身的折耗成本就是净价格与开采量的乘积，即

$$D=(p-c)(Q-M) \tag{6-4}$$

式中，D 为资源的折耗价值；p 为资源的市场价格；c 为资源的生产成本；Q 为资源存量的减少量；M 为资源增加量。

式（6-4）的计算关键点是确定资源生产的边际成本，但是生产成本是很难确定的，在实际计算中，人们采用的是资源开采的平均成本而不是生产的边际成本，因而会产生估计偏差。

2）使用者成本法

使用者成本法最早是由 Serafy 在 1981 年提出来的。理论上使用者成本是福利经济学动态框架下资源资产的经济折旧，即现在使用不可再生资源对未来使用者造成的机会成本。资源开采净收入在扣除使用者成本后的剩余才是能够无限维持的消费水平。Serafy（1989）假定有限开采期内各期开采净收入为常数，得出使用者成本占净收入的比例为 $1/(1+r)^{n+1}$，其中 r 和 n 分别表示折现率和开采期。如果 n 或 r 很大，使用者成本都将很小。使用者成本法中不含边际成本参数，因此不必担心会因使用平均成本而产生估计偏差；也不要求资源租金增长率与利率相等的假定成立。Serafy（1989）将开采不可再生资源在有限服务期内的各期净收入 R 分成两部分，即可持续的永久真实收入 X（希克斯收入）和资源开采的使用者成本（$R-X$），要获得可持续发展，每年应进行（$R-X$）的投资，使累计投资每期都产生可持续的收入 X。设 n 为资源剩余可采年限（有限服务期），有限期内各期净收入 R_t 的贴现值之和等于可持续的永久真实收入 X 的贴现值之和：

$$R_t=\frac{1}{1+r}R_{t+1}+\cdots+\left(\frac{1}{1+r}\right)^n R_{n+1}=X+\frac{1}{1+r}X+\cdots+\left(\frac{1}{1+r}\right)^n X+\cdots \tag{6-5}$$

假设各期净收入 R_t 不变，记为 R，则方程可简化为

$$R\frac{(1+r)^{n+1}-1}{r(1+r)^n}=X\frac{1+r}{r} \tag{6-6}$$

$$R-X=R\times\frac{1}{(1+r)^{n+1}} \tag{6-7}$$

若使用者成本 $D=R-X$，则有

$$D=\frac{R}{(1+r)^{n+1}}, \quad R=q\times(p-c) \tag{6-8}$$

式中，D 为使用者成本（资源折耗成本）；R 为资源的收益；q 为资源的使用量；p 为资源的市场价格；c 为资源的生产成本；n 为资源剩余可采年限；r 为折现率。

从式（6-8）可以看出，影响资源折耗成本大小的关键因素有两个，一是资源剩余可采年限 n，二是折现率 r。在折现率一定的前提下，非可再生资源的使用期限越长，则使用者成本越小；反之，非可再生资源的使用期限越短，则使用者成本越大。在资源使用期限一定的条件下，折现率越大，则使用者成本越小。在资源的使用寿命一定的前提条件下，使用者成本对折现率的变化很敏感。

3）收益还原法

收益还原法是运用适当的折现率将预期资源的各期纯收益折算到评估基准期的现值之和。这种方法以收益为基础评估资源的价值，它的准确度一定程度上取决于资源的纯收益和折现率的选择，适用于不动产资源价值的评估计算。其一般性的公式可以如下表示。

设 a_n 为资源的各期纯收益，r_n 为各期折现率，则资源的价格可以表示为

$$P = \frac{a_1}{(1+r_1)} + \frac{a_2}{(1+r_1)(1+r_2)} + \frac{a_3}{(1+r_1)(1+r_2)(1+r_3)} + \cdots + \frac{a_n}{(1+r_1)(1+r_2)(1+r_3)\cdots(1+r_n)}$$

（6-9）

式（6-9）为收益还原法的一般形式。如果每年的折现率固定，每年的年纯收益固定，则有限期和无限期条件下的资源价值问题可如下表示。

在有限期条件下，资源的使用寿命为一定年限 n，则

$$P = \frac{a}{r} \times \left[1 - \frac{1}{(1+r)^n} \right]$$

（6-10）

在无限期条件下，资源一次使用耗尽，则

$$P = \frac{a}{r}$$

（6-11）

从式（6-10）可以看出，收益还原法同样对折现率的影响较敏感，折现率越大，资源折耗成本越小；反之，则资源折耗成本越大。同时这种方法要求计算资源的纯收益，除了扣除生产成本，还要扣除投资回报率、资源租金等。

实际上，净价格法、使用者成本法和收益还原法等都是以各期资源资产价值的变动来计算资源耗减价值，主要区别在于假定条件不同。净价格法以资源开采的优化模型为基础，在资源净价格（市场价格减边际生产成本，即霍特林租金）增长率等于利率的假设条件下，资源折耗成本等于霍特林租金与开采量的乘积，主要问题是资源租金增长率等于利率的基本假定能否成立。使用者成本法中不含边际成本参数，因此不必担心会因使用平均成本而产生估计偏差；也不要求资源租金增长率与利率相等的假定成立，但是折现率的选择会影响使用者成本评估的准确性。如果经济是完全竞争和动态优化的，那么答案就很简单并且是唯一的，即在完全竞争和动态优化的条件下，以上几种方法的结果是一致的。问题是现实往往偏离于理想假设。如果资源租金增长率等于利率的假定成

立，收益还原法就可以转为净价格法；如果认为利率和各期净收入均不变，收益还原法又可以简化为使用者成本法。

6.1.2　围填海造地资源折耗成本评估方法构建

1）被填海域资源的不可再生性

不可再生资源具备两个特征：一是非再生性，资源在自然环境下自己不能迅速再生，由于资源总量固定，开采一单位资源，资源存量就相应减少一单位，因此，当前的开采量将影响未来的可能开采量，而且资源的开采成本不仅取决于当前开采所使用的要素投入量及其价格，还取决于过去开采时的要素投入量及当前开采对未来资源开采收益的影响等因素；二是资源消耗的不可逆性，例如，已经消耗掉的矿藏量，不可能在短期内恢复到原储量水平。海岸带资源既包括可再生资源，如以渔业资源为代表的海洋生物资源；又包括不可再生资源，如海洋矿产资源、湿地资源等。围填海造地作为一种典型的用海方式，永久性改变海域的自然属性，使海洋成为陆地，使海域湿地滩涂资源成为不可再生资源。在没有替代资源保证的情况下，现在对围填海用海所发生的机会成本，即资源折耗成本。对于不可再生资源，其价值折耗可借鉴陆地不可再生资源的价值折耗方法进行评估。

2）国内学者对海域使用金征收标准的探讨

为了维护国家对海域资源的所有权益，实现海域资源的可持续利用，国内近年来有学者对海域使用金特别是永久性改变海域自然属性的围填海造地的海域使用金的征收标准进行了研究和探讨，其实质亦是在探讨使用者成本或资源折耗成本。

彭本荣等（2005）利用剩余法，计算了海域作为生产要素时海域使用金的征收标准，基本公式是

$$P = R - I - V - O - T \tag{6-12}$$

式中，P 为利用海域的利润（正常利润或者会计利润）；R 为利用海域的总收入；I 为固定资产投资；V 为购买海域的支出（海域价格）；O 为运营成本；T 为税收。

如果使用的海域面积为 S，海域作为生产要素单位面积的价值 P_{pf} 为

$$P_{pf} = \frac{V}{S} = \frac{(1-t)R - (1+\rho)(I+O)}{S(1+\rho)} \tag{6-13}$$

式中，t 为税率；ρ 为社会平均投资回报率。

彭本荣和洪华生（2006）以海域生产要素价值为条件，计算了厦门海域围填海造地的生态损害和海域使用金的征收标准，其中，利用海域的总收入 R 数据取自商业开发和工业开发用地拍卖价格及土地出让收益，得出围填海造地生态损害的价值为 646 万元/hm²，工业用围填海造地海域使用金征收标准应为 694.82 万元/hm²，商业用围填海造地海域使用金征收标准应为相邻土地价格的 65%，均高于当地实际海域使用金征收标准。

韩进萍（2006）以财政部和国家海洋局"全国海域使用金标准制定"项目为依托，同样使用剩余法，计算了农业用围填海造地海域使用金（海域空间资源占用金），公式为

$$M = W - C - C \cdot \gamma \qquad (6\text{-}14)$$

式中，M 为海域空间资源占用金；W 为海域资源总收入；C 为填海总成本；γ 为投资回报率。

韩进萍（2006）选取毗邻海域农用地价格作为海域资源总收入 W，得出全国农业用围填海造地海域所有权价值标准应为 37.5 万元/hm²，其建议制定相应的农业用围填海造地海域使用金征收标准。

苗丰民（2007）同样使用剩余法和收益还原法计算了围填海造地海域使用金，以填海后的土地价格为海域收益进行还原，计算围海域空间资源占用金，得出应调高海域使用金征收标准的结论。

3）围填海造地海域资源折耗成本模型构建

综上所述，国内学者在探讨围填海造地的海域使用金征收标准时，均得出现有的围填海造地海域使用金没有真实反映海域资源的价值，并提出提高海域使用金征收标准的政策建议。但是，对于海域资源的价格一般采用工业土地或农业土地价格进行还原或替代。本书认为，由于我国海域资源竞争市场不充分，围填海并不是最佳海域利用方式，因而围填海后所形成的土地价格不能完全反映海域的合理收益。根据资源环境经济学的基本理论，在资源市场不完善的情况下，有效利用资源时的影子价格就是衡量资源稀缺程度的指标。

影子价格是指在资源得到最优配置，社会总效益最大时，该资源投入量每增加一个单位所带来的社会总收益的增加量。影子价格是根据资源稀缺程度对现行资源市场价格的修正，反映了资源利用的社会总效益和损失，符合资源定价的基本准则，为资源的合理配置及有效利用提供了正确的价格信号和计量尺度。

自然资源影子价格的具体计算方法如下（何承耕等，2002）。

目标函数为

$$z_{\max} = \sum_{j=1}^{n} c_j x_j \qquad (6\text{-}15)$$

其约束条件为 $a_{i1}x_2 + a_{i2}x_2 + \cdots + a_{ij}x_j + \cdots + a_{in}x_n \leq b_i$。式中，$i=1$，2，$\cdots$，$m$；$j$ 表示自然资源种类类别，$j=i=1$，2，$\cdots$，n；c_j 为各类自然资源单位数量收益系数；x_j 为各类自然资源数量；a_{ij} 为约束系数；$z_{\max}$ 为目标值，即生态、经济效益等最大化；b_i 为自然资源总量。

利用线性对偶规划求解自然资源的影子价格（U_i），目标函数为

$$Y_{\min} = \sum_{i=1}^{m} b_i u_i \qquad (6\text{-}16)$$

其约束条件为 $a_{1j}u_1 + a_{2j}u_2 + \cdots + a_{ij}u_i + \cdots + a_{mj}u_m \geq C_j u_i \geq 0$。式中，$i=1$，2，$\cdots$，$m$；$Y_{\min}$ 为目标值，即总生产成本最小化；u_i 为决策变量，即影子价格。

从数学规划角度看，影子价格是线性对偶规划的最优解。但是影子价格模型在资源定价中仍有很大局限性，主要表现在理论上可以通过求解线性规划来获得资源影子价格，但该方法所需资源和经济的数据量大，计算复杂，在实践上存在很大困难。因而，

在实际工作中，影子价格的获得常采用以下几种方法：以国内市场价格为基础进行调整、以国际市场价格为确定基础或机会成本法等。

本节采用机会成本法计算出海域资源的影子价格，进一步运用使用者成本法，测算围填海造地的资源折耗成本。计算公式为

$$D = \frac{R}{(1+r)^{n+1}}, \quad R = q \times (p - c) \tag{6-17}$$

式中，D 为海域资源的折耗成本；p 为海域资源的影子价格；c 为围填海造地的平均工程成本；q 为围填海造地占用海域的面积；r 为社会折现率；n 为海域使用年限。

6.2　围填海造地生态环境损害成本评估

随着经济发展和科技进步，剖析其生态环境影响与经济发展的关系和计量围填海造地的生态环境损害成本，对于保证海岸带资源的可持续利用具有非常重要的意义。本节将在对已有生态环境损害评估方法进行比较分析的基础上，构建围填海造地生态环境损害成本评估的方法和模型。

6.2.1　生态环境损害成本的概念

1）环境损害成本

对成本问题的关注，源于新古典经济学派，集中于厂商的生产行为上，并将成本分为平均成本、边际成本与总成本及长期成本与短期成本等，旨在考察厂商以成本最小化为目标所采取的决策行为（汪祥春和夏德仁，2003）。新古典经济学是在前工业化时期产生和发展的，资源和环境不是稀缺资源，因而没有价值，环境没有进入生产要素之列，自然没有环境损害成本的概念。人类较早地注意到了外部性的存在，并从不同角度提出了外部性的解决办法，但是对于环境这一公共物品来说，由于其产权的非清晰性，其发现虽具有启发意义，但没有对环境损害成本的内涵与理念作进一步分析。自 20 世纪 60 年代以来，随着工业化国家资源严重枯竭、环境污染和生态危机的出现，人们意识到环境问题的重要性。环境经济学的出现，是从环境-经济大系统的角度去研究环境破坏的根源和社会再生产的持续进行。自然资源-环境复合体能够为经济系统提供 4 种服务：原材料输入来源（material input）、维持生命系统（life-support）、分解和容纳生产与消费过程产生的废弃物（assimilative capacity）、舒适性服务（amenity）（章铮，2008）。环境损害成本作为环境经济学的核心概念之一，从新古典经济学的"成本"范畴自然地衍生出来。因为环境是一种可以提供多种服务的综合资产，社会经济系统要持续发展，就必须对环境资产做出补偿，包括实物补偿和价值补偿（Tietenberg，2001）。价值补偿的办法之一，就是在产品成本和价格中体现环境损害成本，即环境资产的减少。

广义的环境损害成本包括环境使用者成本、环境损害成本和环境治理成本。环境使用者成本是用某种方式利用某一自然资源时所放弃的以其他方式利用同一自然资源可能获取的最大纯收益，它所依托的是自然资源有偿使用的观念，是各种环境损害成本概

念的精髓所在；环境损害成本可理解为因自然环境向经济过程提供服务而使其质量降低、功能减弱所造成的经济损失。当环境损害发生后，人类为了恢复环境-经济的良性互动，还需要额外付出努力和投入，由此产生了环境治理成本。笔者认为，环境使用者成本已经体现在资源使用者成本中，而环境治理成本是在环境损害成本发生后产生的附加成本，因此本书中环境损害成本仅指狭义环境损害成本。

2）生态损害成本

生态损害成本的概念源于生态经济学中的生态价值。生态经济学把生态系统和社会经济系统作为一个整体来研究，从生态系统来看待社会经济问题，用生态的方法来计量经济效益。生态经济学认为生态系统具有生态价值，是通过生态服务功能体现出来的对人类直接或间接的作用，包括生物生产、维持大气组成、稳定和改善气候、控制洪水、减轻洪涝和干旱灾害、维持物质和基因库等功能（唐建荣，2005）。由人类开发活动导致的生态服务功能的减弱或消失，则是福利的减少或生态价值的牺牲，可定义为生态损害成本。

3）生态环境损害成本

对于生态和环境的关系，国内学术界存在不同的观点。中国科学院生态环境研究中心王如松（2005）认为，生态环境是特定概念，指由生态关系组成的环境，是生命有机体赖以生存、发展、繁衍、进化的各种生态因子和生态关系的总和，其主要功能是为主体提供生态服务，涉及生态系统和人类福利的关系。黄秉维（1999）提出"生态环境就是环境"，并建议"环境"取代"生态环境"。中国社会科学院环境与发展研究中心徐嵩龄（2007）认为，"生态环境"不应成为环境领域和生态领域的术语，"生态"与"环境"的具体含义应视其用于生态学还是用于环境科学而定，当它们用于生态领域时，应由"生态"统率，"环境"居其下；当它们用于环境领域时，应由"环境"统率，"生态"居其下，国际学术界大体都是这样使用的。另外，国内外学术界常常将"生态"与"环境"联合使用。在国外英语文献中，这两个词或一起作为名词使用，如"ecology and environment""environment and ecology"，或一起作为形容词使用，如"ecological and environmental"等。在我国，也有以"环境与生态"或"生态与环境"取代过去的"生态环境"提法的主张（徐嵩龄，2007）。本书的研究对象为海岸带资源，既包括物质资源，又包括环境容量资源，同时更是海洋生态系统之一，因此本书采纳联合使用环境与生态的概念。围填海造地造成海域污染，并使海岸带的环境容量功能下降，对废弃物的接纳能力下降，因而被界定为环境损害；与此同时，围填海造地影响自然生态，物种多样性降低，生境服务、干扰调节等功能减弱，海岸带的生态价值减少，因而为生态损害。围填海造地的环境和生态损害，被联合界定为生态环境损害成本。

生态环境损害成本具有以下特征：①生态环境质量的下降是由经济主体的经济活动所引起的，引起的后果最终以经济损失或人们福利效用减少的方式表现出来；②由于环境和生态的空间维度及公共财产性质，界定产权的技术限制及高昂的交易成本，损害者和损失承担者可能分离，损害者无须承担损失成本；③损失成本的体现具有滞后性，可能需要较长的时间才能显现出来；④造成成本的损失往往没有自然的、自动的边界；⑤量化成本值还有一定的困难。

6.2.2 常用的生态环境价值评估方法

从国内外生态环境价值评估实践来看，环境经济学家常用的进行生态环境价值评估的基本方法主要有：基于市场价格来确定生态环境价值的生产率变动法、人力资本法、机会成本法；基于替代物市场价格的旅行费用法、重置成本法、防护费用法、内涵资产定价法；基于假想市场来衡量环境质量及其变动价值的意愿调查法、选择实验法；采用一种或多种基本评估方法的研究结果来估计类似生态环境价值的方法，称为成果参照法。另外，20 世纪 90 年代以来，国外生态学家提出生态保护目标在于保持生态服务的基准水平和可持续供给能力，建议仅用基于修复原则的损害评估方法作为计算资源和生态环境损害的主导方法，即资源等价分析法。

本小节根据海岸带资源开发利用的特点选取几种有代表性的生态环境价值评估方法予以介绍。

6.2.2.1 生产率变动法

生产率变动法（change in productivity approach）是利用生产力的变动来衡量生态环境价值或生态系统服务价值的方法。该法认为环境质量也是一种生产要素，环境质量的变化将导致生产率或生产成本的变化，而这又会影响产出的价格和产量。例如，围填海造地可导致鱼类的栖息地或洄游地遭到破坏，于是鱼类的产出效率下降、产量减少，进而给渔民带来经济损失，用公式表示为

$$E = \left(\sum_{i=1}^{k} P_j Q_i - \sum_{j=1}^{k} C_j Q_j \right)_x - \left(\sum_{i=1}^{k} P_i Q_j - \sum_{j=1}^{k} C_j Q_j \right)_y \tag{6-18}$$

式中，E 为环境变化的经济影响；P 为产品的价格；C 为产品的成本；Q 为产品的数量；i 为第 1，2，…，k 种产品；j 为第 1，2，…，k 种投入；环境变化前后的情况分别用下标 x、y 表示。

在应用生产率变动法计算生态环境价值时，首先要估计环境质量变化对受体造成影响的物理后果和范围，然后估算该影响对成本和产出造成的影响，最后根据产品市场价格估算产出或者成本变化的市场价值。

使用生产率变动法时，需要获取资源开发活动对可交易物品的环境影响的证据，需要调查可交易物品的市场价格，如果该价格存在价格补贴或垄断，则需要影子价格来替代市场价格估算生态环境损害价值；另外，由于生产者和消费者对环境的损害会做出相应的反应，因此需要对可能或已经实施的行为调整进行识别和评价。

6.2.2.2 重置成本法

重置成本法（replacement cost method）和防护费用法（defensive expenditure approach）都是根据环境变化造成的费用变化来间接推测生态环境损害价值的方法。防护费用法是指人们为了减少或者消除环境危害对生产、生活和人体健康造成损害而愿意

承担的费用。当环境质量恶化时，人们会努力通过各种途径保护自己不受环境质量恶化的影响，如人们会购买一些防护用品甚至通过搬迁等尽力保护自己免受损害，其间所需的费用就可用来评估环境恶化的损失。这一方法隐含的假定是个人应有足够的信息和能力了解环境变化的危害性。

重置成本法是用由环境危害损害的生产性物质资产的重新购置费用来估算消除这一环境危害所带来的效益，其计算公式为

$$L = \sum_{i=1}^{n} C_i Q_i \qquad (6\text{-}19)$$

式中，L 为被污染或破坏的资源环境的恢复和防护支出的总费用；C_i 为恢复和防护第 i 种资源原有功能支付的单位费用；Q_i 为已经或将要被污染或破坏的第 i 种资源的总量，其估算与环境要素和污染过程有关。

这一方法基于以下假设：环境危害的数量可以测量，置换费用可以计量且不大于生产中损失的价值，重置费用不产生其他连带效益等。

影子工程法是重置成本法的一种特殊形式。当环境损害的价值难以估计时，可借助于可以提供类似功能的替代工程或所谓的影子工程的价值替代该环境的价值。例如，当受污染的水体经治理使其基本情况恢复到未受污染的状态时，则该治理措施所需的全部费用就可看作该污染所造成的水体质量下降的生态环境损害价值。

6.2.2.3 旅行费用法

旅行费用法（travel cost method）使用旅行费用作为替代物来衡量某环境服务的支付意愿，并以此来估算该环境服务价值的方法。该法常被用于评估没有市场价格的自然景点或环境资源的价值。旅行费用法隐含的基本原则是，虽然这些自然景点可能并不需要旅游者支付门票费用等，但是旅游者为了参观（或者说使用或消费这类环境商品服务）却需要承担交通费用，包括要花费他们自己的时间，旅游者为此而付出的代价可以看作对这些环境商品或服务的实际支付。我们知道，支付意愿等于消费者的实际支付与其消费某一商品或服务所获得的消费者剩余之和。那么，假设可以获得消费者的实际花费数目，要确定旅游者的支付意愿大小的关键就在于要估算出旅游者的消费者剩余。

目前该法主要有两个模型：分区模型和个体模型。

分区模型假设所有旅游者消费同一环境服务所获得的总效益没有差异，且总效益等于边际旅游者的旅行费用；边际旅游者的消费者剩余为 0，所有旅游者的需求曲线具有相同斜率；旅行费用是一种可靠的替代价格。其应用的基本步骤如下。

首先，划分旅游者的出发区，即将旅游区周围地区划分为距离不等的同心圆区，以根据距离确定旅游费率。

其次，在评价地点对旅游者进行抽样调查，以此确定旅游者的出发地、旅行费用及其他社会经济特征，并计算每一区域内到此地旅游的人次，即旅游率，进而进行以旅游率为因变量、旅行费用和其他各种社会经济因素为自变量的回归分析，求得旅行费用对旅游率的影响。通过该回归方程的确定，就可以确定一个"全经验"的需求曲线，计算出每个区域旅游率与旅行费用的关系。

再次，计算不同区域旅游者的消费者剩余。

最后，将不同区域的旅行费用及消费者剩余加总，得出总的支付意愿，即旅游区的环境商品或服务的总经济价值。

个体模型是对分区模型的进一步修正，它采用旅游者的个体数据而不是将同一分区内的所有人都视为同质个体的硬性假设，这就使旅行费用法更接近现实。但该法没有考虑同一分区内不同场所对旅游者的影响，即未考虑替代旅游场所，导致其对环境服务价值的高估。

6.2.2.4 陈述偏好法

当缺乏真实的市场数据，甚至也无法通过间接地观察市场行为来赋予环境资源价值时，只好依靠建立一个假想的市场来解决，陈述偏好法（stated preference method）通过调查推导出人们对环境变化的支付意愿，来进行环境物品价值的评估。从当前的研究来看，陈述偏好法主要有意愿调查法（contingent valuation method，CVM）和选择实验法（choice experiment method，CEM）。

1）意愿调查法

意愿调查法也称权变评估法、条件价值法，它是以调查问卷为工具来评价被调查者对缺乏市场的物品或服务所赋予价值的方法，通过询问人们对于环境质量改善的支付意愿或忍受环境损失的受偿意愿来推导环境物品的价值。

20 世纪 60 年代初，经济学家 Davis（1963）第一次使用调查表评估一个海岸森林地带的户外娱乐效益。20 世纪 70 年代中期以后，意愿调查法被经济学家作为评估项目效益的推荐方法之一。1986 年美国内政部把意愿调查法推荐为用于计量综合环境反应、赔偿和责任法案下的效益及损害的一种基本方法。20 世纪 80 年代以后，这种方法在很多国家得到应用，应用的领域也扩展到评价森林、自然保护区、濒危物种、交通安全与生命价值、环境资源等，近年来，该法在我国也逐渐得到应用。

意愿调查法的基本思路是：先给被调查者提供一个环境服务假定条件的描述，然后询问被调查者在指定条件下或环境下若有机会获得这一服务将如何为其定价，然后将回答者的支付意愿与社会经济和人口统计方面的特性联系起来，以检验答案的合理性，最终确定环境商品或服务的价值。

意愿调查法所采用的评估方法大致有 5 种，分别是投标博弈法、比较博弈法、无费用选择法、优选评估法和专家调查法。

投标博弈法要求被调查对象根据假设的问题说出他对环境商品若干不同供应水平的支付意愿或受偿意愿。其具体要求包括：对被调查者详细介绍环境服务的特征及其变动的影响和保护这些环境商品的具体办法，然后询问被调查者为保护或改善该环境质量愿意最多支付的货币或他最少需要多少钱才接受该环境被破坏。既可给被调查者一个高值点，再逐步降低投标，直到得到回答愿意时停止；又可给被调查者一个起点，询问是否愿意为此而支付，如回答是肯定的，再提高投标，如此反复，直到得到否定答案为止。这是一个广泛应用于公共物品价值评估的方法。

比较博弈法是要求被调查者在多种支出中做出偏好选择，进而确定其支付意愿的方法。最简单的情况是给出两种选择方案：一是有一定数量的环境服务，从没有货币支出到个人支付一定货币金额；二是由个人支付多余基本支出的金额，并同时改善环境服务的数量。然后询问被调查者愿意选择哪项支出，并有计划地改变选择支出中设定的金额，直到两种支出的选择相同时为止。选择支出的最后确定金额就是个人为增加环境服务数量而做出的货币权衡，即个人对这种增加的环境服务的支付意愿。

无费用选择法是通过询问个人在不同的无费用物品之间的选择来估算环境价值的方法，该法模拟市场上购买商品数量的选择。无费用选择法给被调查者两个以上选择，每一个都不用付钱，直接询问被调查者的选择。例如，请被调查者在一定数额的货币和某种环境产品（如减少水土流失）之间进行选择，如果被调查者选择环境产品而不是货币，那么货币的数额可能表示此人对环境产品的最低估价，如果选择钱，表明被调查者认为环境产品的价值低于货币的价值。

优选评估法以完全竞争下消费者效用最大化原理为基础，由被调查者对一组物品（包括生态环境）进行选择，按一定规则调整这些物品的价值，直至收敛到一组使消费者效用最大化的均衡价值。该法模拟市场上购买商品最佳数量的选择。

最后是专家调查法，它是通过各自单独地反复向专家咨询以确定环境价值的方法。

2）选择实验法

选择实验法是评估环境物品经济价值的主要方法之一，通过给被调查者提供不同属性状态组合而成的选择集，让其从中选择自己最偏好的替代情景，据此可以对不同的属性状态做出损益比较。对于环境物品这种具有多重属性的对象而言，选择模型提供了一种估计环境物品属性价值的方法。与意愿调查法相比，选择实验法在所获取的信息量的多少、估计环境物品属性状态的变化范围等方面都具有独到的优势，选择实验法作为一种新的非市场环境价值评估技术，应用中需要询问被调查者一个与意愿调查法非常相似的问题，不同的是选择实验法需要被调查者在现有状态和多个不同的推荐情景中做出选择。

选择实验法的应用通常需要以下7步才能完成：①确定决策问题的特征，需要辨明研究的问题（环境质量的变化影响娱乐行为、公共物品供给的变化等）；②确定属性和状态，在这一阶段需要进行预调查，以确定所研究对象的关键环境属性和属性的状态值；③设计问卷，问卷可以采取各种各样的方式，图文并茂效果更佳；④实验设计开发，只要确定了属性和状态，就可以用实验设计程序构造需要呈现给被调查者的选择替代情景及其组合（选择集）；⑤确定抽样规模，通常考虑状态值是否精确和数据收集成本来决定抽样规模；⑥模型估计，通常采用的统计分析模型是多元 logit 模型，估计方法是最大概率估计方法；⑦结果分析，大多数选择实验法估计结果可用于福利测量和预测被调查者的行为，可以支持决策分析（徐中民等，2003b）。

选择实验法是目前国际上最热门的一种陈述偏好法，为研究者评估环境资源的非市场价值带来了广泛的应用空间。

6.2.2.5 成果参照法

前面已有的生态环境价值评估方法在实施时，需要大量的数据、经费及时间，所以往往需要一种简易可行的评估方法，这样，成果参照法（benefit transfer）也就产生了。成果参照法就是把一定范围内可信的货币价值赋予受项目影响的非市场销售的物品和服务。成果参照法实际上是一种间接的价值评估方法，它采用一种或多种基本评估方法的研究结果来估计类似生态环境的价值，并经修正、调整后移植到被评估的项目。

成果参照法使用的最重要的前提是"替代原则"，也就是说目标影响和参照影响之间必须具有可比性，这种可比性具体体现在以下 3 个方面：①参照物与评估对象在服务功能上具有可比性；②参照物与评估对象所面临的市场条件具有可比性，这实际上体现了人们对环境价值的偏好和预期，包括受影响人群的数量、受影响人群的社会经济特征等；③参照物评估时间与目标影响的评估基准日间隔不能过长，时间对环境价值的影响才是可以调整的。

在运用成果参照法时，都会涉及两个数值，一个是价值指标，还有一个是与价值有关的可观测变量。要运用成果参照法，对于可比影响而言，价值指标数据和可观测变量数据都应该具备，而对于评估对象而言，应该能够获得可观测变量数据。例如，在生产效应方法中，价值指标数据就是单位污染所导致的环境损害的价值，可观测变量就是以一定单位计算的环境污染量，可比影响的经济价值与其一定单位计算的环境污染量之间的比率可以计算出来，用这一比率乘以待评估影响环境污染量就可以得出评估影响的价值。

用数学术语表述成果参照法，有助于进一步理解和把握该方法。以 V 表示价值指标的数值，以 x 表示可观测变量的数值。成果参照法所依赖的假设前提是评估对象（目标影响）的 V 与 x 之比与可比影响的 V 与 x 之比相同，即

$$V(目标影响)/x(目标影响)=V(可比影响)/x(可比影响) \tag{6-20}$$

如果式（6-20）成立，评估过程也就变得较为容易了。求解式（6-20）中的未知数值——评估目标影响的价值指标，可得

$$V(目标影响)=x(目标影响)\times V(可比影响)/x(可比影响) \tag{6-21}$$

在应用成果参照法时，一个关键的步骤是挑选可观测变量 x，要使得这样一个变量与价值指标有确定的关系。一般而言，这样一个可观测变量可以是根据经济理论所表明的与环境经济价值存在因果关系的变量。

6.2.2.6 资源等价分析法

美国、欧盟等于 20 世纪 70 年代开始了自然资源损害评估赔偿的方法研究和制度建设，并经历了两个发展阶段：20 世纪七八十年代以货币化评估赔偿为主的阶段和 21 世纪以来的生态修复优先阶段。70 年代中后期，福利经济学基本原理引入自然资源损害评估与赔偿领域。公共自然资源受损，公众的环境福利水平下降，自然资源损害赔偿的基础是受损公众中个体成员之前的环境效用水平，赔偿标准是保证个人环境福利完整无缺的货币金额（Robinson，1996）。八九十年代初期大量研究集中于估算公众的受偿意愿。由于自然资源的公共物品属性无相应市场价格，基于受偿意愿调查的资源损害货币化评估和赔偿结果往往是一个较大的数目并夸大实际损失，因此损失赔偿的困难增大，在法庭上受到了许多组织的质疑（Desvousges et al.，1993，2012）。自 20 世纪 90 年代以来，

许多生态学家认为生态保护的目标在于保持生态功能的基准水平不变而不是人们福利水平的不变，提出使用生态修复的方案取代货币化评估作为自然资源损害赔偿的首选原则（Richard et al.，2004；Mccay，2003；Roach and Wade，2006）。1994 年和 1996年美国内政部修改了自然资源及其服务损害货币化评估的标准程序，使用生态修复原则计算赔偿标准。1997 年，NOAA 颁布了 NRDA 指导文件，推荐使用生态修复标准评估溢油、船舶搁浅或其他行为造成的自然资源损害，基于修复工程提供的服务与受损资源服务对等假设，估算修复规模，完成生态补偿/赔偿。2004 年欧盟发布 "Directive on Environmental Liability with Regard to the Prevention and Remedying of Environmental Damage"（2004/35/CE），其借鉴了美国 NRDA 的有关规定，责任方优先进行生态修复。资源等价分析法（REA）就是生态修复原则评估与补偿的首要方法①。

REA 在测算自然环境损失的过程中涉及两个步骤。第一步，就是根据生态服务的损失量化自然资源的损失。这要利用有关损害程度（如单位面积的影响）、损害持续时间（如资源恢复所需时间）及损害空间范围等信息。第二步，就是确定一个适当的修复方案（通常是地点），"测量" 工程的范围，并根据它可能提供的生态收益的程度和持续时间，对其做出评价，以使由补偿性修复工程带来的生态服务收益的总价值能够弥补生态服务损失的价值。

在最简单的单时期公式中，上述资源等价问题解决了以下关于必需的补偿性修复工程范围（以 A_R 表示）的方程：

$$v_I A_I I (1+r)^{-t_I} = v_R A_R R (1+r)^{-t_R} \tag{6-22}$$

式中，A_I 为损害的空间范围；t_I 为损害的时间；I 为损害跨空间的严重程度（在 t_I 内跨越 A_I）；A_R 为修复工程面积；t_R 为补偿性修复工程提供收益的时间；R 为修复收益/改进的量级（在 t_R 内跨越 A_R）；v_I 为受损值；v_R 为恢复成本；r 为折现率。

变量 A_I、t_I、I、t_R、R 和 A_R 概括了资源损害和修复的 "生物学" 参数。虽然有许多争论，但事实上这些生物参数及其计量单位是被所考察的事件和修复概念预先决定的。等价的 "经济学" 来自于参数 v_I、v_R 和 r，这些都是随着折现率，由每一个受损和重建的资源单位决定的值（市场价值）。当上述等价关系得以满足时，就可以估计出对面积 A_R 进行补偿的工程成本，这也就是对生态损害的测度。通过分析可见，REA 衡量的是实物化损失，补偿的也是实物。模型消除货币价值这一做法，引来许多经济批判。尽管如此，资源等价分析法仍然为我们建立测算生态环境价值损失的方法提供了方法论基础（王育宝和胡芳肖，2009）。

6.2.3　围填海造地生态环境影响识别和损害评估技术路线

1）围填海造地生态环境影响识别

围填海造地不仅占用海域资源，还给海洋生态环境带来了负面影响，最终影响了人

---

① 资源等价分析法同为等价分析法，当受损和修复对象为资源时，称之为资源等价分析法，当受损资源为生境时，则称之为生境等价分析法。

类社会的福利效用，根据本书第 3 章对海岸带资源的分类及第 5 章围填海造地资源和生态环境影响的研究成果，将围填海造地生态环境影响的识别与损害评估方法列于表 6-1。

表 6-1　围填海造地生态环境影响的识别与损害评估方法

海岸带资源功能	围填海造地环境和生态影响	评估方法
物质资源功能	鱼类、贝类生产能力下降	市场价格法
	红树林等其他生物资源遭到破坏	生产率变动法
空间资源功能	港口航道遭到破坏	市场价格法
	娱乐景观资源消失	旅行费用法
环境容量功能	水交换能力下降，环境容量功能减弱或消失	重置成本法
		意愿调查法
生态服务功能	破坏自然岸线	意愿调查法
	损害空气质量调节功能	重置成本法
	生物多样性降低	选择实验法
		资源等价分析法

2）围填海造地生态环境损害评估技术路线

围填海造地的生态环境损害评估是一个从生态环境影响的实物状况到货币价值表述的全过程。这个过程首先从对环境与生态状况的客观分析开始，通过对围填海造地生态环境影响的确认，进一步对生态环境影响进行经济计量，最后将货币化后的生态环境损害进行表述，作为生态环境损害成本。

一般由 3 个步骤组成：第一步是识别生态环境影响，建立围填海造地工程海域环境容量功能影响和自然生态服务功能影响之间的关系，即建立剂量–反应关系式；第二步是用上一步建立的关系式估算环境损害和生态损害的实物量；第三步是应用相应的环境资源价值评估方法将生态环境损害的实物量进行货币化。

在确定环境损害和生态损害的实物量时，涉及两个问题：①如何选择表征环境和生态破坏的变量；②如何确定环境和生态破坏数量。首先是关于变量的选择，以海岸带环境资源的分类为标准，根据国内外对围填海造地生态环境影响的研究成果，在海岸带资源分类中，以资源环境功能的降低为确定损失变量的依据；其次是环境和生态破坏量的确定，破坏量是以围填海造地前海域面积和生态服务基准水平为依据，估算施工期间和工程结束后的累积破坏量，累积破坏量可以围填海造地工程环境影响评估报告或海域使用论证报告为依据。

6.2.4　围填海造地生态环境损害成本评估方法和模型

根据本文第 5 章对围填海造地资源和生态环境影响的分类，围填海造地的生态环境损害成本可从以下几个方面来衡量（中华人民共和国农业部，2007）。

6.2.4.1　围填海造地对物质资源的损害

围填海造地占用海域，造成被填海域渔业资源直接损失，这些损失均可找到其相应的市场价格，评估方法借鉴农业部 2008 年发布实施的《建设项目对海洋生物资源影响评价技术规程》（SC/T 9110—2007），通过收集被填海域海洋水产品的产量、市场价格、成本等数据进行估算。

1）围填海造地对鱼卵、仔稚鱼的损害公式为

$$V = W \times P \times E \tag{6-23}$$

式中，V 为鱼卵和仔稚鱼经济损失金额，单位是元；W 为鱼卵和仔稚鱼损失量，单位分别是个、尾；P 为鱼卵和仔稚鱼折算为鱼苗的换算比例，鱼卵生长到商品鱼苗按 1%成活率计算，仔稚鱼生长到商品鱼苗按 5%成活率计算；E 为鱼苗的商品价格，按当地主要鱼类苗种的平均价格计算，单位是元/尾。

2）围填海造地对幼体经济价值的损害

幼体的经济价值应折算为成体进行计算，幼体折算为成体的经济价值按下式计算：

$$V_i = W_i \times P_i \times G_i \times E_i \tag{6-24}$$

式中，V_i 为第 i 种生物幼体的经济损失额，单位是元；W_i 为第 i 种生物幼体损失的资源量，单位是尾；P_i 为第 i 种生物幼体折算为成体的换算比例，按 100%计算；G_i 为第 i 种生物幼体长成最小成熟规格的重量，单位是 kg/尾；E_i 为第 i 种生物成体商品价格，按当时当地主要水产品的平均价格计算，单位是元/kg。

3）围填海造地对成体和其他生物资源的损害

成体生物资源或其他底栖生物资源经济价值按下式计算：

$$V_i = W_i \times E_i \tag{6-25}$$

式中，V_i 为第 i 种生物成体生物资源或其他底栖生物资源的经济损失额，单位是元；W_i 为第 i 种生物成体生物资源或其他底栖生物资源损失的资源量，单位是 kg；E_i 为第 i 种生物资源或其他底栖生物资源的商品价格，单位是元/kg。

6.2.4.2 围填海造地对空间资源的影响

海岸带的空间资源包括景观资源和港口资源。围填海造地改变了海湾的自然景观资源，使海岸带为人类提供的休闲娱乐和舒适性功能减弱，可以通过以下公式进行评估：

$$V_r = T/S \tag{6-26}$$

式中，V_r 为单位面积被填海域的休闲娱乐损害成本，单位是元/hm^2；T 为被填海域的休闲娱乐价值，单位是元；S 为填海面积，单位是 hm^2。

利用旅行费用法可以求出被填海域的休闲娱乐价值，即通过建立旅游率和旅行费用的关系曲线，进而积分求出消费者剩余，最后与实际旅游收入加总，求得海域的休闲娱乐价值。

$$T = TC + TM + \int_0^P V(a, X_1, X_2, X_3, X_4, \cdots) \tag{6-27}$$

式中，T 为海域的休闲娱乐价值；TC 为消费者前往海域游玩的实际旅行费用；TM 为消费者剩余；P 为旅游率为 0 时的最高门票费用；a 为消费者的旅行花费；V 为旅游率；X_1，X_2，X_3，X_4···为影响旅游率的其他变量。

6.2.4.3　围填海造地对海域环境容量功能的影响

围填海造地工程会直接改变海域的潮流运动特性，引起泥沙充淤和污染物迁移规律的变化，降低水环境容量和污染物扩散能力，并加快污染物在海底的聚集，因此填海工程破坏或削弱了海水净化污染物的能力。海水净化污染物的功能没有市场价格，但是该功能却是海洋的特殊宝贵资源，也具有稀缺性。对该功能的价值评估可以采用重置成本法，即如果该能力不存在，按照人类进行具有同等效用的污染物处理的费用来确定海域环境容量功能的价值。根据彭本荣和洪华生（2006）的研究，其功能损失的计算如下。

假设一块海域第 i 种污染物每年的环境容量是 X_i，第 i 种污染物的处理成本是 C_i，海域水环境容量为 Q，则单位水环境容量的价值为

$$\Delta V = \left(\sum_{i=1}^{n} X_i + C_i\right) / Q \tag{6-28}$$

对于面积为 S、水深为 h 的围填海域，每年损害的海域环境容量功能的价值 P_v 为

$$P_v = \Delta V (S \times h) \tag{6-29}$$

这样，单位面积围填海每年损害的海域环境容量功能的价值 V_w 评估模型为

$$V_w = h\left(\sum_{i=1}^{n} X_i + C_i\right) / Q \tag{6-30}$$

式中，V_w 为单位面积围填海造成的废弃物处理功能的价值损失，单位是元/hm²；Q 为海域水环境容量，单位是 m³；C_i 为第 i 种污染物的处理成本，单位是元/kg，其中，$i=1, 2, \cdots, n$；X_i 为该海域第 i 种污染物每年的环境容量，单位是 kg/hm²；h 为海域的水深，单位是 m。

6.2.4.4　围填海造地对海域生态服务功能的影响

1）对干扰调节功能的损害

海岸带的干扰调节功能主要表现在海岸线上的植被（包括红树林和其他植被）能稳定岸线，从而削弱风暴的破坏。围填海造地破坏了海岸线，影响了海岸带的干扰调节功能，对社会生产带来潜在风险。采用替代成本法估算这类损失的单位功能价值：

$$V_d = C \times L / S \tag{6-31}$$

式中，V_d 为围填海造地对干扰调节功能的损害额，单位是万元/hm²；C 为重新构筑堤坝的单位建设成本，单位是万元/km；L 为围填海占用的天然岸线长度，单位是 km，S 为围填海造地面积，单位为 hm²。

2）对空气质量调节功能的损害

海岸带资源环境能够通过浮游植物及其他植物的光合作用吸收 CO_2、释放 O_2 及吸纳其他气体来维持空气质量，并对气候调节产生作用。

本小节采用彭本荣和洪华生（2006）的研究结果，使用重置成本法，用由环境危害损害的生产性物质资产的重新购置费用来估算这一环境危害的经济损失。这种评估方法需要 3 个步骤：一是通过调查，得到被填海域单位面积的浮游植物每年干物质的产量；二是利用光合作用和呼吸作用方程计算单位质量干物质所吸收 CO_2、释放 O_2 的

量；三是通过调查得到固定 CO_2、释放 O_2 的成本。

$$V_a = \left(1.63C_{CO_2} + 1.19C_{O_2}\right) \times X \tag{6-32}$$

式中，V_a 为空气质量调节功能的损害价值，单位是万元/hm^2；C_{CO_2} 为固定 CO_2 的成本，单位是万元/t；C_{O_2} 为释放 O_2 的成本，单位是万元/t；X 为单位面积浮游植物每年干物质的产量，单位是 t/hm^2。

3）对维持生物多样性功能的损害

围填海造地同时破坏了商业性海洋物种和其他重要的野生珍稀物种的生存环境，使生物多样性降低。首先对被填海域具体的珍稀物种的价值进行评估，然后建立围填海造地对生物多样性的损害模型，其计算公式是

$$V_b = B/S \tag{6-33}$$

式中，V_b 为围填海造地生物多样性损害成本，单位是万元/hm^2；B 为生物多样性的价值，单位是万元；S 为被填海域的面积，单位是 hm^2。

需要说明的是，本书仅仅给出了几种有代表性的损害及其评估方法。我国海域辽阔，海岸线漫长，海域资源种类和质量分布的区位差异性十分明显，为此，在评估围填海造地的环境和生态损害时，应根据被填海域的不同地理位置、不同环境容量和生态服务功能，以填海工程和环境与生态损害的剂量反应关系可建立、影响结果可货币化估算为原则，制定相应的生态环境损害成本的计算标准。

在此需要强调的是，围填海造地造成环境容量功能减弱和生物多样性降低、调节气温和气候的功能减弱，均没有相应的市场价格，但这些功能与市场之间有各种各样的关系或联系，其表现是：①它们的产物与市场商品之间有某种类同；②它们的破坏可以对生产或市场造成影响；③被破坏的生态资源及其功能通常需要治理、补偿和恢复，这些工程费用是由市场价格决定的。因此在计算服务功能的价值损失时，相应的单位功能价值可以用相关的市场价格来替代。

使用替代成本法来计算环境和生态损害，往往具有极大的争议性。争议主要围绕"替代价格是否恰当"的问题。本书关于围填海造地造成的空气质量调节功能的减弱，实际应用中将工业制氧成本作为海洋浮游植物制氧的单位功能价值的替代价格，问题是这一替代价格是否合理。浮游植物制氧和工业制氧有相同的一面，都生成氧气，但又有十分不同的一面，浮游植物及其他植物生成的氧气直接排入大气，而工业制氧则有特殊的用途，就天然状况而言，浮游植物制氧无法满足工业制氧这一特殊目的。

正因为此，有研究者指出"无论应用什么理论和方法，其都存在一定的局限性"，但这并不是说我们就不能对环境和生态影响的货币化方法予以关注。随着海岸带资源由充足变为稀缺，人类开发活动对海洋生态环境的影响日益严重，对生态环境损害成本计量变得越来越重要和迫切。当然，生态环境损害成本的计算不是目的，只是手段，其主要用意在于警示人们在资源开发利用中尽量减少对生态环境的破坏，并为破坏后的补偿

提供依据。

6.3 基于生态修复原则的围填海造地生态环境损害成本评估

虽然 20 世纪 70 年代以来环境经济学家和生态经济学家已发展了环境和生态质量变化的货币化评估方法,包括旅行费用法、内涵资产定价法、重置成本法及意愿调查法等,但是对于环境功能或者生态功能来说,由于功能本身的难以分割性和对其替代物的准确认知性及公众对功能的理解存在偏差,因此价值评估方法的使用存在争议,其评估结果还存在较大的误差(Roach and Wade,2006)。20 世纪 90 年代以来,有国外的生态学家认为生态保护目标在于保持生态功能的基准水平不变而不是人们福利水平的不变,提出使用基于生态修复原则的方法取代意愿调查法作为计算环境和生态损害的主导方法的主张(Roach and Wade,2006;Zafonte and Hampton,2007)。基于生态修复原则的损害评估方法包括生境等价分析法和资源等价分析法。1997 年,美国国家海洋大气局提出了NRDA 指导文件,推荐使用 HEA/REA 对船舶搁浅、溢油事故和有害物质排放等处的自然资源进行受损评估,估算生态系统或生物要素提供服务所受到的损害,并进一步制订修复计划、确定修复规模作为对公众的补偿标准,具体方法是选定修复工程,并假定该修复工程提供的资源或服务与受损资源或服务是对等的,从而估算所需的修复规模,完成对公众的损害补偿。根据 NRDA,损害赔偿的范围应包括三部分:①修复费用,即将受损自然资源恢复至基准水平的成本;②过渡期损失,即受损自然资源或服务从受损到完全修复期间,因不能向公众提供自然资源或发挥其生态功能而造成的临时损失;③评估损害的合理费用。2004 年,一项针对全美 22 个州的自然资源损害评估,收集了 88个案例中所采用的评估技术,其中等价分析法占损害评估技术应用的 18%(郑鹏凯和张天柱,2010),是美国 NRDA 中常用的方法之一。2004 年欧盟发布"Directive on Environmental Liability with Regards to the Prevention and Remedying of Environmental Damage"(2004/35/CE),专门成立了"欧盟应用资源等价分析法评估环境损害"项目以开展等价分析法的案例研究。

6.3.1 资源等价分析法的经济学原理

资源等价分析法以传统的效用价值论为基础,根据希克斯-卡尔多(Hicks-Kaldor)标准构造模型进行分析,该方法所界定的对损失的补偿应该是假如损害事故没有发生,能够让受损公众中的个体成员获得与之相同福利所需的最低金额(即 WTA)(Jones and Pease,1997)。在对个人的侵权诉讼中,索赔者个人直接获得损害补偿,这种补偿就是必须足够使索赔个人福利完整无缺的货币补偿金额。

为了介绍这一理论的分析框架,使用终生效用函数来描述损害的跨时期特性和修复方案:

$$U = U(\boldsymbol{\theta}, \boldsymbol{Y}, \boldsymbol{Q}) \tag{6-34}$$

式中，**U** 代表个体终身效用的基准水平（baseline level）；**θ** 代表私人物品价格-时间矩阵；**Y** 代表个体的终生财富（以折现的方式来表示，假设实际折现率为 r）；**Q** 代表公共资源提供的基准服务流（baseline flow of service）矩阵，该矩阵表示的是如果事故没有发生应该提供的服务流。

然后依照 Lancaster（1966）效用矩阵，它用于物品基本质量属性的表述，表示在纯自然恢复条件下的公共资源在损害发生后能提供的服务流 **Q'**。矩阵 **Q'** 中表示的资源有些由于损害事故在一定时期内受到破坏，也有一些没有受到破坏。为了表达简便，假设资源的价格和收益都保持不变。鉴于法律要求将受损资源恢复到基准水平，矩阵 $\boldsymbol{P}^k$ 表示在基本修复活动（primary restoration）作用下服务流的增长矩阵，k（=1，2，…，K）表示各种修复活动。

我们可以用 $\boldsymbol{M}^K$ 来表示个体用 WTA（补偿盈余）衡量获得的货币补偿，这种补偿的外部条件是资源由于被破坏提供的服务流由 **Q'** 减少到 **Q'**，同时基本修复活动又使它提高 $\boldsymbol{P}^K$，具体表示如下：

$$U = U(\boldsymbol{\theta}, Y, Q) = U(\boldsymbol{\theta}, Y + \boldsymbol{M}^K; Q' + \boldsymbol{P}^K) \tag{6-35}$$

我们可以注意到在图 6-1 中，在未折现形式下（取决于不同基础修复方案的选取）自然恢复情况下的 $A+B$、人工修复条件下的 A 代表受损的资源服务。因此损害赔偿应该等于基础修复的成本 $\phi_p(p^k)$ 加上所有个体获得的资源过渡期损害的货币补偿总和：

$$损害赔偿 = \phi_p(p^k) + \sum_{n=1}^{N} \boldsymbol{M}_n^k \tag{6-36}$$

式中，n 为公众个体（n=1，2…，N），k 为修复活动。

图 6-1 展示的是基础修复与过渡期损失的关系，横轴为时间，纵轴为生态系统提供的服务价值。事件发生在 t_0 时刻，实线表示的是自然恢复，点线表示人工修复，即基础修复。由图 6-1 可看出，人工修复使生态更快恢复到基准线（baseline value），而自然恢复则相对较慢。因此，自然恢复下的过渡期损失（$A+B$）要大于人工修复下的过渡期损失 A。

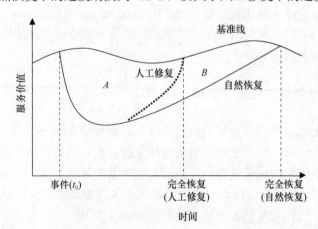

图 6-1 基础修复与过渡期损失的关系

A 表示在人工修复条件下，资源总损失；B 表示在人工修复条件下，避免的资源总损失

　　受托者是指受委托恢复自然资源的单位，只允许把他们的恢复（包括对过渡期损害的恢复）资金使用在对受损害资源"还原、修复、替换或使获得同等作用"上面。例如，一起泄油事故，它造成 20mi① 海滩关闭两周时间，因为应对措施已经清除了石油并使海滩恢复到基准水平，这里不再需要基础修复活动。为了补偿海滩提供的休闲娱乐服务损失，补偿性修复（compensatory restoration）可能包括在沙丘上修木板路（提供海滩通道的同时保护脆弱的沙丘栖息地，也为观赏它提供便利）或者为潜水、钓鱼等活动建设近岸人造礁。

　　当认识到法令要求用资源而非用货币来补偿，我们就可以用另一种效用理论下的方法补偿过渡期损失。用 C^k 表示一种补偿性修复活动，它和基础修复活动 P^k 共同组成替代修复活动 R^k。补偿性修复活动的上标 k 代表在实施基础修复活动 k 的时候，这种补偿性修复能够像货币补偿一样弥补过渡期损失，其规模足够提供对过渡期损失的补偿。

　　用提供公共资源的形式进行的补偿一般来说是被所有公众成员所共享的。一旦公共资源被提供，那它就是被提供给所有人，它的服务不会因为个体而分解。其结果是资源补偿中公众只能被整体对待而不是在个体层面上被对待，除非所有个体都拥有相同的偏好。与此相反的是，在货币补偿中，补偿金是按个人赔付的，根据个体对福利的要求不同补偿金额也可能有所相同。

　　资源补偿的特性是补偿活动的规模总量让所有个体的基准福利净得失之和等于零。为了达到这个目的，分析中引入补偿盈余 W_n^k。W_n^k 表示个体需要被补偿的收入变化，这个变化来自于资源的损害和替代修复活动 R^k 的综合效应，R^k 由基础修复活动 P^k 和补偿性修复活动 C^k 组成：

$$U = U(\Pi, Y, \boldsymbol{Q}) = \left\{ U\left(\Pi, Y + W^k, \boldsymbol{Q}' + \boldsymbol{P}^k + \boldsymbol{C}^k\right) \right\}$$

$$U = U(\boldsymbol{\theta}, Y, \boldsymbol{Q}) = \left\{ U\left(\boldsymbol{\theta}, Y + W^k, \boldsymbol{Q}' + \boldsymbol{P}^k + \boldsymbol{C}^k\right) \right\}$$

$$\boldsymbol{Q}' < \boldsymbol{Q} \tag{6-37}$$

　　注意 W_n^k 既可以是正的（WTP），又可以是负的（WTA），这取决于综合效应产生的是净损失还是净收益。

　　为了确定哪种活动能满足为公众提供资源补偿的要求，分析中使用 Hicks-Kaldor 补偿框架。在这个框架中，受益者应当补偿受损者由于资源损害、基础修复、补偿性修复三者共同作用所引起的服务流变化。替代修复为受损资源提供"同等的资源和服务"，即资源补偿，使得

$$\sum_{n=1}^{N} W_n^k = 0 \tag{6-38}$$

式中，n 表示公众个体（$n=1, 2, \cdots, N$）。为了描述 W_n^k 和 M_n^k 之间的关系，把它们写成两个不同的支出方程，在资源损害和替代修复共同作用下，使收入达到特定的效用水平（此处是指基准效用水平 U）。根据定义，若要使收入达到基准效用水平 U，条件是资源水平达

---

　　① 1mi=1.609 344km

到基准资源水平 Q ，此时最初的收入是 Y ：$E\left(Q;U\right)=Y$ 。我们可以把

$$W^k=[E\left(Q'+P^k+C^k;U\right)-Y]=E\left(Q'+P^k+C^k;U\right)-Y+E\left(Q'+P^k;U\right)-E\left(Q'+P^k,U\right)$$

分解成两部分：

$$W^k=M^k+S^k \tag{6-39}$$

式中，$M^k=EQ'+P^k;U-Y$ 是指足够补偿式（6-38）中定义的资源过渡期损失的货币收入，并且有

$$S^k=E\left(Q'+P^k+C^k;U\right)-E\left(Q'+P^k;U\right)<0 \tag{6-40}$$

式中，S^k 是个体为了获得补偿性修复活动 R^k 而愿意放弃的货币收入（提供给个体足够收入使之回到基准效用水平）。因此根据式（6-39），$W_n^k=0$ 的条件等价于总损失等于总收益：

$$\sum_{n=1}^N W_n^k=-\sum_{n=1}^N S^k \tag{6-41}$$

在资源补偿的框架下，损害赔偿的衡量就变成：

$$损害赔偿=\phi_P\left(P^k\right)+\phi_C\left(C^k\right) \tag{6-42}$$

式中，$\left(P^k,C^k\right)$ 是一组"提供同等资源和服务"的替代修复中的一种。资源补偿 $\phi_C\left(C^k\right)$ 的成本与货币补偿 $\sum_n M_n^k$ 没有确定的关系：

$$\phi_C\left(C^k\right)\geqslant\sum_n M_n^k \text{ 或 } \phi_C\left(C^k\right)\leqslant\sum_{n=1}^N M_n^k \tag{6-43}$$

式（6-42）和式（6-43）假定基础修复和补偿性修复是相互独立的，更一般的表达为

$$\phi(C,P)\geqslant\phi(P)+M \text{ 或 } \phi(C,P)\leqslant\phi(P)+M \tag{6-44}$$

所以，基于补偿性修复活动的损害赔偿可以高于、等于或低于基于货币补偿的损害赔偿。为了表明这一点，我们可以假设：公共物品的供给在基准线上是均衡的（因此供给额外资源的成本等于其产生的价值），而在最初被破坏的资源中货币和资源补偿的边际成本都是非递减的。如果损害造成的和修复活动引发的资源储量变化都足够小以至于不影响单位资源的边际收益和成本，那么两种损害赔偿衡量将是相等的。然而，如果资源储量的变化不能忽略，两种衡量方法的结果就会在各自边际成本曲线斜率不同时产生分歧。

6.3.2 资源等价分析法的步骤

资源等价分析法利用测量补偿性修复的方法评估自然资源的损失。该方法把资源开发造成的资源和生态环境损害等价于从生境或野生动植物修复工程中获得的利益。虽然资源等价分析法用资源服务水平而不是用货币来计算补偿，但是将修复工程的成本作为对被损害的资源和生态环境进行赔偿的近似值。

资源等价分析法的步骤主要分为以下三步。

1）识别受损资源及其主要的服务功能

识别要素包括损害发生时间、基准服务水平、服务功能的减弱、额外的损害（损害

种类）、损害程度、损害开始被修复的时间、服务功能的修复、修复过程中最大的服务
提供量，经折现可进一步表示为资源受损期间服务损失的现值。图 6-2 中，A_2 为资源的
基准服务水平；A_1 为资源受损后降低的服务水平；T_1 为资源受损发生时间；T_2 为受损资
源自然恢复到基准水平的时间；则 A 为未经折现的资源总损害量。

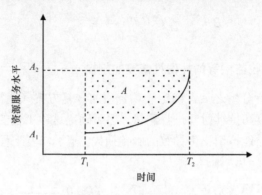

图 6-2　资源受损量模型

假设 A 为该受损资源服务功能损失的现值；T_1 为损害发生时间，即生境受损发生时
间；T_2 为受损资源功能恢复到基准状态的时间，即 $T_1 - T_2$ 为受损资源服务功能损失持续时
间；$Q(t)$ 为 t 时刻（T_1 到 T_2）资源受损面积；I_t 是损害在 t_1 时刻跨越 A_1 范围上的损害程度
（损害跨越空间的严重程度）；V_i 是单位面积受损资源的服务提供量；r 为折现率；则有

$$A = \sum_{t=T_1}^{T_2} Q(t) V_i I_t \frac{1}{(1+r)^t} \tag{6-45}$$

2）估算修复工程所能提供的服务水平

估算修复工程所能提供的服务水平的指标包括修复工程的初始服务水平、提供额外
服务的开始时间、修复工程的成熟的功能、修复工程提供的最大服务量、修复工程的持
续时间及补偿性资源相对于受损害资源的价值。估算修复工程所能提供的服务水平，经
折现可表示为补偿性修复工程提供服务的现值。图 6-3 中，B_1 为受损资源的基准服务水
平，T_3 为修复工程开始的时间，T_4 为修复工程提供的服务达到受损资源基准服务水平的
时间，区域 B 为未经折现的补偿性修复工程提供的服务量。

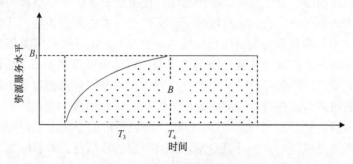

图 6-3　受损资源的补偿量模型

假设 B 为实施人工修复工程增加的资源服务功能现值；T_3 为修复工程开始的时间；T_4 为修复工程提供的服务逐渐补偿受损资源服务的时间；Q_2 为所需修复的工程面积；R_t 是修复工程在 t 时刻跨越 Q_2 范围资源服务提高的程度（修复收益/改进的量级）；V_r 是修复工程单位面积所提供的服务量；r 为折现率；则有

$$B = \sum_{t=T_3}^{T_4} Q_2 V_r R_t \frac{1}{(1+r)^t} \qquad (6\text{-}46)$$

3）确定使损失和收益相等的补偿性修复的规模

在对补偿数量进行分析之后，确定一项合适的修复方案（通常是地点），并对它能提供的生态利益的程度和持续时间进行测量。然后确定这项工程的范围，以使从修复工程得到的生态服务收益能抵消损害导致的服务损失。基于修复工程提供的服务等于受损资源的服务损失，即 $A=B$，则有

$$\sum_{t=T_1}^{T_2} Q(t) V_i I_t \frac{1}{(1+r)^t} = \sum_{t=T_3}^{T_4} Q_2 V_r R_t \frac{1}{(1+r)^t} \qquad (6\text{-}47)$$

确定补偿性修复的规模 Q_2：

$$Q_2 = \frac{\sum_{t=T_1}^{T_2} Q(t) V_i I_t \dfrac{1}{(1+r)^t}}{\sum_{t=T_3}^{T_4} V_r R_t \dfrac{1}{(1+r)^t}} \qquad (6\text{-}48)$$

6.4 小 结

长期以来，由于人们忽视海岸带资源的自身价值和生态环境价值，在大力开发海洋资源、发展海洋产业的同时，海洋资源的存量被大量消耗，环境质量下降和生态服务功能减弱或消失。为了平衡经济发展与资源和生态环境可持续利用的关系，构建完善的海岸带资源和生态环境价值理论与损害评估方法尤为重要。

自 20 世纪 30 年代以来，资源环境经济学家针对不可再生资源，以实现资源可持续利用为目标，提出了资源自身价值折耗的理论，建立了资源租金、使用者成本、资源折耗成本等概念，并使用收益还原法、净价格法、使用者成本法评估资源的折耗值。围填海使被填海域成为不可再生资源，海域由于存量减少而发生资源折耗，其自身价值损耗应该得到体现，本书将其界定为资源折耗成本。自 2002 年开始，国家依照所有权人的权利，对使用海域的单位或个人征收海域使用金，可视为资源租金或者资源折耗成本。许多学者的研究发现，围填海海域使用金没有完全反映海域资源的自身折耗，以被填海域形成土地后的收益为依据进行计算，提出了提高海域使用金的主张。本书认为，围填海造地是海域资源的配置使用方式之一，以被填海域形成的土地收益为海域的最大收益并进一步将其作为海域使用金的计征标准，具有一定的片面性。本书根据不可再生资源价值折耗的计算公式，以海域资源的影子价格为依据，建立了围填海造地资源折耗成本的计算公式。

　　生态环境损害成本产生于资源开发利用所引起的环境污染和生态破坏问题，自然环境向经济过程提供服务的功能减弱即为其价值损失。从国内外环境价值评估的实践看，常用的进行环境损害评估的方法主要有基于市场价格来确定生态环境价值的生产率变动法、人力资本法、机会成本法，基于替代市场价格来衡量没有市场价格的环境物品价值的旅行费用法、重置成本法，以及基于假想市场来衡量环境质量及其变动价值的意愿调查法、选择实验法等。虽然这些方法对准确评估生态环境价值有重要意义，但由于它们在进行具体评估时需要大量的数据、经费及时间等，还存在由于主观原因而产生的大量偏差，因此这些方法对于生态环境损害评估略显不足。这就使得近年来美国在超级基金法框架下开展的自然资源损害评估和欧盟在生态损害评估研究中所使用的生态损害的新方法——资源等价分析法的优势逐渐凸显。本章根据围填海造地生态环境影响因子的识别和影响结果的筛选，建立了围填海造地生态环境损害评估的一般模型，为生态环境损害成本的计算提供了依据。

7 围填海造地价值损失评估：山东胶州湾

渤海是中国的内海之一，半封闭型内海特征使渤海水体交换能力很差。环渤海的山东是中国沿海经济社会快速发展的地区之一，2009 年，以山东半岛蓝色经济区规划建设正式启动为标志，海洋资源开发进入了一个新的历史阶段，海岸带开发规模及其产生的环境压力空前强大，这使得环境问题本来已经很严重的渤海面临着更大的挑战，渤海成为中国近年来海洋生态环境问题的热点区域之一。胶州湾位于渤海南部，承载着中国重要的工业城市——青岛，自 20 世纪初至今，胶州湾的围填海造地一直持续进行，从开辟盐田、虾池到修路、建造厂区。自 1863 年到 2003 年，胶州湾总面积减少了 21 650hm²，占胶州湾面积的 37.4%，而围填海造地是胶州湾面积减少的重要原因（国家海洋局北海分局，2007）。围填海造地还导致胶州湾海洋生物种类减少，环境容量功能减弱（贾怡然，2006）。本章首先分别基于海洋生态系统服务价值、陈述偏好法和生态修复原则评估胶州湾围填海造地生态环境损害成本，然后采用使用者成本法计算胶州湾围填海造地资源折耗成本，为胶州湾围填海造地价值损失的补偿提供多方位的论证和参考。

7.1 山东海洋经济发展和围填海造地现状

7.1.1 山东海洋经济发展

山东位于中国东部沿海、黄河下游，处于 34°23′～38°17′N、114°48′～122°42′E，全省南北长 437.28km，东西长 721.03km，陆域面积 1558 hm²，海洋面积 1596hm²。山东濒临渤海、黄海，近海海域占渤海和黄海总面积的 37%，滩涂面积占全国的 15%。山东近海栖息和洄游的鱼虾类达 260 多种，主要经济鱼类有 40 多种，经济价值较高、有一定产量的虾蟹类近 20 种，浅海滩涂贝类达百种以上，经济价值较高的有 20 多种。其中，中国对虾、扇贝、皱纹盘鲍、刺参等海珍品的产量均居全国首位。此外，山东还有可供养殖的内陆水域面积 26.7 万 hm²，淡水植物 40 多种，淡水鱼虾类 70 多种，其中主要经济鱼虾类 20 多种。

优越的地理位置为山东带来了经济发展的机遇。山东是中国经济最发达的省份之一，是中国经济实力最强的省份之一，也是发展较快的省份之一，2007 年以来经济总量居全国第 3 位，2014 年全省生产总值（GDP）达 59 426.6 亿元，其中，全省海洋生产总值达 10 400 亿元，比上年增长 8%以上，约占 GDP 的 17.6%，约占全国海洋生产总值的 1/5。山东现代海洋产业体系基本建立，远洋渔船规模占全国的 1/3，海洋装备制造、海洋生物等五大主导产业在全国的领先地位进一步巩固和加强，科研水平不断提高，拥有国家深海基地、海洋科学与技术国家实验室等一批国家级创新机构，海洋科技人员占全国一半以上，科技进步对海洋经济的贡献率超过 60%。特别是在 2011 年，《山东半岛蓝色经济区发展规划》制定实施后，山东积极探索了海洋经济科学发展之路，推动山东半岛蓝色经济区快速发展。

7.1.2 山东围填海造地现状

山东半岛蓝色经济区建设以来，山东海洋经济发展迅猛，各沿海地区进入了新型工业化全面发展阶段，码头、化工、电厂、游乐设施等重大建设项目纷纷上马，加剧了对围填海造地的需求。

2011~2013 年，山东审批用海项目共 311 个，其中围填海造地用海项目为 129 个，占用海总项目数的 41.48%。累计用海面积共 7905.12hm²，其中围填海造地的用海面积为 2495.52hm²，占总用海面积的 31.57%。2011~2013 年山东用海项目及用海方式见表 7-1 和图 7-1。

表 7-1 2011~2013 年山东用海项目统计

用海方式	项目数		用海面积		海域使用金的征收	
	个数（个）	比例（%）	面积（hm²）	比例（%）	金额（万元）	比例（%）
围填海造地	129	41.48	2495.52	31.57	179 254.03	86.24
非透水构筑物	76	24.44	786.94	9.95	27 924.35	13.43
港池、蓄水等	54	17.36	1 251.40	15.83	312.26	0.15
透水构筑物	44	14.15	557.64	7.05	192.10	0.09
其他	8	2.57	2 813.62	35.59	165.17	0.08
合计	311	100	7 905.12	100	20 7847.91	100

数据来源：根据 2011~2013 年山东省海洋与渔业厅审批的用海项目环评报告和海域使用论证报告进行汇总整理
注：其他用海方式包括取排水口、开放式养殖、围海养殖及建设游乐场等用海方式

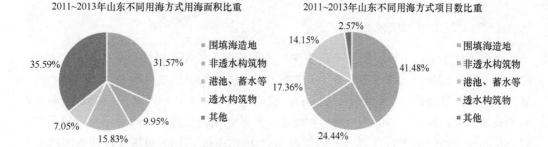

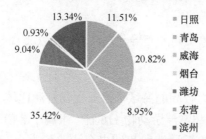

图 7-1 2011~2013 年山东不同用海方式情况

　　表 7-1 是 2011～2013 年山东不同用海方式的项目数、用海面积及海域使用金的征收情况，由表 7-1 可知，围填海造地的项目个数最多，约占总用海项目总数的 41.48%，围填海造地面积占总用海面积的比例也较大，为 31.57%，而且缴纳的海域使用金所占比例最高，达到 86.24%。

　　表 7-2 是 2011～2013 年山东沿海七市的用海面积统计，沿海七市均有围填海造地用海，除东营和威海以外，其余五市的围填海用海占其总用海面积的比例均超过 40%，个别地方达到 100%。由此可知，围填海用海已经成为山东地方用海的主要方式。

表 7-2　2011～2013 年山东沿海七市的用海面积统计　　　　（单位：hm²）

地区	合计	围填海造地	非透水构筑物	港池、蓄水等	透水构筑物	其他
日照	584.61	287.19	100.28	197	0.14	0
青岛	747.15	519.60	51.70	159.10	16.75	0
威海	3008.25	223.23	100.95	105.96	25.14	2552.97
烟台	2128.90	883.95	204.48	304.95	474.88	260.64
潍坊	433.77	225.67	94.02	112.55	1.53	0
东营	669.64	23.09	235.51	371.85	39.19	0
滨州	332.80	332.8	0	0	0	0
合计	7905.12	2495.53	786.94	1251.41	557.63	2813.61

数据来源：根据 2011～2013 年山东省海洋与渔业厅审批的用海项目环评报告和海域使用论证报告进行汇总整理

7.2　胶州湾围填海造地现状

7.2.1　胶州湾社会经济概况

7.2.1.1　胶州湾自然地理概况

　　胶州湾位于黄海中部、山东半岛南岸，古称胶澳。胶州湾以团岛头（36°02′36″N，120°16′49″E）和薛家岛脚子石（36°00′53″N，120°17′30″E）连线为界与黄海相通，是一扇形半封闭天然海湾（王修林等，2006）。胶州湾口窄内宽，东西宽 27.81km，南北长 33.3km（闫菊，2003）。2005 年遥感数据显示，胶州湾海岸线长 199.6km，海湾面积为 35 890hm²，其中 5m 等深线以浅的海域面积为 25 670hm²，10m 等深线以浅的海域面积为 30 730hm²，潮间带面积为 10 580hm²（孙磊，2008）。胶州湾地貌见图 7-2。

7.2.1.2　胶州湾海岸带资源的分布

　　胶州湾海岸带资源的类型、资源量和分布等分别具有以下几方面特征。

1）物质资源

　　胶州湾及邻近海域是基础生产力较高的海域，海洋生物资源比较丰富，1977 年 2 月和 1978 年 1 月的调查，共鉴定胶州湾浮游动物 116 种，隶属于 8 门 12 纲 27 目 64 种 66 属，另有底栖动物和自游生物的浮游性卵和幼虫合计 24 类；在胶州湾产卵的鱼

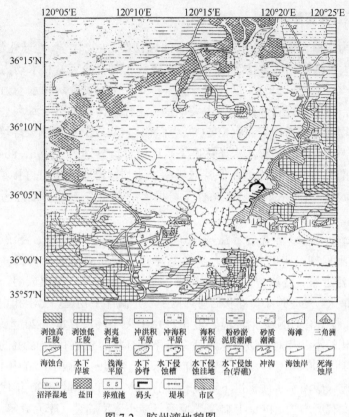

图 7-2 胶州湾地貌图

种较多，总卵数的最高纪录为 2000 个/cm³，牙鲆卵为 308 个/cm³，青鱼卵为 1163 个/cm³，鲲鱼卵为 836 个/cm³，因此，胶州湾是相当集中的鱼类产卵场和育幼场。胶州湾内底栖动物生物量高于湾外 10 多倍，软体动物占绝对优势，其生物量在多数月中约占底栖动物生物量的一半，其中软体动物中经济价值较大的为蛤仔。底栖动物在湾东侧生物量较高，红岛南部和海西湾次之，大港附近及其以北的湾东北水域为高生物量区，蛤仔十分丰富。湾西部浅水软底海域是棘刺锚参和海胆的密集区（栾秀芝，2010）。

2）空间资源

胶州湾沿岸的青岛海岸大部分为基岩港湾型海岸，岸线曲折，有 49 个天然优良海湾，且海湾岬角相间；无大河流入，陆源输沙量很少，沿岸无大型泥沙流；水下斜坡较陡，深水区离岸近，可建大量深水泊位，能形成由各种功能和吞吐能力港区组成的大型港口群；许多天然深水航道直通港区和宜港岸段，无须开挖和疏浚；海湾和岬角形成天然屏障，不用建造大量防波堤，建港投资少。

依托胶州湾的青岛滨海旅游业发达，青岛沿海的崂山、午山、浮山、太平山、信号山等巍峨壮丽，形成风格迥异的景点；海岸曲折陡峭，海岛星罗棋布，海滩沙质细软，山、海、岛相映成趣，自然景观、人文景观和人工旅游设施互相衬托，夏季凉爽的气候更是锦上添花，使青岛成为国内外享誉盛名的旅游胜地。前海一线、崂山国家级风景旅游区、石老人国家级旅游度假区的一部分分布在胶州湾内（闫菊，2003）。

3）环境容量资源

根据动力学概念模型计算了胶州湾石油烃物理、生物化学、地球化学相对自净容量，结果表明，大气挥发相对自净容量、微生物降解相对自净容量和水动力输出相对自净容量分别为40%、32%和25%。这说明，大气挥发、微生物降解和水动力输出自净过程是胶州湾具有一定石油烃自净能力的主要原因；还分别计算了不同海水水质标准下胶州湾石油烃污染物的标准自净容量（SPCO）、环境容量（ECO）和剩余环境容量（SECO），在一级、二级和三级国家海水水质标准下，环境容量分别为432t/a、864t/a、3420t/a。根据计算结果推断出今后胶州湾在保持一级海水水质标准条件下可再接纳 200t 左右的石油烃污染物，在二级海水水质标准条件下可再接纳 600t 左右的石油烃污染物（李乃胜等，2006）。

Tietenberg（2001）根据营养盐在多介质海洋环境（包括海水、浮游植物、浮游动物、悬浮颗粒和沉积物）中的分布动力学模型建立了胶州湾溶解无机氮（DIN）和磷酸盐（PO_4^{3}-P）自净容量、环境容量及剩余环境容量的计算方法。结果表明，胶州湾营养盐自净容量夏季最大，冬季最小，春秋居中，这主要是海洋中物理、化学和生物自净过程共同作用的结果。胶州湾 DIN 剩余环境容量和 PO_4^{3}-P 剩余环境容量在 20 世纪 70 年代末至 80 年代中期变化较小，相对一级海水水质标准下的环境容量还有约 60%的容纳能力。但自 80 年代中后期至 90 年代中后期，营养盐剩余环境容量迅速减小，其中 1997 年 DIN 的实际含量已超过一级海水水质标准下环境容量的 70%。自 20 世纪 90 年代末以来，DIN 剩余环境容量又有所增加，PO_4^{3}-P 剩余环境容量减小速度趋缓（李乃胜等，2006）。

4）湿地资源

胶州湾现有滨海湿地约 5 万 hm^2，可分为陆地水域、潮滩、近海湿地与人工湿地（图 7-3）。进一步细分可分为潮下带湿地（6m 以内浅水域）、潮间带湿地（沙质海滩、

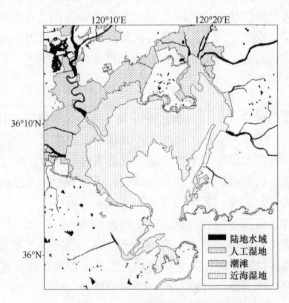

图 7-3　胶州湾湿地分布图

岩石滩、泥滩）、潮上带湿地（咸水沼泽、微咸水沼泽）、河口湿地（河口和三角洲）及人工湿地（港池、养殖池、盐田）5 类。胶州湾海岸湿地植被的建群种包括河口和三角洲湿地的芦苇、咸水沼泽的碱蓬、微咸水沼泽的盐角草、节缕草、大米草、白茅、獐茅等。胶州湾滨海湿地是重要的水禽栖息地和越冬地，鸟类种类繁多，1988～1992 年的调查发现有 11 目 23 科 59 属 124 种，包括水禽、涉禽 116 种（李乃胜等，2006）。

7.2.1.3　胶州湾社会经济发展现状

改革开放以来，我国沿海地区迅速发展，其中拥有建设大型港口条件的地区发展尤为迅速。胶州湾拥有漫长的海岸线，且拥有良好的港口资源，因此近年来海岸带区域经济持续稳定增长。胶州湾的开发利用形式可分为工业用地、城市用地、港口用地等，胶州湾潮上带开发利用见图 7-4。

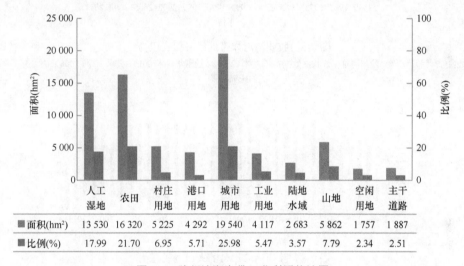

	人工湿地	农田	村庄用地	港口用地	城市用地	工业用地	陆地水域	山地	空闲用地	主干道路
■面积(hm²)	13 530	16 320	5 225	4 292	19 540	4 117	2 683	5 862	1 757	1 887
■比例(%)	17.99	21.70	6.95	5.71	25.98	5.47	3.57	7.79	2.34	2.51

图 7-4　胶州湾潮上带开发利用统计图

胶州湾承载着中国重要的工业、港口城市——青岛市。青岛市位于胶州湾畔，面积 112.82 万 hm²；管辖市南、市北、李沧、崂山、城阳、黄岛、即墨七区，面积为 50.19 万 hm²；所辖胶州、平度、莱西三市，面积为 60.48 万 hm²，构成胶州湾海岸带的主要陆域。2014 年青岛 GDP 总量达 8692.1 亿元，按可比价格计算，增长了 8.0%。其中，第一产业增加 362.6 亿元，增长了 3.9%；第二产业增加 3882.4 亿元，增长了 8.4%；第三产业增加 4447.1 亿元，增长了 7.9%。三次产业比例为 4.2∶44.6∶51.2。人均 GDP 达到 96 524 元。青岛市政府制定的《青岛市城市总体规划（2006-2020）》明确了依托胶州湾的发展战略：以环胶州湾区域为核心，以"依托主城、拥湾发展、组团布局、轴向辐射"为空间发展战略，以"三点布局、一线开展、组团发展"为城市框架，把环胶州湾核心圈层建成国际化、生态化、花园式现代化新城区；以此为依托积极辐射和带动外围地区，构建以即墨、胶州、胶南为内圈层，以莱西、平度及临近区域为外圈层的多圈层拥湾发展格局，促进各圈层合理分工与有机协作，合理引导城镇组团的有序发展，形成轴向辐射、点轴分布的网络状城镇空间布局结构（于晓波和贠瑞虎，2010）。

作为中国东部沿海重要的经济中心城市和港口城市，青岛市胶州湾同样面临海岸带地区社会经济高速发展、人口急剧增加导致的资源量大幅度下降、近海海域水质恶化、海洋生态系统失衡等海洋资源、环境和生态问题。胶州湾海岸带地区面临巨大的经济快速发展的压力和人口增长压力。胶州湾海岸带的经济和人口增长压力分别见图 7-5 和图 7-6。

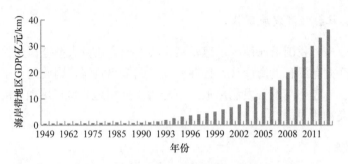

图 7-5　胶州湾海岸带的经济增长压力
数据来源：青岛统计年鉴，胶州湾总岸线长度数据参考刘林（2008）、边淑华等（2001）、吴永森等（2008）、叶小敏等（2009）的研究战果

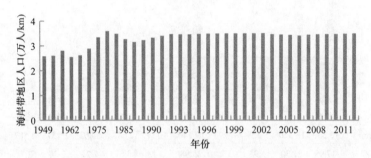

图 7-6　胶州湾海岸带的人口增长压力
数据来源：青岛统计年鉴，胶州湾总岸线长度数据参考对刘林（2008）、边淑华等（2001）、吴永森等（2008）、叶小敏等（2009）的研究战果

7.2.2　胶州湾围填海造地进展

胶州湾以其独特的环境特征与自然属性为周边地区的经济和社会发展提供了优越条件，但其有限的空间也成为经济发展的制约因素。近 50 年来，胶州湾经历了 20 世纪 50 年代的盐田建设，70 年代前后的填湾造陆，80 年代以来的围建养殖池塘、开发港口、建设公路和工厂等填海高潮，围垦使胶州湾海域面积减少。1952 年胶州湾面积为 55 900hm²，到 1999 年面积缩小至 38 200hm²，面积缩小了近 1/3。1950 年以前，河流输沙是胶州湾面积减小的主要原因；1950 年以后，围湾造陆则起主导作用。据研究，在自然状态下，胶州湾年仅缩小 1.8hm²（主要是河流输沙淤积所致）。但近 50 年来，由于人为的开发活动，胶州湾平均每年缩小 377hm²，是自然状态下的 209.4 倍（李乃胜等，2006）。

表 7-3 和表 7-4 分别为近几十年胶州湾海岸线变化情况和海湾面积变化情况。

表 7-3　胶州湾海岸线变化情况

年份	海岸线长（km）	岸线变化量（km）	岸线变化率（km/a）
1952	285.0	—	—
1971	186.7	−98.3	−5.17
1985	233.0	46.3	3.31
1992	248.5	15.5	2.21
2004	198.5	−50.0	−4.17
2006	220.0	21.5	10.75

数据来源：陈则实等（2007）

表 7-4　胶州湾海湾面积变化情况

年份	海湾面积（hm²）	变化量（hm²）	年均变化量（hm²/a）
1863	57 850	—	—
1928	56 000	−1 850	−28
1935	55 900	−100	−14
1958	53 500	−2 400	−104
1966	47 030	−6 470	−809
1975	42 300	−4 730	−526
1985	40 300	−2 000	−200
1992	38 800	−1 500	−214
2000	37 500	−1 300	−163
2003	36 200	−1 300	−433
2006	35 390	−810	−270
合计	—	−22 460	−157

数据来源：陈则实等（2007）

从表 7-4 可以看出，1863～2006 年，胶州湾总面积减少了 22 460hm²，占胶州湾总面积的 38.8%，其中主要是 1958 年之后减少的，总共减少了 18 110hm²。海岸线也随着围湾工程的变化而改变，1952～2006 年，胶州湾海岸线总长度减少了 65km，围填海造地等人为因素在胶州湾面积减少和海岸线缩短方面起了关键作用。

表 7-5 为胶州湾海域面积变化及其不同开发利用方式面积变化情况统计表。由表 7-5 可知，1969～1987 年，胶州湾海域总面积变化为 4999hm²，自然因素导致的面积变化为 548hm²，人类活动导致的面积变化为 4451hm²，包括修建盐田 1277hm²（包括新建盐田 1949hm²、拆除盐田 672hm²）、修建养殖池塘 2568hm²、围填海造地等 606hm²。该段时期，自然因素导致的胶州湾海域面积变化占总面积变化的 11%，人类开发利用导致的胶州湾海域面积变化占总面积变化的 89%，人类开发利用是该段时期胶州湾海域面积变化的主控因素。

表 7-5 胶州湾海域面积变化及其不同开发利用方式面积变化情况统计表

时段	1969~1987 年		1987~2002 年		2002~2012 年	
总面积变化（hm²）/变化速度（hm²/a）	4999/278	1109（−）6108（+）	5562/371	117（−）5679（+）	1676/168	575（−）2251（+）
自然因素导致的面积变化（hm²）	548		549		9	
人类开发利用导致的面积变化（hm²） 总和	4451		5013		1667	
盐田	1277		100		0	
养殖池塘	2568		2146		−433	
围填海造地等	606		2767		2100	

数据来源：马立杰等（2014）
注：−表示岸线向陆地方向迁移；+表示岸线向海洋方向迁移

1987~2002 年，胶州湾海域总面积变化为 5562hm²，自然因素导致的面积变化为 549hm²，人类开发利用导致的面积变化为 5013hm²，其中，新建盐田 100hm²、新建养殖池 2146hm²、围填海造陆等 2767hm²。据不完全统计，该段时期，胶州湾沿岸已经完成或正在进行的大型围填海项目有 20 多项，其围填海造地等面积是 3 个时期中最大的，占总填海造陆面积的 51%。

2002~2012 年，胶州湾海域总面积变化为 1676hm²，自然因素导致的面积变化为 9hm²，人类开发利用导致的面积变化为 1667hm²，拆除养殖池面积 433hm²，围填海造地等面积 2100hm²。在列举的胶州湾海域面积变化中，该期围填海造地等规模位于第二位，占总围填海造地面积的 38%。

7.2.3 胶州湾围填海造地资源和生态环境影响

胶州湾围填海造地对海岸带资源和生态环境的影响主要有两个方面：一是直接影响，围填海对滩涂、海域等空间的直接侵占导致被填海域的生物资源减少或消失；二是间接影响，围填海会改变周边海域的水动力条件，引起泥沙淤积或海水水质恶化，从而影响周边海域环境和生态服务功能。

7.2.3.1 胶州湾生物资源减少或消失

潮间带湿地是鱼虾繁殖、育幼和贝类生长的主要场所，潮间带湿地大面积减少导致鱼虾和贝类生长繁殖空间大量丧失。历年调查结果表明，20 世纪 30~60 年代沧口潮间带生物种类数为 43~141 种，生态环境比较稳定，调查生物种类数呈递增趋势。70~80 年代调查生物种类数显著下降，为 17~30 种，90 年代至今，因大规模围填海造地，如建设青黄高速公路等基础设施，潮间带基本消失，生物种类遭到毁灭性破坏。沧口附近的双埠村于 1994 年围滩填海 300hm²，用于建设发电厂煤粉储灰场，受其影响，1994 年双埠潮间带生物种类数为 42 种，比 1977~1978 年的 59 种减少了 17 种。建场后，一些生物种类随着潮间带滩面的消失而消失了。

随着近年来大规模围垦工程的实施，胶州湾湿地的面积锐减、植被受损、水质污染和生物种类减少，湿地的生态环境质量大幅度下降。有资料显示，1988~2009 年的 21

年间，由于大规模围垦，胶州湾湿地面积减少了近 1/3（马妍妍，2006），同时，大量芦苇、盐角草、浮萍等植被群落受到损害。围垦活动造成水动力减弱，湾内水体交换受阻，湿地水质污染严重。湿地生境的破坏使得多个物种失去原有的栖息地，导致物种数量锐减。1985 年的实地调查中发现了 206 种鸟类，而 2009 年仅发现 156 种（于鹏飞，2010）。浮游植物种类在 1977～2004 年，从 175 种下降到 163 种；游泳生物在 20 世纪 80 年代调查中发现 118 种，在 2003～2004 年调查中仅发现 58 种，种类数量下降明显（张绪良等，2009）。

7.2.3.2 环境容量功能下降

胶州湾水域面积缩小的直接后果是海湾的纳潮量减少、流场改变、水动力减弱、水体交换和挟沙能力下降。20 世纪 40 年代以前，由河口等注入的泥沙及少量的工业三废等物质，通过涨、落潮水体交换，几乎全部被携带到湾外。1935 年胶州湾纳潮量为 11.8 亿 m^3，1963 年为 10.1 亿 m^3，1985 年为 9.1 亿 m^3，2008 年纳潮量只有 7 亿 m^3。这就是说，2008 年纳潮量比 1935 年减少 4.8 亿 m^3，即减少近 41%（刘洪斌和孙丽，2008）。由于湾内外水体交换受阻，加之湾口狭窄（宽仅 3km），污染日益加重，胶州湾水质和底质不断恶化，潮下带湿地无机氮、无机磷含量超标严重，胶州湾东部、北部潮间带湿地底质中铅和锌含量分别超标 1.12 倍和 1.55 倍。长期、持续的水污染破坏了湾内的生态环境，对胶州湾生物资源构成了严重威胁（张绪良和夏东兴，2004）。

7.2.3.3 湿地面积大规模减少

围垦是造成滨海湿地大面积减少的主要原因。湿地一旦被围就等于切断了与海水的直接联系，不仅从根本上改变了湿地的类型和性质，还严重干扰湿地的自然演替过程。湿地围垦直接破坏了湿地植被赖以生存的基础，造成植被的直接消亡。同时，垦区外原有或新生湿地处于水动力环境和生境自我恢复调整期，植被生长滞后，湿地常因无固着泥沙而变得易遭受海水冲刷侵蚀。

虽然胶州湾湿地资源丰富，但是农田开发、盐田建设和滩涂养殖等人工围垦已使潮下带湿地（浅海水域）面积减小了 1/4，海湾北部海岸线向海推进了 2.3km，原来的红岛、黄岛相继并岸成为半岛。20 世纪 60 年代，潮间带滩涂面积约占整个胶州湾的 37.6%，1992 年滩涂面积仅占整个胶州湾的 21.9%，潮间带湿地已不足原来的 1/3。胶州湾湿地面积变化见表 7-6。

表 7-6　胶州湾湿地面积变化

年份	面积（hm^2）	占胶州湾总面积比例（%）	年平均变化率（%）
1988	30 527	77.5	——
1997	28 263	76.1	−7.42
2002	27 470	75.6	−2.81
2005	26 956	75.1	−1.87

数据来源：栾秀芝（2010）

7.2.3.4 滨海湿地的景观破碎化加剧

胶州湾海域漫长的海岸线、独特的地质地貌和旖旎的滨海风光给人们带来舒适性享受。但是大量的人工围填海活动，造成大量的自然景观减少或消失，同时使原来为整体的自然景观分化成为不同类型的景观斑块。目前，胶州湾滨海湿地破碎化的主要表现为：①海湾北部大面积潮间带及潮上带滨海湿地被养殖池和盐田等人工湿地景观代替，原本比较均一的湿地基地被养殖池、盐田、港池、道路沟渠堤坝等分割为相对独立的、小的湿地景观斑块，湿地景观斑块数和斑块密度大幅度增加；②随着堤坝、沟渠道路等人工廊道面积和长度的增加，滨海湿地物质和能量的正常流动被阻断，同时，人工廊道的增加，也加剧了人类对滨海湿地的干扰。

7.3 胶州湾围填海造地生态环境损害成本测算

海岸带的环境容量功能和生态服务功能不是物质资源，没有市场价格，但是由于其服务功能的下降间接影响人类的生产和生活福利水平，因而其是有价值的。生态环境价值的这种隐含性和非市场化使市场经济条件下对环境和生态损失进行价值化处理存在较大的难度，特别是某些生态环境影响是滞后的，环境污染及生态破坏的效应往往需要经过若干代人之后才能显现出来，而且它对生物链的波及效应更是一个极为复杂且难以测度的问题，因而，即期内对生态环境损害作货币化处理所得出的结论也存在较大的局限性。但这并不是说我们就不能对生态环境损害的货币化方法和影响问题给予关注。因为随着工业化和城市化的推进及人口的增加，环境质量和生态功能的好坏将成为决定区域经济增长和经济发展水平的直接因素。2016 年青岛市国内生产总值达到 10 011.29 亿元，为 1998 年的 9.1 倍。工业化进程的快速发展，将会使海岸带资源和环境负荷进一步加大。测算围填海造地的生态环境损害成本，认识地方经济增长的生态环境代价，并通过补偿机制予以补偿，是青岛市地方经济实现"环湾保护、拥湾发展"的保证，也是我国海岸带资源高效配置的重要途径。本节将使用基于海洋生态系统服务价值、陈述偏好及生态修复原则三种方法对比评估胶州湾围填海造地的生态环境损害成本。

7.3.1 基于海洋生态系统服务价值的生态环境损害成本测算

生态环境损害成本评估方法有多种，从生态系统服务价值的角度量化生态系统服务功能的下降是生态环境损害评估最基本的方法，也是目前研究者最常用的方法。自从Costanza（1997）衡量了全球生态系统服务价值以来，生态系统服务价值论不断发展和完善，为基于生态系统服务价值确定生态补偿标准提供了重要依据。

海洋生态系统服务是人类从海洋生态系统中获得的效益，由 4 个要素组成：供给服务、调节服务、文化服务和支持服务。其中，供给服务是指从海洋生态系统中收获的产品和物质，包括水产品供给、原材料供给与基因资源等 3 种服务；调节服务指从海洋生态系统过程的调节作用中获得的收益，包括气候调节、空气质量调节、水质净化调节、有害生物和疾病的生物调节与控制及干扰调节等 5 种调节服务；文化服务是指通过精神满足、发展认知、思考、消遣和体验美感而使人类从生态系统中获得的非物质收益，海洋生态系统可以提供的精神文化服务包括科研教育服务和休闲娱乐等；支持服务是指对于其他生态系统服务的产生所必需的那些基础服务，海洋生态系统的支持服务包括初级生产、物质循环、生物多样性维持和提供生境等，见图7-7（张朝晖等，2007）。

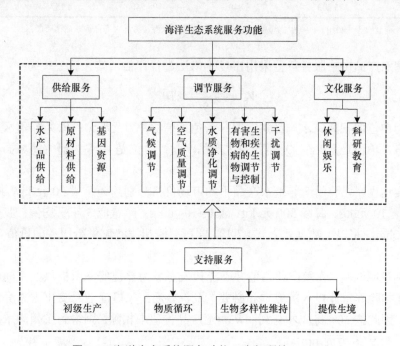

图 7-7　海洋生态系统服务功能（张朝晖等，2008）

海洋生态系统服务价值是计量海洋生态环境损害成本的重要依据。从海洋生态系统服务价值评估到围填海造地生态环境损害成本量化是一个二步法过程：第一步，评估胶州湾海域生态系统服务价值，作为生态环境评估的标准值；第二步，基于围填海造地对服务功能的损害程度，计算单位面积减少的生态系统服务价值，即围填海造地的生态环境损害成本。

7.3.1.1　胶州湾海域生态系统服务价值

根据胶州湾海域的基本化学生物要素及目前可能找到的文献资料和数据等信息，将胶州湾海域生态系统服务价值分为水产品供给、废弃物处理、空气质量调节、休闲娱乐和生物多样性维持共5项服务进行评估。

1）水产品供给服务价值

胶州湾是基础生产率较高的海域，是重要经济鱼类、贝类等的栖息繁衍场所，水产资源比较丰富。近年来，由于过度捕捞，胶州湾原鱼、贝等自然种群几乎消失，水产品的供给主要来自海水养殖，根据青岛市海洋渔业局的调研资料及商慧敏等（2018）的统计数据，胶州湾养殖的水产品主要有鱼类、虾蟹类、贝类、海参、藻类，其养殖产量如表7-7所示。

表 7-7　2005 年、2010 年和 2015 年胶州湾主要水产品养殖产量　　（单位：t）

年份	鱼类	虾蟹类	贝类	海参	藻类
2005	14 070	6 300	469 980	5 125	3 090
2010	26 130	19 200	485 540	6 918	2 800
2015	25 200	8 840	496 940	8 157	3 800

数据来源：商慧敏等（2018）。其中，海参、藻类养殖产量数据来源为青岛市海洋渔业局调研所得

胶州湾水产品供给服务价值采用市场价格法进行评估，其计算公式为

$$V_b = \frac{P_b \times Q_b}{S} \times 10^{-1} \qquad (7\text{-}1)$$

式中，V_b 为单位面积海域水产品供给服务价值，单位是万元/hm^2；P_b 为养殖水产品的平均市场价格，单位是元/kg；Q_b 为养殖水产品产量，单位是 t；S 为研究海域面积，单位是 hm^2。

通过实地调研，胶州湾养殖水产品平均市场价格分别约为鱼类 50 元/kg、虾蟹类 20 元/kg、贝类 10 元/kg、海参 300 元/kg、藻类 10 元/kg；产量取 3 年平均值；胶州湾海域面积 35 390hm^2。将以上数据代入式（7-1），即可得胶州湾海域供给服务的价值，为 23.21 万元/hm^2。

需特别说明的是，养殖产业总值并不能代表海域为养殖服务所提供的空间和载体功能价值，需扣除养殖业投入的成本和必要的利润。渔民家庭渔业总支出占家庭渔业总收入的 60%，因此按 60%将成本与利润从养殖产品价值中扣除，则得到胶州湾水产品供给服务价值，为 9.28 万元/hm^2。

需要说明的是，当地海域捕捞作业多在胶州湾之外的近海和远海，因而捕捞渔业资源不在胶州湾水产品供给服务价值核算之内。

2）废弃物处理服务价值

观测研究表明，胶州湾海岸带由工、农业生产及人们日常生活等所产生的绝大部分污染物通过河流径流、直排口和混合排口等排入胶州湾沿岸水域，是胶州湾各类化学污染物的最主要来源（陈先芬，1991）。胶州湾排海污水中污染物主要包括氮（N）、磷（P）等营养盐，化学需氧量（COD），石油烃，Pb(II)、Cd(II)等重金属，悬浮颗粒物等。据监测，20 世纪 80 年代初至 90 年代末，胶州湾陆源溶解无机氮（DIN）排海通量迅速增加，由 20 世纪 80 年代初的约 1000t/a 增加到 90 年代末的 11 000 t/a，平均年增长率达 15%，之后基本保持在约 11000t/a。溶解态磷（TDP）由 80 年代初的 600t/a 增加到 90 年代末的 1200 t/a，平均年增长率为 4%，之后基本维持在 1200t/a。20 世纪 80 年代初至 90 年代初，胶州湾陆源排海 COD 通量迅速增加，平均年增长率达 25%，10 年间由 5.7×10^{4}t/a 增加到 20×10^{4}t/a，之后开始下降，至 21 世纪初下降到 8×10^{4}t/a（王修林等，2006）。

接纳和再循环由人类活动产生的废弃物是海洋与海岸带生态系统的重要功能之一。废弃物处理服务价值采用替代成本法进行评估，其计算公式为

$$V_{\mathrm{w}} = \sum_{i=1}^{n} Q_i P_i \times 10^{-4} \qquad (7\text{-}2)$$

式中，V_{w} 为单位面积海域的废弃物处理服务价值，单位是万元/hm²；Q_i 为第 i 种污染物单位面积海域的环境容量，单位是 t/hm²；P_i 为第 i 种污染物的人工处理成本，单位是元/t。

对 N、P 的研究会在养分循环中有所体现，因此为了避免重复计算，此处主要计算对 COD 的处理成本。

根据《青岛市海洋保护规划技术报告》，胶州湾单位面积海域 COD 的环境容量为 1.52t/hm²（胡小颖等，2013）。根据陈伟琪等（1999）的研究，1999 年 COD 的人工处理成本为 4300 元/t，利用 PPI 指数调整方法，将 1999 年的成本调整至 2012 年，可得 2012 年 COD 的人工处理成本为 4893 元/t。

将以上数据代入式（7-2），可得到 2012 年胶州湾单位面积海域的废弃物处理价值，为 0.74 万元/hm²。

3）空气质量调节服务价值

海洋生态系统通过浮游植物及其他植物的光合作用吸收 CO_2、释放 O_2 及吸纳其他气体来维持空气质量，并对气候调节产生作用。可使用重置成本法对生态系统的空气质量调节服务价值进行评估，其计算公式为

$$V_{\mathrm{g}} = (1.63 C_{\mathrm{CO}_2} + 1.19 C_{\mathrm{O}_2}) X \times 10^{-4} \qquad (7\text{-}3)$$

式中，V_{g} 为单位面积海域空气质量调节服务价值，单位是万元/hm²；C_{CO_2} 为固定 CO_2 的成本，单位是元/t；C_{O_2} 为释放 O_2 的成本，单位是元/t；X 为单位面积海域浮游植物干物质的产量，单位是 t/hm²。

固定 CO_2 的成本由目前国际上通用的碳税率标准和我国的实际情况综合决定。国际碳税率标准制定于 2001 年，大约为 150 美元/t（Woodward and Wui，2001），即 930 元/t（2012 年美元兑人民币汇率按 6.2 计算）；我国 1997 年的造林成本为 250 元/t（薛达元，1997）。取国际碳税率和造林成本的平均值作为固定 CO_2 的成本，经过 PPI 指数调整后，可得 2012 年我国固定 CO_2 的成本为 596 元/t。

释放 O_2 的成本采用评估年份工业制造氧气的平均生产成本。根据欧阳志云等（1999）的研究，1999 年工业制造氧气的平均生产成本为 370 元/t，经过 PPI 指数调整后，可得 2012 年工业制造氧气的平均生产成本为 421 元/t，将其作为释放 O_2 的成本。

浮游植物每年干物质的产量由其初级生产力转换得到，根据傅明珠等（2009）的研究，2006 年胶州湾的初级生产力平均为 408.8mg C/（m²·d），转换为浮游植物的干物质产量则为 1.49t/（hm²·a）。现我们假定每年的浮游植物的干物质产量恒定不变，2012 年单位面积海域胶州湾的浮游植物干物质的产量为 1.49t/hm²。

将以上数据代入式（7-3），可得 2012 年胶州湾单位面积海域空气质量调节服务价值，为 0.22 万元/hm²。

4）休闲娱乐服务价值

海洋生态系统向人类提供了旅游观光、游泳、垂钓等休闲娱乐的场所和资源。围填海造地改变了海湾原本的自然景观资源，使海岸带为人类提供的舒适性功能下降，其自身的休闲娱乐服务功能受到一定程度的阻碍。采用成果参照法，将杨玲等（2017）对我国 35个滨海湿地案例进行统计得出的湿地平均单位面积休闲娱乐价值（1.50 万元/hm²），移植到胶州湾湿地的娱乐休闲服务价值，则 2012 年胶州湾休闲娱乐服务价值为 1.50 万元/hm²。

5）生物多样性维持服务价值

海洋生态系统具有较高的物种丰富度，为野生生物及养殖生物提供栖息繁衍地，同时维持基因多样性和生态系统多样性。围填海活动破坏了海洋生物的生存环境，包括野生生物物种和商业性物种的生存空间，影响了物种的生存，导致生物多样性下降。

生物多样性维持服务价值采用成果参照法进行评估，即其价值参照同一地区或者相近地区的生物多样性价值的研究结果。参照潘伟然等（2009）对深沪湾围填海造地的研究，单位面积海域生物多样性维持服务功能价值为 0.21 万元/（hm²·a）。故 2006 年胶州湾生物多样性维持服务价值为 0.21 万元/hm²，依据《海洋生态资本评估技术导则》（GB/T 28058—2011）的价值修正方法，得 2012 年胶州湾生物多样性维持服务价值为 0.24 万元/hm²。

将上述 5 种服务的价值量进行加总求和，得到如表 7-8 所示的胶州湾生态系统服务总价值。

表 7-8　2012 年胶州湾生态系统服务总价值

生态系统服务	水产品供给服务	废弃物处理服务	空气质量调节服务	休闲娱乐服务	生物多样性维持服务	总价值
价值（万元/hm²）	9.28	0.74	0.22	1.50	0.24	11.98
比例（%）	77.46	6.18	1.84	12.52	2.00	100.00

7.3.1.2　胶州湾围填海造地的生态环境损害成本

围填海造地使自然海域转化为人工陆地、挤占海水养殖空间、改变海域纳潮量，破坏生物栖息地、影响湿地的天然景观，被填海域生态系统服务价值的减少，即围填海造地的生态环境损害成本。在无限期条件下，被填海域资源一次使用耗尽，则围填海造地的生态环境损害成本计算公式为

$$P = \frac{\sum_{i=1}^{I} V_i}{r} \tag{7-4}$$

式中，P 为围填海造地的生态环境损害成本，单位是万元/hm²；$\sum_{i=1}^{I} V_i$ 为海域生态系统服务总价值，V_i 为海域生态系统第 i 种服务的价值（i=1，2，3，…，I），单位是万元/hm²；r 为折现率。

将胶州湾海域生态系统服务价值的基准值，即 11.98 万元/hm² 和 4.3%折现率代入式 (7-4)，得胶州湾被填海域单位面积的生态环境损害成本（生态系统服务价值损失）为 278.60 万元/hm²。

7.3.2　基于陈述偏好法的生态环境损害成本测算

按照经济学的价值评估要求，如果要评估某个物品的价值，首先必须明确其有效的边界，也就是要清楚地了解其包含的内容、性质、特征，同时明确该物品与其他物品不存在本质上的重复和混淆，只有在这样的基础上，才能明确效用边界，进而通过市场或替代市场的手段进行价格确定和价值评估。但是对于海洋生态系统来说，很多间接使用价值是由多种服务共同作用形成的，如海洋沼泽群落、红树林等对海洋风暴潮、台风等自然灾害的衰减作用，既是干扰调节服务，又是对其他生物所提供的生活生存空间和庇护场所的生境提供服务。采取分类计算各类价值然后加总的办法，往往割裂了各种生态系统之间的有机联系和复杂的相互依赖性。与此同时，如何确保替代价格的合理性，以保证计算结果不失真，也使基于生态系统的各项服务功能进行简单汇总的价值评估饱受争议。基于围填海造地导致的生态环境影响与现有市场并无明显联系，本小节进一步选用陈述偏好法，分别使用意愿调查法和选择实验法，利用人们对一些假想情景所反映出的 WTP 来对围填海造地的生态环境影响进行量化评估，以综合反映围填海造地对海岸带资源的间接使用价值的影响。

7.3.2.1　基于意愿调查法的胶州湾围填海造地生态环境损害评估

意愿调查法是利用效用最大化原理，在假想的市场条件下，直接调查和询问居民对环境质量改善的支付意愿或是对环境质量受损的受偿意愿，基于支付意愿或受偿意愿推导环境物品或环境服务的经济价值。许多经济学家认为，对于没有市场价格的环境物品，只有人们的支付意愿才能表达出与它们有关的全部效用（李莹等，2001）。意愿调查法的基本原理是：假设消费者的间接效用函数取决于市场商品 x、所衡量的环境物品或服务 q、消费者的收入状况 y、消费者的其他社会经济特征 s 及个人偏好误差和测量误差等一些随机成分 ε，则消费者的间接效用函数可表示为 $V(x, q, y, s, \varepsilon)$。如果消费者个人面对一种环境状态 q_0 改进为另一种环境状态 q_1，则有

$$V(x, q_1, y, s, \varepsilon) > V_0(x, q_0, y, s, \varepsilon) \tag{7-5}$$

而要使这种改进状态得以实现往往需要消费者支付一定的资金。意愿调查法就是通过问卷调查的方式揭示消费者的偏好，以推导不同环境状态下消费者的等效用点。WTP 为个体面对环境状态 q_0 改进为环境状态 q_1 时的支付意愿，则有

$$V_1(x, q_1, y-WTP, s, \varepsilon) > V_0(x, q_0, y, s, \varepsilon) \tag{7-6}$$

与之相反，如果消费者个人面对一种环境状态 q_0 恶化为另外一种环境状态 q_2，则

$$V_1(x, q_2, y, s, \varepsilon) < V_0(x, q_0, y, s, \varepsilon) \tag{7-7}$$

消费者的效用下降，则接受赔偿。WTA 为个体面对环境状态 q_0 恶化为环境状态 q_2 时的受偿意愿，则有

$$V_1\ (x, q_2, y+WTA, s, \varepsilon) \geqslant V_0\ (x, q_0, y, s, \varepsilon) \qquad (7\text{-}8)$$

通过计算消费者的平均支付意愿或受偿意愿，并把样本扩展到研究区域整体，用平均支付意愿或受偿意愿乘以相关总人数，以获得环境物品或环境服务的经济价值（金建君，2005）。

为了估计平均的 *WTP* 或 *WTA*，现已发展出多种问题格式用于引导被调查者的最大支付意愿或受偿意愿。现有的推导 *WTP* 的引导技术可以分为连续型条件价值评估和离散型条件价值评估两大类，前者包括重复投标博弈（iterative bidding game）、开放式问题格式（open-ended questionnaire）、支付卡式格式（payment card questionnaire）；后者包括封闭式或二分式选择问题格式和不协调性最小化问题格式。采用连续型条件价值评估方法时，由于调查的数据提供了被调查者最大 *WTP* 的直接测量而本身并不需要进一步的分析，因而对统计技术要求不高，可以用非参数方法、参数估计法、最小平方法、最大似然估计法等进行分析。在使用离散型条件价值评估方法时，愿付金额以间断变量的形态出现，所以无法以最小平方法估计，因该法所收集到的资料只有受访者对问卷上的金额是否愿意支付的记录，其分析上是利用 probit model 或 logit model 等概率模型，或利用分群数据模型（group data model）及生存分析（survival analysis）等方法来估计。

本小节利用连续型条件价值评估的支付卡式格式调查胶州湾当地居民对于围填海造地生态环境破坏恢复的支付意愿。该方法在问卷上提供一系列由小到大的起始值作为受访者受偿的参考，由受访者选出所愿意支付的最高金额后，利用统计方法对数据加以处理，其用意是为了避免起价点的不同所造成的偏误，可避免封闭式条件评估法的偏差，同时也不必像封闭式条件评估法那样需要较大的样本数，能使受访者快速说出自己的支付意愿。

1）调查及数据分析

首先，设计调查问卷。问卷内容包括以下三部分内容（共 24 个小问题）：第一部分是调查居民对围填海造地及其生态环境影响的认识与态度；第二部分是调查居民对围填海造地的生态环境损害进行修复治理的支付意愿，在调查时，特别强调支付意愿只是一种假想，以免被调查者故意隐瞒自己的真实想法，造成策略性误差；第三部分是对居民的个人资料如年龄、性别、受教育程度、收入等进行调查。其次，在进行正式调查之前，笔者在中国海洋大学经济学院的部分教师和区域经济学专业的研究生、经济学专业的本科生中进行了预调查，修改了调查问卷中存在的问题与不足。

2012 年 7 月组织人员进行了问卷的调查工作，问卷调查人员经过了先期培训。调查方式为面对面调查，采用随机整群抽样的方式。实地调查样本区域覆盖青岛四区，即市南区、四方区、崂山区、李沧区，主要在海水浴场及居民区、商圈、图书馆等公共场所完成；共发放问卷 640 份，其中有效问卷 615 份，问卷有效率为 96.09%，被调查者的社会经济特征如表 7-9 所示。

表 7-9　被调查者的社会经济特征

社会经济特征	定义赋值	平均值	标准差
性别	男=0，女=1	0.456	0.498
年龄	18 岁及以下=1，19～30 岁=2，31～40 岁=3，41～50 岁=4，51～60 岁=5，61 岁及以上=6	2.833	1.053
受教育程度	未受过教育=1，小学=2，初中=3，高中=4，大学=5，研究生=6	4.685	0.867
职业	政府工作人员=1，企事业管理人员=2，专业技术人员=3，教育工作者=4，职员=5，工人=6，农民=7，军人=8，学生=9，离退休人员=10，其他=11	5.305	2.956
月收入	1000 元以下=500，1000～2000 元=1500，2000～3000 元=2500，3000～4000 元=3500，4000～5000 元=4500，5000～6000 元=5500，6000～7000 元=6500，7000～8000 元=7500，8000～10000 元=9000，10000 元以上=12000	3372.951	2332.91
在青岛居住时间	1～5 年=2.5，5～10 年=7.5，10～20 年=15，20～30 年=25，30 年以上=40	13.276	12.576

　　在调查伊始，调查人员先向被调查者介绍了胶州湾围填海造地的情况及围填海造地的生态环境影响、对市民福利影响的范围和时限等研究结论。在实施这部分调查时，调查人员客观介绍胶州湾围填海造地的生态环境影响，避免为被调查者的支付意愿做导向或暗示，使被调查者自己做出独立判断。

　　人的行为通常受其意识影响，被调查者对胶州湾围填海造地生态环境影响的认识与态度将会决定其对生态破坏进行恢复的支付意愿。被调查者对围填海造地及其对生态环境影响的态度与认识见表 7-10。

表 7-10　被调查者对围填海造地及其对生态环境影响的态度与认识

基本问题	选项	比例（%）	基本问题	选项	比例（%）
围填海是否有积极作用	有	61.98	围填海的结果	弊大于利	50.81
	没有	26.05		利大于弊	29.36
	不知道	11.97		不清楚	19.83
是否知道围填海的负面影响	知道	71.31	围填海管理是否急迫	是	50.08
	不知道	28.69		不是	19.74
对围填海的态度	限制	53.66		不清楚	30.18
	禁止	19.68	是否应征收生态补偿金	是	70.55
	鼓励	14.63		否	14.40
	无所谓	12.03		不清楚	15.05

　　询问公众围填海造地的结果时，50.81%的被调查者认为围填海造地活动弊大于利。询问公众对于围填海造地的态度时，53.66%的被调查者认为应该限制围填海造地活动，19.68%的被调查者认为应该禁止围填海造地活动。询问是否应对围填海造地征收生态补偿金时，70.55%的被调查者认为应当征收。

　　可以看出，被调查者对围填海造地的生态环境影响有客观感性的认识，说明被调查者理解并意识到围填海造地所带来的损害及这些损害对他们生产和生活可能产生的影响，因而有能力对环境物品和服务进行评估，为被调查者真实表达自己对围填海造地导致环境质量下降进行恢复的支付意愿奠定了基础。

2）生态环境损害成本评估

问卷采用支付卡式引导方式，核心问题如下：对于围填海造地造成的生态环境影响，询问被调查者对恢复生态环境每年最多愿意支付多少人民币？

对被调查者支付意愿进行统计，为降低人们不结合实际给出较大支付意愿对于平均支付意愿的影响，我们将最大值设为 1000 元，超过 1000 的都按 1000 计算。被调查者支付意愿频数统计结果见表 7-11。通过离散变量 WTP 的数学期望公式，计算愿意支付人群的平均支付意愿：

$$E_1(\text{WTP}) = \sum_{i=1}^{n} A_i P_i = 247.53 \ \text{元/（人·a）} \tag{7-9}$$

式中，A_i 为支付意愿数额；P_i 为愿意支付人群选择该数额的概率；n 为可供选择的数额数，这里 n=28 个。

表 7-11 支付意愿频数统计

金额	频数	比例（%）	有效比例（%）	累积有效比例（%）	金额	频数	比例（%）	有效比例（%）	累积有效比例（%）
2	9	1.46	1.84	1.84	100	96	15.61	19.59	61.22
5	14	2.28	2.86	4.70	120	14	2.28	2.86	64.08
10	26	4.23	5.31	10.01	140	5	0.81	1.02	65.10
20	29	4.72	5.92	15.93	160	1	0.16	0.20	65.30
25	8	1.30	1.63	17.56	180	2	0.33	0.41	65.71
30	14	2.28	2.86	20.42	200	29	4.72	5.92	71.63
35	4	0.65	0.82	21.24	300	17	2.76	3.47	75.10
40	7	1.14	1.43	22.67	350	5	0.81	1.02	76.12
45	3	0.49	0.61	23.28	400	11	1.79	2.24	78.36
50	40	6.50	8.16	31.44	500	36	5.85	7.35	85.71
55	1	0.16	0.20	31.64	600	7	1.14	1.43	87.14
60	11	1.79	2.24	33.88	800	7	1.14	1.43	88.57
70	7	1.14	1.43	35.31	1000	56	9.11	11.43	100
80	17	2.76	3.47	38.78	0	125	20.33		
90	14	2.28	2.86	41.63	合计	615	100	100	100

总支付意愿计算公式为

$$T_1(\text{WTP}) = E_1(\text{WTP}) \times p_y \times P \tag{7-10}$$

式中，$T_1(\text{WTP})$ 为公众对胶州湾围填海造地生态环境破坏进行恢复的总支付意愿；$E_1(\text{WTP})$ 为公众对胶州湾围填海造地生态环境破坏进行恢复的平均支付意愿；p_y 为愿意支付人口比例；P 为研究区域人口总数。将 2011 年胶州湾地区（市南区、市北区、四方区、李沧区、黄岛区、城阳区、胶州市、胶南市）417.02 万总人口作为支付群体进行计算，根据式（7-10）得公众对胶州湾围填海造地生态环境破坏进行恢复的总支付意愿为 8.22 亿元/a。

公众对胶州湾围填海造地生态环境破坏恢复的总支付意愿即围填海生态环境损害

总成本，则单位面积围填海造地的生态环境损害成本为

$$AC = T_1(WTP)/S \tag{7-11}$$

式中，AC 为单位面积围填海造地的生态环境损害成本；S 为围填海面积。截至 2010 年底，胶州湾围填海面积 22 480hm^2（吴桑云，2011），则胶州湾围填海的生态环境损害成本为 3.66 万元/hm^2，该估算结果是年生态环境损害成本。由于在管理实践中，生态损害补偿金一般是一次性征收，可以通过永续年金公式将年生态环境损害成本转化为一次性成本，按照资源一次性折耗对其进行折现，计算公式为

$$P = \frac{AC}{r} \tag{7-12}$$

式中，P 为围填海造地生态环境损害成本，单位是万元/hm^2；r 为折现率，取 4.3%，

根据式（7-12），胶州湾围填海造地生态损害成本为 85.12 万元/hm^2。

为进一步了解支付意愿的影响因素，采用以下模型进行回归估计：

$$\log WTP_i = \beta_0 + \beta_1 A_i + \beta_2 S_i + e_i \tag{7-13}$$

式中，WTP_i 是被调查者 i 的支付意愿；A_i 为被调查者对于围填海的认识和态度，包括是否知道围填海的负面影响、围填海的结果和对围填海的态度；S_i 为被调查者的社会经济特征，包括性别、年龄、受教育程度、职业、月收入和在青岛居住时间；β_0、β_1、β_2 为相应的系数；e_i 为随机干扰项，假设其满足基本假设。回归结果如表 7-12 所示。

表 7-12 支付意愿影响因素回归结果

变量	系数	t	P
常数项	2.269	3.475	0.0006
是否知道围填海的负面影响	0.314	1.783	0.075
围填海的结果	0.36	3.26	0.001
对围填海的态度	−0.035	−0.362	0.717
性别	0.16	1.049	0.295
年龄	−0.096	−1.113	0.266
受教育程度	0.24	2.466	0.014
职业	0.056	1.842	0.066
月收入	0.118×10^{-3}	2.796	0.0054
在青岛居住时间	0.468×10^{-3}	0.068	0.946

由表 7-12 可知，围填海的结果、受教育程度和月收入在 5%以内显著，对支付意愿影响显著，且呈正相关关系；被调查者是否知道围填海的负面影响和职业在 10%以内显著，也与支付意愿呈正相关关系。

此外，对于愿意支付人群的支付方式进行了调查，结果显示 36.32%愿意以纳税方式进行支付，33.33%选择捐赠给非政府组织，18.91%选择捐赠给市政府；而对于不愿意支付的原因，54.81%认为已经纳税因此应由政府管理，41.01%担心费用无法用于保护，仅有 14.18%认为与本人无太大利害关系。

3) 结论与讨论

综上可以看出，公众认为长期以来胶州湾围填海造地对胶州湾的资源和生态环境造成了影响，而且这些影响对社会公众利益产生损害，因而公众对生态环境的恢复愿意做出支付，总支付意愿为 8.22 亿元/a，单位面积围填海的生态环境损害成本为 3.66 万元/（hm²·a），对年生态环境损害成本折现（折现率取 4.3%），得到胶州湾围填海造地的生态环境损害成本是 85.12 万元/hm²。

由此可见，虽然围填海造地解决了土地供应的不足、拓展了沿海地区的社会经济发展空间，但是由于其对海洋自然属性的完全转变，给沿海地区自然资源的休闲娱乐功能、环境容量功能和生态调节功能的作用都造成不利影响，也影响了公众的生活福利水平，因而是一种生态环境损害成本。

当然，测算结果可能存在一定的误差。用意愿调查法评估生态环境损害成本的缺陷在于它依赖人们的看法，而不是市场行为。回答中会有大量偏差，主要是人们对生态环境的问题认识不够、支付能力有限、对意愿调查法调查手段不适应等，这些因素的存在可能会使得居民对生态环境修复的支付意愿普遍偏低，这就导致最终估计结果也可能低估了胶州湾围填海造地生态环境损害成本。但是，作为一种对非市场化的环境物品和服务进行估价的相对直接的方法，通过意愿调查法评估胶州湾围填海造地生态环境损害成本还是很有意义的。

7.3.2.2 基于选择实验法的胶州湾围填海造地生态环境损害成本评估

1) 方法原理

选择实验法于 20 世纪 90 年代末才被农业经济学家和资源环境经济学家采用进行消费者行为分析，并在此基础上评估非市场价值。选择实验法通过给被调查者提供不同属性状态组合而成的选择集，让其从中选择自己最偏好的替代情景（徐中民等，2003b），进而借助模型估计得到各个属性的价值及生态环境物品的总经济价值（张小红，2012）。与假想市场法中的意愿调查法相比，选择实验法具有诸多优点：①选择实验法具有选择行为分析的特点，因此，具备极强的理论基础（樊辉和赵敏娟，2013）；②选择实验法为被调查者提供了不同属性权衡的更深层次理解机会，能够获得被调查者更多的信息，减少条件价值法造成的潜在偏差（闻德美等，2014）；③选择实验法既可获得生态环境物品各属性的 *WTP/WTA* 及其相对重要性排序，又可评估多个属性同时变化时评估对象的价值变化，有助于政策调整（樊辉和赵敏娟，2013）。

选择实验法主要依据两个基本原理，一是 Lancaster（1966）的要素价值理论，二是 Luce（1959）和 McFadden（1974）提出的随机效用理论。要素价值理论认为每一种物品均可被一组属性及不同属性水平来描述，选择实验法正是基于该理论观点来确定研究对象的属性水平组合，进而形成不同的选择集。根据随机效用理论，被调查者对几种最佳组合方案的选择就是其追求效用最大化的结果，从而将选择问题转化为效用比较问题（樊辉和赵敏娟，2013），具体模型公式如下。

被调查者 n 从 j 个选项中选择 i 选项获得的效用可以表示为

$$U_{ni}=V_{ni}+\varepsilon_{ni} \tag{7-14}$$

式中，U_{ni} 是选择效用；V_{ni} 是可观测效用；ε_{ni} 是随机效用，即不可观测效用。

假设随机效用 ε 服从 Gumbel 分布和独立同分布，则可应用多元 logit 模型来表示可观测效应 V_i：

$$V_i=\text{ASC}+\sum \beta Z+\sum \theta X+\sum \varphi Z\cdot X+\sum \lambda \text{ASC}\cdot X \tag{7-15}$$

式中，**ASC** 为特定备择系数，表示维持现状的基准效用；Z 表示不同的选择属性；β、θ、φ、λ 是估计系数；X 为个人特征向量；$Z\cdot X$、$\text{ASC}\cdot X$ 为交互效应的向量。

在多元 logit 模型估计的基础上，生态环境物品各个属性的边际支付意愿（marginal willingness to pay，MWTP）可表示为

$$\text{MWTP}=-\frac{\beta_P}{\beta_T} \tag{7-16}$$

式中，β_P 和 β_T 分别为生态环境物品属性项的估计系数和价格项的估计系数。进而可以得到生态环境物品的补偿剩余（compensating surplus，CS）：

$$\text{CS}=-\frac{1}{\beta_T}\Big[\ln\Big(\sum e^{V_0}\Big)-\ln\Big(\sum e^{V_1}\Big)\Big] \tag{7-17}$$

式中，V_0 为初始效用；V_1 为最终效用。

选择实验法的应用通常分为以下 6 个步骤（Hanley et al.，1998；Luce，1959）。

（1）确定属性和状态值：通过查阅文献、咨询专家和实地调研等方式，将所要研究的生态环境物品直观地描述为若干属性特征的组合，并给每种属性赋予几种不同的状态水平值。

（2）设计实验问卷：依据所确定的属性及其状态值，应用实验设计程序（通常采用正交试验设计）构造多个替代情景，并将不同的替代情景组合形成多个选择集，让被调查者从选择集中选出自己最偏好的替代情景。

（3）确定抽样规模：通常考虑状态值是否精确和数据收集成本来决定抽样规模。

（4）实施调研：由于选择实验法问卷较为复杂，因而通常采取面对面的调查方式，以保证调研数据的质量。

（5）模型估计：根据问卷调查结果，通过 MNL 模型，采用最大似然估计法进行数据分析。

（6）结果分析：根据模型估计得到变量估计系数，求得各属性的边际支付意愿（MWTP）及该生态环境物品的总经济价值。

2）问卷设计与调查

通过实地问卷调查，从测算公众对湿地生态损害进行恢复的支付意愿角度出发，评估围填海造地生态环境损害成本。设计选择实验调查问卷的首要工作是确定生态环境物品的属性及其状态水平。参照 Westerberg 等（2010）和 Kaffashi 和 Sharnsudin（2012）关于湿地选择属性的划分，结合胶州湾湿地的具体情况，通过专家咨询方式，确定了胶州湾湿地的属性、状态水平及其解释，见表 7-13。其中，价格属性（支付额）的确定参

考了近年来国内意愿调查法调查中有关湿地保护的居民支付意愿情况（赵成章等，2011；于文金等，2011；Bennet and Russell，2001；McFadden，1974）。表 7-14 中，4 个生态修复属性的最差状态水平代表湿地的现状水平，另外，本小节将湿地修复到 1950 年基准水平，即大规模围填海损害前的水平（俞玥和何秉宇，2012；敖长林等，2010），作为每个属性的最优状态水平。

表 7-13　胶州湾湿地的属性、状态水平及其解释

属性	状态水平	解释
湿地面积	增加	恢复湿地受损面积
	不增加*	对受损面积不进行恢复
植被覆盖率	高	湿地植被覆盖率达到90%以上
	中	湿地植被覆盖率达到70%左右
	低*	湿地植被覆盖率低于50%
湿地水质	优质	湿地的水环境质量达到优质水平
	一般	湿地的水环境质量达到中等水平
	较差*	湿地的水环境质量处于较差水平
生物多样性	高	湿地物种种类恢复至受损前的基准水平
	中	湿地物种种类恢复至基准水平的70%左右
	低*	湿地物种种类低于基准水平的50%
支付额（元/a）	0*，50，100，200	每户每年支付的费用

* 湿地各项属性当前（被围垦后）所处的状态水平

表 7-14　湿地修复选择集示例

要素	方案 A	方案 B	维持现状
湿地面积	增加	不增加	不增加
植被覆盖率	低	高	低
湿地水质	良好	较差	较差
生物多样性	中	高	低
支付额（元/a）	50	100	0
我选择	□	□	□

根据表 7-13 中胶州湾湿地的属性及其状态水平，按照全要素组合设计，一共产生 162（即 $3^4 \times 2$）种方案。为保证问卷完成的质量并减轻被调查者的负担，借助 SAS 统计软件，通过部分因子试验设计得到 18 个选择集，并随机分成 3 组，每个被调查者做一组，即进行 6 次选择。因此，只需设计 3 个不同版本的调查问卷（每个问卷除 6 个选择集不同外，其余内容均相同）就可以涵盖全部 18 个选择集。湿地修复选择集示例见表 7-14，每个选择集包含一个现状方案及两个修复方案。其中，现状方案指不进行湿地修复（支付额为 0 元/a），即胶州湾湿地 4 个属性维持在当前的状态水平；修复方案指经过 10 年的修复期，湿地各项属性在 2024 年所达到的状态水平及居民需要为此支付的费用。

在多次预调查的基础上，经反复斟酌修正，最终确定问卷内容。问卷共有 4 个部分：

第一部分是对胶州湾湿地功能及围填海规模进行简单的介绍；第二部分是关于被调查者对于胶州湾湿地围填海的认知情况；第三部分是问卷的核心部分，即 6 个选择集的选择问题；第四部分是对被调查者个人信息的收集，包括性别、年龄、收入、职业等。

经过对问卷调查人员的先期培训，由中国海洋大学 2011 级海洋经济学本科生和部分区域经济学研究生组成的调查小组于 2014 年 3～4 月对青岛市的本地居民进行随机抽样调查，调查地点涵盖市北区、李沧区、城阳区、崂山区和市南区 5 个区，调查对象既包括狭义的湿地附近居民（如李沧区、城阳区、市北区），又包括广义的青岛地区居民（如崂山区、市南区），调查方式采取面对面发放问卷的方式。调查问卷共发放 293 份（3 个版本问卷平均分配，每个版本的问卷约 98 份），其中有效问卷 266 份，问卷有效率为 90.78%。依据 Bennet 和 Russell（2001）的观点，选择实验法所需的样本规模取决于问卷中状态值的精确程度（Luce，1959），据此参考 Scheaffer 等（1979）提出的样本计算公式（李京梅和刘铁鹰，2012），结合抽样总体（即胶州湾地区的居民户数），得到在误差设定为 0.06 时所需的抽样样本数为 270 份左右，因此本小节的问卷发放量基本达到了选择实验法对样本规模的具体要求。

3）结果与实证分析

A. 居民认知情况调查结果

关于居民对胶州湾湿地认知情况的调查统计结果参见表 7-15。结果表明，多数被调查者对于湿地的生态功能和湿地对自身的福利影响有一定的感性认识，并且意识到了胶州湾围填海活动对湿地生境的破坏。因此，被调查者能够针对湿地生境质量的变化表达自己的真实偏好和支付意愿。

表 7-15 居民对胶州湾湿地的认知情况

基本问题	选项	比例（%）
您是否了解湿地的生态功能	非常了解	8.65
	了解一些	78.57
	完全不了解	12.78
您认为胶州湾湿地对生活福利的影响程度	影响较大	25.56
	影响一般	54.51
	基本没影响	19.93
您认为围填海对胶州湾湿地生境的影响程度	影响严重	56.39
	影响一般	35.34
	基本没影响	8.27

B. 模型估计

本次调查有 3 种拒付情况。情况 1：12 位被调查者面对 6 个选择问题时都选择了现状方案，表现出零支付意愿。其中，有 2 名被调查者表示虽支持进行湿地生态环境修复，但是因费用太高而拒绝支付。情况 2：9 名被调查者认为保护湿地的责任应该由政府承担，不属于个人责任。情况 3：1 名被调查者则表示不关心湿地的修复工作。情况 1 属于真实零支付，情况 2 和情况 3 则属于抗拒性零支付。

在对属性状态值及被调查者个体特征变量进行虚拟赋值的基础上，使用 EViews 统计软件，运用两个不同的 MNL 模型对统计结果进行计量分析。其中，模型 1 仅考虑选择方案的属性及其状态水平；模型 2 则引入性别、年龄、家庭年收入等个体特征，用于研究被调查者个体特征对选择结果的影响。计量结果（表 7-16）表明，模型 1 和模型 2 中湿地面积、植被覆盖率、湿地水质、生物多样性及支付额 5 个属性均在 0.1%的水平上显著，说明两个模型拟合程度均较好。最大似然估计方法（maximum likelihood estimate）是似然的自然对数形式，它的取值在 [−∞, 0]，并且值越大说明模型拟合的效果越好。对比可知，模型 2 的拟合程度优于模型 1。两个模型中湿地面积、植被覆盖率、生物多样性和湿地水质 4 项属性与效用正相关，而支付额与效用负相关。模型 2 的结果表明，在引入的被调查者个体特征中，受教育程度、家庭年收入和对湿地的了解程度对选择效用表现出一定的显著效果，而其他个体特征则不显著。具体来看，受教育程度较高的居民对湿地修复有较高的支持；年收入较高的居民，其湿地修复意愿也更为强烈；但是被调查者对湿地的了解程度与修复意愿负相关，其原因可能在于，对湿地生态功能越了解的居民，对湿地修复效果的要求也越高，从而会拒绝部分不满意的修复方案，导致负相关。

表 7-16　MNL 计量结果

变量	模型 1		模型 2	
	系数	标准差	系数	标准差
ASC	−1.4183*	0.0545	−1.6419*	0.2632
湿地面积	0.8622***	0.0755	0.9146***	0.0753
植被覆盖率	0.4182***	0.0479	0.4556***	0.0480
湿地水质	0.7361***	0.0490	0.7637***	0.0492
生物多样性	0.3818***	0.0513	0.3993***	0.0514
支付额	−0.0088***	0.0001	−0.0078***	0.0001
ASC_性别			−0.0301	0.0788
ASC_年龄			0.0003	0.0355
ASC_受教育程度			0.0193*	0.0269
ASC_家庭人口			0.0057	0.0362
ASC_家庭年收入			0.4005**	0.0439
ASC_对湿地的了解程度			−0.0024*	0.0867
对数似然函数值	−2675.660		−2609.474	
LR 统计量概率	0.0000		0.0000	

***、**和*分别表示在 0.1%、1%和 5%水平下显著

C. 属性价值核算

根据式（7-16）可以求得居民对湿地不同属性进行修复的支付意愿水平，即属性价值，见表 7-17。可以看出，模型 1 和模型 2 关于属性价值的测算结果有一定差异，但是从各个属性的相对重要性（居民的偏好程度）来看，两个模型所得的结果具有一致性：从高到低依次为湿地面积、湿地水质、植被覆盖率和生物多样性。以模型 1 为例，每户居民每年愿意支付 97.98 元用以增加湿地面积，支付 83.65 元来改善湿地水质，而湿地

植被修复和生物多样性改善的支付意愿仅约为增加湿地面积的一半，每户居民每年分别愿意支付 47.52 元和 43.39 元。

表 7-17　胶州湾湿地的属性价值　　　　　　　　　（单位：元）

属性	模型 1	模型 2
湿地面积	97.98	117.26
植被覆盖率	47.52	58.41
湿地水质	83.65	97.91
生物多样性	43.39	51.19

湿地面积之所以成为居民关注的重点，其原因可能与人们对湿地保护的直观印象、感受有关，因为围填海造成的最直接的损害就是湿地面积的减少和湿地自然景观的消失。湿地水质与湿地植被、生物多样性相比得到了居民更多的重视，其原因可能有以下两点：一方面，胶州湾滨海湿地位于海陆交界处，其水质状况直接影响滨海湿地周边的居住环境和自然景观；另一方面，湿地的水质情况还与湿地的经济产出如贝类、虾蟹类及其他养殖产品的产量和质量直接相关，因而受到当地居民的更多关注。

4）湿地围填海生态效益损失评估

假设在 2024 年，胶州湾湿地修复工作预期达到的目标是各个属性恢复至 1950 年大规模围填海损害前的基准水平，即实现湿地面积增加、植被覆盖率达到 90% 以上、湿地水质良好及生物多样性恢复至基准水平。根据 MNL 模型的估计结果，运用式（7-17）可求得为实现该目标所实施方案的补偿剩余，即居民总的支付意愿。在模型 1 的参数估计结果下得到的每户居民支付意愿为 285.92 元/a，在模型 2 的参数估计结果下得到的每户居民支付意愿为 321.78 元/a。

依据拟合程度更好的模型 2 的计量结果，将 2011 年胶州湾地区（市南区、市北区、李沧区、黄岛区、城阳区、胶州市）249.27 万户居民作为支付群体进行计算，去除 4.35% 的零支付比率，得到胶州湾湿地围填海的生态效益损失约为 7.67 亿元/a。1922～2010 年胶州湾围填海面积为 22 480hm^2（吴桑云，2011），据此得到胶州湾围填海造地的生态环境损害成本，为 3.41 万元/hm^2，该估算结果是年生态环境损害成本。通过年金公式将年生态环境损害成本转化为一次性成本，r 为折现率，取 4.3%，得到胶州湾湿地围填海造地的生态环境损害成本为 79.30 万元/hm^2。

5）结论

本小节以胶州湾为例，运用选择实验法定量测算了湿地修复中不同属性的价值，并进一步估算出湿地围填海造地的生态效益损失和提出湿地修复的优选方案。该研究结果可为湿地生态补偿管理政策的制定和实施提供参考依据。

（1）问卷调查统计结果表明，多数胶州湾居民对于湿地有一定的了解，认识到了当前湿地生态服务功能因大规模围填海开发而退化的严峻形势，对湿地属性的修复具有一定的支付意愿。在模型 2 的估计结果下，从支付意愿角度评估的湿地生态效益损失约为 7.67 亿元/a，说明虽然围填海促进了地方的经济发展，但同时也对湿地造成了巨大的生态环境损失。

（2）相比于模型1，引入了被调查者个体特征的模型2拟合程度更好，能够更合理地解释居民的选择行为。模型2的实证结果表明，居民个体特征中受教育程度、家庭年收入及对湿地的了解程度对居民的选择结果影响显著，其中受教育程度和家庭年收入与修复意愿正相关，而对湿地的了解程度与修复意愿负相关。

（3）对比属性价值可以看出，居民对湿地各项修复属性的重视程度依次是湿地面积、湿地水质、植被覆盖率和生物多样性。根据拟合程度更好的模型2，湿地面积的属性价值最大，湿地水质次之，两者的属性价值相差约19.35元；但是，湿地植被和生物多样性属性却仅约为湿地面积属性价值的一半，且两者的属性价值相差不大。因此，今后政府制定修复政策的重点是严格控制胶州湾湿地的围垦活动，建立浅滩湿地恢复与补水工程，加快建立湿地保护区或湿地公园，恢复湿地面积；同时有重点地开展湿地水质、植被和生物多样性的修复工作，如通过人工曝气、底泥疏浚、土壤修复等手段改善湿地水质状况及借助物种选育和培植、物种保护、群落演替控制与修复等技术恢复受损植被和生物种群。

虽然选择实验法相比于条件价值法能够更加科学、准确地评估居民的支付意愿及修复属性偏好，但仍有部分不确定因素可能影响评估结果的准确性：①选择实验法同样面临条件价值法所固有的假想偏差问题。由于在问卷调查中被调查者做出的选择并非真正的市场行为，即被调查者无须真实地履行其选择，因而他们往往高估自己的支付意愿，从而导致评估结果被高估。目前，有国外学者通过在调查问卷中引入廉价磋商（cheap talk）来减少这一误差（List et al.，2006；Lusk and Schroeder，2004；Murphy and Stevens，2005）。②湿地围填海的具体用途也可能影响支付意愿结果，如当围填海造地用于建造为居民提供休闲娱乐服务的生态公园时，部分居民可能在一定程度上接受围填海活动，从而导致支付意愿减少。③相比于条件价值法，选择实验法在问卷设计方面更为复杂（Hoyos，2010），如何使被调查者在面对复杂的选择问题时能充分理解其中的含义，并引入廉价磋商来减少支付意愿误差，确保问卷的回答质量，将是未来研究的重点问题。

7.3.3　基于生态修复原则的生态环境损害成本测算

生态修复是根据资源受损程度在合理范围内选择修复工程或替代资源以使其资源规模或服务水平达到受损资源原有规模或服务水平的补偿行为。该方法能避免获取经济损失尤其是非使用价值损失有效评估的困难，符合生态补偿的目的。美国自然资源损害评估框架强调通过实物生态修复项目实现公共补偿，并在有关法律中做出了明确规定。基于生态修复原则的损害评估方法为资源等价分析法或生境等价分析法。目前在国内，资源等价分析法在围填海生态损害评估的应用中，无论是理论探讨还是实证验证方面鲜有系统研究。本小节首次尝试使用该方法对胶州湾围填海造地的生态环境损害成本进行评估，将生态修复工程的成本等价为受损资源环境的价值，从修复的角度为围填海造地的生态环境损害成本的评估提供技术支持和方法参考。

基于第6章第3节资源等价分析法的基本原理，胶州湾围填海造地生态环境损害成本评估步骤如下。

7.3.3.1 识别受损的资源及其服务

自 20 世纪初至今，胶州湾的围填海造地一直持续进行，从开辟盐田和虾池到修路与建造厂区，长期的大规模围填海直接导致胶州湾海域面积缩小。1958 年胶州湾海域面积为 53 500hm²，2005 年减少到 35 890hm²，近 50 年来胶州湾总面积减少了 33%。海域面积的减少不仅致使鱼虾和贝类生长、繁殖的空间丧失，还导致胶州湾海洋生物种类减少、水动力减弱、水体交换和挟沙能力下降。本小节根据王翠（2009）、余静等（2007）、马妍妍（2006）等 2020～2005 年胶州湾面积变化研究成果，识别并归纳了同期胶州湾的面积及围填海造地对生态环境的影响，见表 7-18 和表 7-19。

表 7-18 2002～2005 年胶州湾的面积　　　　　（单位：hm²）

年份	面积
2002	36 340
2004	36 240
2005	35 890

数据来源：王翠（2009）；余静等（2007）；马妍妍（2006）

表 7-19 2002～2005 年围填海造地对胶州湾生态环境的影响

海岸带资源种类		围填海造地工程的影响	围填海面积（hm²）	受损面积（hm²）	受损程度（%）
物质资源	底栖生物	围填海区域悬浮物的沉积会影响附近海域的底栖群落	450	450	100
	浮游生物	围填海区域的悬浮泥沙会引起海域局部水域水质浑浊，使光线透射率下降，溶解氧降低，对浮游动物和浮游植物产生不同程度的影响	450	450	100
环境容量资源	水质	围填海区域附近的水质降低	450	45	10
	纳潮量	围填海后纳潮量降低，海水动力减弱，纳潮水域面积减少	450	225	50
空间资源	海水养殖	围填海区域将无法进行养殖活动	450	450	100
	景观	自然生态景观消失	450	450	100
生态调节及生境维持	湿地（调节气候、物种多样性维持）	湿地资源是重要的鸟类栖息地，围填海会造成破坏，且局地气候将发生改变	450	340	75.6

资料来源：王翠（2009）；余静等（2007）；马妍妍（2006）；张绪良和夏东兴（2004）

2002～2005 年胶州湾围填海工程的损害开始时间、基准服务水平等参数如表 7-20 所示。以面积法计算胶州湾资源和生态环境受损程度，如下所示：

$$\theta = \frac{1}{n} \times \sum_{i=1}^{n} \frac{D_i}{X_i} = \frac{1}{7} \times 5.356 = 76.5\% \tag{7-18}$$

式中，θ 表示胶州湾资源和生态环境受损程度；X_i 代表 2002～2005 年胶州湾围填海面积，共为 450hm²；D_i 代表受损总面积；n 为海岸带受损资源种类，包括底栖生物、浮游生物、水质等 7 类资源，i 为某类受损资源（i=1，2，…，n）。

表 7-20　受损资源、生态系统服务与修复工程提供服务的比较

受损		修复	
损害开始时间	2002 年	修复工程的开始时间	2006 年
基准服务水平（%）	100	达到最大服务水平的时间	2010 年
服务功能损害程度（%）	76.5	停止提供服务时间	2020 年
自然恢复开始时间	2005 年	初始服务水平（%）	0
自然恢复完成时间	2015 年	最大服务水平（%）	100
受损总面积（hm²）	450	折现率（%）	4

7.3.3.2　确定补偿性修复工程及其提供的服务

按照资源等价分析法的基本原理，对于围填海造地对资源和生态环境的破坏，需要确定一个适当的修复工程，该修复工程的目标是提供与所受损的资源相同的资源，或者提供与受损的生态环境相同的服务。由于人工湿地具有提供重要物种栖息地、消除和转化污染物、减缓水流风浪侵蚀、保护堤岸、提供旅游和娱乐场所等功能（张绪良，2004），因此将其作为修复工程。修复工程的目标是使其带来的资源和生态环境收益的总价值能够弥补由损害导致的资源和生态系统服务的损失价值，修复工程提供的资源和生态服务详见表 7-21。修复工程开始时间为 2006 年，初始服务水平为 0，达到最大服务水平 100%的时间为 2010 年，之后仍提供 10 年服务，即 2020 年停止提供服务，见表 7-20。

表 7-21　人工湿地修复工程提供的资源和生态系统服务

海岸带资源	修复种类	修复工程提供的服务
物质资源	浮游生物	可以保证一些浮游生物的生存栖息
环境容量资源	水质	改善水体环境质量
	纳潮量	增加水动力循环和纳潮量
空间资源	人工景观	可以发展旅游业
	海水养殖	发展养殖业，提供某些重要鱼种的生存场所
	调节局地气候	对周边气候进行调解
生态服务资源	生物多样性	维持生物多样性
	生物栖息场所	提供重要物种的生存环境

7.3.3.3　确定使资源和生态环境损失成本与资源和生态环境收益总价值相等的修复规模

采用 NOAA 的相关计算模型（Steven，2007），在假设线性均匀变化的前提下，即资源和生态环境修复中的收益是均匀发生的，确定修复规模的计算公式如下：

$$S = Q \times \frac{V_i}{V_p} \times \frac{\sum_{t=N}^{M}(1+r)^{c-t} \times \dfrac{b_j - 0.5(x_{t-1}^j + x_t^j)}{b_j}}{\sum_{t=I}^{L}(1+r)^{c-t} \times \dfrac{0.5(x_{t-1}^p + x_t^p) - b_p}{b_j}} \tag{7-19}$$

式中，S 为修复规模，单位是 hm^2；x_t^j 为 t 时期末每单位受损伤资源 j 提供的服务水平；x_t^p 为 t 时期末每单位（面积）修复工程 p 提供的服务水平；b_p 为在修复工程地点资源提供服务的初始水平；b_j 为资源受损后提供的服务基准；V_i 为每单位（面积）受损资源提供服务的价值（基准服务水平）；V_p 为每单位（面积）修复工程提供服务的价值；Q 为 2002~2005 年胶州湾围填海造地总面积（hm^2）；r 为损害开始到恢复结束时期的折现率；c 为损害或修复发生的基准时间；t 为所计算的目标时间；N 为损害开始的时间；M 为自然恢复完成的时间；I 为修复工程开始的时间；L 为修复工程结束的时间。

假定 $V_i=V_p$，即修复工程提供的资源或生态系统服务水平等于受损的资源或生态系统服务水平，其余参数的取值说明见表 7-22。

表 7-22　修复规模参数取值说明

参数	取值	参数	取值
t 时期末每单位受损伤资源提供的服务水平 x_t^j	$x_t^j = b_j - t\dfrac{b_j}{T}$ 其中，T 表示受损期限	在修复工程地点资源提供服务的初始水平 b_p	0
t 时期末每单位修复工程提供的服务水平 x_t^p	$x_t^p = \dfrac{1}{M} \times t$ 其中，M 表示修复年限	折现率 r（%）	4
受损伤资源提供的最低服务水平	$1-\theta = 23.5\%$		

根据式（7-19）计算可得，人工湿地修复工程面积为 $226.24hm^2$。由于人工湿地修复工程成本为 125 万元/hm^2，因此修复工程的总成本为 2.83 亿元，该成本即为被填海域生态环境损害总成本。

$$P = S \times J \times 10^{-4} = 226.24hm^2 \times 125 \text{ 万元}/hm^2 \times 10^{-4} = 2.83 \text{ 亿元} \tag{7-20}$$

式中，P 为被填海域的生态环境损害成本，单位是亿元；J 为修复工程成本，单位是万元/hm^2；S 为修复规模，单位是 hm^2。

2002~2005 年胶州湾围填海造地总面积为 $450hm^2$，则围填海造地生态环境损害成本为 62.89 万元/hm^2。

7.3.3.4　敏感性分析

资源等价分析法是把未来的损失与收益进行折现，以一定规模修复工程提供的服务和受损工程资源基准服务水平相等为前提，而折现率、工程开始时间、达到最大服务水平所需时间、达到最大服务水平后仍提供服务的时间长短都会对修复工程的规模产生影响。以表 7-20 中的受损和修复参数为基础，采取单一变动法，分析各因素对修复规模影响的不确定性，其中修复系数、受损系数计算公式如下：

$$修复系数 = \sum_{t=l}^{L}(1+r)^{c-t} \times \frac{0.5(x_{t-j}^{p}+x_{t}^{p})-b_{p}}{b_{j}} \tag{7-21}$$

$$受损系数 = \sum_{t=N}^{M}(1+r)^{c-t} \times \frac{b_{j}-0.5(x_{t-1}^{j}+x_{t}^{j})}{b_{j}} \tag{7-22}$$

依据表 7-20 设定的损害和修复参数，表 7-23 给出了折现率对修复规模影响的敏感性分析。由表 7-23 可知，不同折现率水平下，修复工程的规模存在较大差异，且折现率与修复规模呈正相关关系。表 7-24 是折现率为 4%、修复工程从开始提供服务直到达到最大服务水平所需时间为 4 年、修复工程达到最大服务水平后仍提供服务的时间为 10 年时，修复工程开始时间对修复规模影响的敏感性分析。由表 7-24 可知，修复工程开始时间将影响修复规模的大小，修复开展得越早，所需修复规模越小。表 7-25 是折现率为 4%、修复工程开始时间和停止提供服务时间分别为 2006 年和 2020 年时，修复工程达到最大服务水平时间对修复规模影响的敏感性分析。由表 7-25 可知，修复工程达到最大服务水平的时间与修复规模呈正相关关系，所需时间越长，则修复规模越大。表 7-26 是折现率为 4%、修复工程开始时间和达到最大服务水平时间分别为 2006 年和 2010 年时，修复工程后期提供服务的时间对修复规模影响的敏感性分析。由表 7-26 可知，修复规模持续时间对修复规模影响十分显著，且持续时间与修复规模呈负相关关系。

表 7-23　折现率对修复规模影响的敏感性分析

折现率（%）	修复系数	受损系数	修复工程面积（hm²）	单位成本（万元/hm²）
3	9.19	4.32	211.72	58.81
4	8.23	4.14	226.24	62.84
5	7.39	3.96	241.43	67.06
7	5.99	3.65	273.9	76.08
9	4.91	3.37	309.21	85.89

表 7-24　修复工程开始时间对工程规模影响的敏感性分析（折现率 4%）

修复工程开始年份	修复系数	受损系数	修复工程面积（hm²）	单位成本（万元/hm²）
2005	8.56	4.14	217.53	60.43
2006	8.23	4.14	226.23	62.84
2007	7.91	4.14	235.29	65.36
2009	7.32	4.14	254.48	70.69
2011	6.77	4.14	275.25	76.46

由上述敏感性分析可知，当资源或生境受到损害时，尽早开展修复工程，且通过有效管理，令修复工程在较短时间内达到最大服务水平及令修复工程能够长久地提供服务，那么将较大程度地减少所需修复规模，这对于受损资源和生态环境的补偿具有重要意义。

表 7-25　修复工程达到最大服务水平时间对修复规模影响的敏感性分析（折现率 4%）

修复工程达到最大服务水平所需时间（年）	修复系数	受损系数	修复工程面积（hm²）	单位成本（万元/hm²）
2	9.04	4.14	206.05	57.24
3	8.63	4.14	215.8	59.94
4	8.23	4.14	226.24	62.84
5	7.84	4.14	237.42	65.95
7	7.1	4.14	262.4	72.89
9	6.39	4.14	291.53	80.98

表 7-26　修复工程达到最大服务水平后仍提供服务的时间对修复规模影响的敏感性分析（折现率 4%）

修复工程达到最大服务水平后仍提供服务的时间（年）	修复系数	受损系数	修复工程面积（hm²）	单位成本（万元/hm²）
0	2.3	4.14	808.02	224.45
5	5.56	4.14	335.07	93.08
10	8.23	4.14	226.24	62.84
20	12.23	4.14	152.2	42.28
永久提供	20.57	4.14	90.51	25.14

围填海造地对生态环境的损害是指造成生态环境服务功能的减弱或丧失，将虚拟的人工湿地作为修复工程评估 2002～2005 年胶州湾围填海造地的生态环境损害，得出的工程修复成本为 62.89 万元/hm²，即胶州湾围填海造地单位面积生态环境损害成本。

综上所述，资源等价分析法的目标在于保持生态功能的基准水平不变而不是人们福利水平的不变，充分体现生态补偿的本质要求，使用该方法计算生态环境损害成本具有两个优点：①将受损的自然资源、生态系统恢复到没有受损时的状态是一个非常合理的目标，容易被接受；②修复避开了受损自然资源服务价值损失的评估，进而避开了经济价值损失评估方法的一些问题和困难。但是该方法的使用也有很多局限性，包括怎样确定基准状态资源，人工修复是否能使资源和生态系统功能达到基准状态，什么时候达到原有的资源或生态系统服务水平，这些问题的确定是非常困难的。但是资源等价分析法避免了按生态系统服务功能分类的价值评估中的交叉重复和替代价格选择的随意性问题，考虑了生态损害中的动态性问题，补偿计划可以是真实的也可以是虚拟的，在资源和生态损害经济评估中具有很大的优势，计算结果也能指导生态修复工程的实施，为我们建立并实际测算生态环境价值损失的方法提供了可操作性的技术依据。

7.4　胶州湾围填海造地资源折耗成本测算

围填海造地的资源折耗成本可通过使用者成本法进行计算。被填海域资源收益是一个关键指标，根据式（6-17），被填海域资源收益 R 应为海域资源影子价格收益，即资源得到最优配置使社会总效益最大时，该资源投入量每增加一个单位所带来的社会总收益的增加量，即资源的边际机会成本。海域被以各种方式进行开发时，其边际机会成本是保留海域生态系统服务功能的收益。在围填海造地用海方式下，如若保留海域资源的自然属性不予围填，其放弃的机会成本则为土地收益。因而，本节从被填海域资源影子价格为土地收益和被填海域资源影子价格为生态系统服务价值两个层面分析胶州湾围填海造地的资源折耗成本。

7.4.1 围填海造地海域资源影子价格为土地收益的资源折耗成本测算

根据本书第6章建立的使用者成本法的计算公式，计算围填海造地的资源折耗成本为

$$C = \frac{R}{(1+r)^n} \tag{7-23}$$

式中，r 为折现率；n 为使用年限；R 表示被填海域资源影子价格，即土地收益，$R=(P-PC) \cdot S$，其中，P 为青岛市工业用地基准价格均值，PC 为胶州湾单位面积围填海造地建设成本，S 为胶州湾围填海造地面积。

1）青岛市工业用地基准价格均值 P

自20世纪90年代末期以来，胶州湾围填海造地主要用于港口建设和船舶工业，所以 P 用青岛市工业用地基准价格均值衡量。参照青岛市2007年及2011年工业用地基准价格均值的变化和土地拍卖价格信息，得出2007～2011年青岛市工业用地基准价格均值，结果如表7-27所示。

表 7-27　2007～2011年青岛市工业用地基准价格均值　（单位：万元/hm²）

年份	2007	2008	2009	2010	2011
工业用地基准价格均值	866.67	935.84	1005.00	1074.17	1143.34

2）胶州湾围填海造地建设成本 PC

通常情况下，围填海造地的建设总成本包括围填海造地工程费用、财务费用、销售费用、税金等。鉴于数据可得性，本小节参考全国围填海造地的平均单位面积成本。由于青岛市的围填海海域等级主要为二等、三等，因此胶州湾围填海造地成本选取全国同等级海域围填海造地成本的平均数，表7-28为我国不同沿海地区二等、三等海域围填海造地面积及所花费的总成本和平均成本，参照以下数据确定的胶州湾围填海造地单位面积成本为259.92万元/hm²。

3）使用年限

《中华人民共和国海域使用管理法》第三十二条规定，"填海项目竣工后形成的土地，属于国家所有"。国家所有的海域所有权变为土地所有权，用海者获得的海域使用权变为土地使用权（蔡悦荫，2007）。1990年开始施行的《中华人民共和国城镇国有土地使用权出让和转让暂行条例》规定，工业用地全国统一执行的土地使用年限为50年，因此本小节将使用年限确定为50年。

表 7-28 不同沿海地区围填海造地建设成本

围填海工程（地区）	海域等级	围填海造地总成本（万元）	围填海造地面积（hm²）	平均成本（万元/hm²）
天津塘沽区临港工业区	二等	647 000	2 000	323.5
天津港南疆南围埝围海造陆工程	二等	17 877.25	218.75	81.73
青岛港前湾新港区扩大堆场工程	二等	28 952	51.7	560
岗山港东港区货场回填工程	三等	26 372.86	49	538.22
龙口港东港区通用泊位工程	三等	14 395.38	49.28	292.11
闽江口（云龙围垦）	三等	5 580.97	136	41.04
闽江口（蝙蝠洲围垦）	三等	16 742.88	406.6	41.18
深沪港区二期万吨级码头工程	三等	115.42	1.3	88.78
合计		757 036.76	2 912.63	259.92

数据来源：苗丰民（2007）

4）折现率

1993 年，国家计划委员会与住房和城乡建设部发布的《建设项目经济评价方法与参数》（第二版）中社会折现率取为 12%，由于近年来我国社会经济发展状况有很大变化，2006 年的《建设项目经济评价方法与参数》（第三版）中社会折现率取为 8%。对于环境影响明显的开发项目，一些国际机构建议采用长期国债（真实）利率作为折现率的指标（MPP-EAS，1999）；美国环境保护署则建议在分析代际的成本和收益时，应该包括成本和收益的无折现率状况，并分别用 1.5%、2%～3% 和 7% 作为折现率进行敏感性分析。我国一些学者如彭本荣和洪华生（2006）采用 2% 的折现率，用于说明围填海造地对海岸带生态系统的破坏，王育宝和胡芳肖（2009）在计算矿产资源自身价值折耗的时候采用零折现率。本小节采用我国长期国债（真实）利率作为折现率，2010 年我国 50 年期长期国债利率为 4.3%（韩洁和华晔迪，2010），因而取 4.3% 作为社会折现率。无论如何，折现率选择上的分歧将使资源折耗成本的估算难度加大。

5）结果分析

将上述数据代入使用者成本法的计算公式 $C = \dfrac{R}{(1+r)^n}$ 中，在 4.3% 的折现率下，假定胶州湾围填海造地工程成本 PC 不变，在青岛市工业用地基准价格 P 不断提高的情况下，围填海面积 S 不同致使各年被填海域折耗成本存在较大差别，两者呈正相关关系。2007 年胶州湾围填海造地面积最小，为 65.72hm²，当年围填海造地资源折耗成本为 4858.38 万元；2009 年的围填海造地面积为 214.42hm²，资源折耗成本最高，达到 19 464.93 万元，具体结果如表 7-29 所示。

由表 7-29 可知，R 为土地收益时胶州湾围填海造地海域的平均资源折耗成本为 90.84 万元/hm²，2007～2011 年胶州湾总围填海面积为 721.75hm²，胶州湾围填海造地资源折耗成本为 65 561.85 万元。

表 7-29　2007～2011 年胶州湾围填海造地资源折耗成本（折现率 r 为 4.3%）

年份	围填海造地面积（hm²）	围填海造地土地收益 R（万元）	资源折耗成本（万元）	单位围填海面积资源折耗成本（万元/hm²）
2007	65.72	39 875.61	4 858.38	73.93
2008	211.61	143 029.32	17 426.48	82.35
2009	214.42	159 760.05	19 464.93	90.78
2010	112	91 196	11 111.18	99.21
2011	118	104 243.56	12 700.88	107.63

7.4.2　围填海造地海域资源影子价格为海洋生态系统服务价值的资源折耗成本测算

海洋生态系统服务是以海洋生态系统及其生物多样性为载体，通过系统内一定生态过程来实现的对人类有益的所有效应集合，包括：①海洋供给服务，指一定时期内生态系统所提供的物质性产品和条件，包括水产品、原材料、基因资源等；②海洋调节服务，指一定时期内海洋生态系统为调节气候、干扰调节、废弃物处理、生物控制等改善人类生存环境所提供的非物质性服务；③海洋文化服务，包括休闲娱乐、文化艺术、科研教育等为人类提供文化性场所和材料的服务；④海洋支持服务，包括初级生产、土壤保持、养分循环、生物多样性维持等基础性和支撑性的服务（张朝晖等，2008）。

围填海造地用海方式永久性改变海洋生态系统的自然属性，致使被填海域的生态系统服务功能减弱甚至消失，将胶州湾被填海域生态系统服务价值作为被填海域的边际机会成本，即被填海域资源的影子价格，用于计算被填海域的资源折耗成本。由于海洋生态系统服务通过一定的生态过程来表达，表现为每单位面积每年为人类所提供的服务流量，依据胶州湾海域生态系统服务价值评估的结果（见 7.3.1 小节），胶州湾海域生态系统服务价值为 11.98 万元/hm²。

依据资源折耗成本计算公式 $C = \dfrac{R}{(1+r)^n}$，海域资源收益 $R = e \times s \times n$。其中，e 为胶州湾生态系统服务价值，为 11.98 万元/hm²，s 为围填海造地面积，n 为被填海域的使用年限，即 50 年，折现率 r 为 4.3%。胶州湾被填海域资源折耗成本评估结果如表 7-30 所示。

表 7-30　2007～2011 年胶州湾围填海造地资源折耗成本（折现率 r 为 4.3%）

年份	围填海造地面积（hm²）	海洋生态系统服总价值（万元）	资源折耗成本（万元）	单位围填海面积资源折耗成本（万元/hm²）
2007	65.72	39 366.28	4 796.33	
2008	211.61	126 754.39	15 443.57	
2009	214.42	128 437.58	15 648.64	72.98
2010	112	67 088.00	8 173.90	
2011	118	70 682.00	8 611.79	

由表 7-30 可知，被填海域资源影子价格为海洋生态系统服务价值时，胶州湾围填海造地资源折耗平均成本为 72.98 万元/hm²。

表 7-31　2007～2011 年胶州湾围填海造地资源折耗成本与实际征收海域使用金比较（折现率 r 为 4.3%）

年份	围填海造地面积（hm²）	资源折耗成本①（万元）	资源折耗成本②（万元）	实际征收海域使用金（万元）	比例③（%）	比例④（%）
2007	65.72	4 858.38	4796.33	2 144.62	44.14	44.71
2008	211.61	17 426.48	15443.57	7 577.80	43.48	49.07
2009	214.42	19 464.93	15648.64	8 982.00	46.14	57.40
2010	112	11 111.18	8173.90	6 456.80	58.11	78.99
2011	118	12 700.88	8611.79	6 919.50	54.48	80.35

注：资源折耗成本①为被填海域的影子价格为土地收益；资源折耗成本②为被填海域的影子价格为生态系统服务价值；比例③为实际征收的海域使用金能够反映资源折耗成本①的程度；比例④为实际征收的海域使用金能够反映资源折耗成本②的程度

7.4.3　围填海造地海域资源折耗成本与海域使用金比较

依据青岛市实际征收海域使用金及全国单位面积围填海造地海域使用金征收额，得出 2007～2011 年胶州湾海域使用金征收额，并从被填海域的影子价格分别是土地收益和生态系统服务价值两个层面，比较 2007～2011 年胶州湾围填海造地海域资源折耗成本与实际征收的海域使用金，结果见表 7-31。

经对比发现，2007～2011 年，被填海域资源影子价格为土地收益时，实际征收的海域使用金占被填海域资源折耗成本的比例为 43.48%～54.48%；被填海域资源影子价格为生态系统服务价值时，实际征收的海域使用金占海域资源折耗成本的比例为 44.71%～80.35%。

7.4.4　围填海造地资源折耗成本的敏感性分析

胶州湾围填海造地资源折耗成本测算中，折现率显然是一个关键的敏感性变量，折现率的高低直接影响被填海域资源折耗成本的高低。折现率取高值时，资源折耗成本较低，折现率取低值时，资源折耗成本较高，即资源折耗成本与折现率呈负相关关系。在此对折现率进行敏感性分析，说明计算结果的不确定性，并为合理制定海域使用金征收标准提供参考和依据。

表 7-32 为被填海域资源收益为土地收益时，2007～2011 年胶州湾围填海造地资源折耗成本的敏感性分析。当折现率为 6%时，实际征收的海域使用金与资源折耗成本基本相当，即胶州湾被填海域资源折耗成本得到补偿；当折现率大于 6%时，实际征收的海域使用金大于资源折耗成本，被填海域资源折耗成本得到充分补偿；当折现率小于 6%时，实际征收的海域使用金则无法补偿该折现率下的海域资源折耗成本。例如，在 4%折现率水平下，实际征收的海域使用金仅为海域资源折耗成本的 37.65%～50.32%；在折现率为 2%时，海域使用金根本无法补偿被填海域的资源折耗成本。

表7-32 2007～2011年胶州湾围填海造地资源折耗成本的敏感性分析（被填海域资源收益为土地收益）

（单位：万元）

折现率（%）	2007 年	2008 年	2009 年	2010 年	2011 年
2	14 814.9	53 139.38	59 355.31	33 881.86	38 729.39
3	9 095.91	32 626	36 442.4	20 802.45	23 778.69
4	5 611	20 126.03	22 480.25	12 832.43	14 668.38
5	3 477.3	12 472.69	13 931.67	7 952.63	9 090.43
6	2 164.78	7 764.83	8 673.11	4 950.88	5 659.21
8	850.2	3 049.56	3 406.28	1 944.41	222.6
海域使用金实际征收额	2 144.62	7 577.80	8 982.00	6 456.80	6 919.50

被填海域资源收益为生态系统服务价值时，被填海域资源折耗成本的敏感性分析结果如表 7-33 所示。当折现率为 6% 时，实际征收的海域使用金与资源折耗成本基本相当，即胶州湾填海造地资源折耗成本得到补偿；当折现率大于 6% 时，实际征收的海域使用金大于海域资源折耗成本，被填海域资源折耗成本得到充分补偿；当折现率小于 6% 时，实际征收的海域使用金则大多无法补偿该折现率下的资源折耗成本。例如，在 4% 折现率水平下，实际征收的海域使用金仅为资源折耗成本的 38.72%～69.57%；在折现率为 2% 时，海域使用金根本无法补偿被填海域的资源折耗成本。

表 7-33 2007～2011 年胶州湾填海造地资源折耗成本的敏感性分析

（被填海域资源收益为生态系统服务价值）　　（单位：万元）

折现率（%）	2007 年	2008 年	2009 年	2010 年	2011 年
2	14 625.67	47 092.79	47 718.14	24 925.06	26 260.33
3	8 979.73	28 913.57	29 297.52	15 303.25	16 123.06
4	5 539.33	17 835.94	18 072.79	9 440.13	9 945.85
5	3 432.89	11 053.46	11 200.24	5 850.32	6 163.73
6	2 137.13	6 881.29	6 972.67	3 642.10	3 837.21
8	839.34	2 702.56	2 738.45	1 430.40	1 507.03
海域使用金实际征收额	2 144.62	7 577.80	8 982.00	6 456.80	6 919.50

折现率系数的高低，直接影响被填海域资源折耗成本的大小。随着临海产业的发展、胶州湾海域面积的不断减少、滨海湿地滩涂资源的稀缺性增加，胶州湾围填海造地资源折耗边际成本将不断增加。造成胶州湾围填海造地海域资源折耗成本增加的原因主要有以下两点。

一是我国尤其是山东半岛临海产业的快速增长对围填海造地的需求日益增加。青岛市是我国东部沿海重要的经济中心城市、滨海旅游城市和港口贸易城市。进入"九五"以来，青岛市海洋经济保持年均 20% 的增长速度。2005 年青岛市主要海洋产业总产值达到了 769 亿元，比上年增长 21%，总产值构成中三次产业结构比例为 11∶54∶35；主要海洋产业增加值达到 334 亿元，占全市 GDP 的 12.39%。青岛市分布有黄岛港群与临港工业区、胶州湾西北部临海产业区、胶州湾北部复合产业区、胶州湾东岸港群及临港产业区等。与此同时，青岛市人多地少，青岛市区人口密度达到 2.29×10^5 人/hm²，耕地资源紧缺，人均水平 0.03hm²/人，只及全国的 30%，而且每年还以约 2 万 hm² 的速度被工业、交通和城镇建设占用。土地供应的不足和临海产业的快速增长，使胶州湾继续面临围填海造地的压力和动力。

二是海域使用金征收标准过低。随着海域有偿使用的深入推进，海域使用金征收标准大幅度增长，对于增加财政收入、提高海洋管理部门的基础管理能力发挥了重要作用。但是在管理中仍然存在海域资源价值低估、标准不一致等问题。2007 年以前，青岛市海域使用金的征收规定为 15 万元/hm²，对改变海域自然属性的海岸工程项目，海域使用金比照临近土地使用权出让金的 30%一次性征收。近年来，青岛地区的土地价格大幅度增加，2008 年城阳国土资源分局的土地（包括工业用地和住宅用地）出让价格达到 370 万～678 万元/hm²（赵健，2008），很显然，土地价格和海域使用金之间巨大的级差收益，成为地区发展向胶州湾要地的驱动因素。2007 年财政部、国家海洋局颁布了《关于加强海域使用金征收管理的通知》，胶州湾海域在全国海域等别分类中被划分为一等、二等、三等海域，对于工业用围填海造地征收 105 万～180 万元的海域使用金，但是，通过使用者成本法计算的海域资源折耗成本，说明现有的海域使用金仍然存在对资源折耗补偿不足的现象。

7.5　小　　结

胶州湾为我国北方典型的半封闭海湾，以其丰富的海岸带资源养育了周边民众，承载着我国重要的工业城市——青岛市的发展。20 世纪末以来，青岛市社会经济持续高速增长，GDP 年均增长率达 13%左右，特别是进入 21 世纪以来，GDP 增长率高达 15%。与此同时，胶州湾海岸带资源的开发也进入大规模、全方位时期，胶州湾正面临日益严重的资源与环境压力。围填海造地是胶州湾传统的资源开发方式，大规模的围填海造地使胶州湾海域面积大幅度下降、海洋生物种类减少、环境容量功能减弱。围填海造地导致的海域自身价值折耗和生态环境损害十分巨大。

在胶州湾的围填海资源开发中，所造成的生态环境损失十分巨大。围填海造地永久性改变被填海域的自然属性，其附加的生态系统服务价值下降，生态环境损害成本的确定建立在生态系统服务价值上，通过估算胶州湾生态系统服务价值，得出胶州湾生态环境损害成本是 278.60 万元/hm²。当然，由于海洋生态系统服务功能难以分割，很多间接使用价值是由多种服务共同作用形成的，人为主观地分解服务功能，然后用不同方法估计各类影响并将其加总为一个货币价值，因此损害评估结果可能存在高估。尽管如此，海洋生态系统服务价值仍然可作为围填海造地生态环境损害成本确定的依据之一，即把被填海域生态系统服务价值作为生态损害计算的理论标准，成为生态补偿的上限。

本章使用陈述偏好法评估了胶州湾围填海造地的生态环境损害成本。使用意愿调查法评估的结果表明，公众对胶州湾围填海造地进行修复治理的总支付意愿为 8.22 亿元/a，单位面积围填海造地生态环境损害成本为 3.66 万元/（hm²·a），通过一次性折耗公式将年损害成本转化为一次性成本计算，胶州湾围填海造地的生态环境损害成本为 85.12 万元/hm^2。使用选择实验法得到胶州湾湿地围填海的生态效益损失约为 7.67 亿元/a，胶州湾围填海生态环境损害成本为 3.41 万元/（hm^2·a），同样，通过一次性折耗公式将年损害成本转化为一次性成本，计算得胶州湾湿地围填海的生态环境损害成本为 79.30 万元/hm^2。基于生态修复原则，使用资源等价分析法，得出胶州湾围填海造地生态环境损害成本为 62.89 万元/hm^2。

虽然三种评估方法的结果有一定差距，但是有一点是共同的：围填海对地方经济发展起到了积极作用，但是伴随着生态环境功能的下降，围填海的生态代价显著，并影响了当地居民的生活福利水平。

从胶州湾围填海造地资源折耗成本的计算结果可以看出，在折现率等于 4%的条件下，2007～2011 年，资源收益为土地收益时，实际征收的海域使用金仅占海域资源折耗成本的比例为 43.48%～54.48%；资源收益为生态服务价值时，实际征收的海域使用金占海域资源折耗成本的比例为 44.71%～80.35%。但是，需要指出的是，随着临海产业经济的发展，胶州湾海域面积不断减少，资源折耗成本不断增加，因此，建议国家动态调整围填海造地的海域使用金征收标准，使海域使用金征收额充分体现被填海域作为不可再生资源折耗的事实。

那么对开发利用所造成的资源和生态环境损失，得到的补偿程度有多大？分析表明，以目前征收的海域使用金来看，明显存在征收不足的问题；而生态环境损害补偿则是空白，这对胶州湾海岸带资源的可持续利用，对实现青岛市"环湾保护、拥湾发展"的战略也是不利的。因此，基于围填海造地的资源折耗成本和生态环境损害成本进行充分的价值补偿具有重要意义。

8 围填海造地价值损失评估：福建罗源湾

福建人多地少，特别是沿海地区土地资源十分缺乏，人均耕地仅 0.033 亩①，低于全国平均水平。近年来，随着海峡两岸经济区建设的快速发展，港口、船舶、电力、石化等临海工业大规模开工建设，福建人多地少的矛盾日益突出，向海洋要发展、要空间、要后劲，成为福建沿海地区经济发展的重要战略取向。这一战略取向，导致围填海造地需求剧增。福建罗源湾为典型半封闭海湾，水体交换能力较差，海域环境容量有限。1998年，福建省政府批准罗源湾开发区为省级开发区，罗源湾海区实施了大规模围填海造地工程，虽为区域经济发展提供了土地资源，但同时也造成了水质恶化、环境容量降低及生态敏感区破坏等生态影响。本章继续分别使用基于海洋生态系统服务价值、意愿调查法和生态修复原则的方法评估罗源湾围填海造地的生态环境损害成本，并使用使用者成本法计算罗源湾围填海造地资源折耗成本，验证评估指标及方法的规范性和评估结果在不同区域的可比性。

8.1 罗源湾海岸带资源开发利用现状

8.1.1 罗源湾自然环境及社会经济概况

8.1.1.1 罗源湾自然地理概况

罗源湾为福建六大深水港湾之一，位于福建东北部沿海，是我国的天然良港之一，北临三都澳，南隔黄岐半岛与闽江口连接，地理坐标为 26°18′52″～26°30′12″N、119°33′25″～119°50′15″E。罗源湾地理位置独特，口小腹大，形似倒葫芦状，湾内向北逐渐缩窄，由将军帽附近的 15km 宽缩至湾顶迹头的 2.5km，由鉴江半岛和黄岐半岛环抱而成，东起可门口，向西深入罗源县与连江县中部，仅在东北角有可门口与东海相通，口宽（可门角—虎头角）2km，朝 NE 向敞开，是罗源湾出海的唯一通道。沿海岸线曲折，岬角众多，呈锯齿状，海岸线长 155.66km，湾内海域面积为 22 670hm²。区内地貌形态以中低山、滨海滩涂为主，北、西、南部为中低山区，中部为滩涂，东部为滨海，总的地势呈西北高东南低的趋势，其中西部和西北部地势较高，海拔多介于 800～1000m，属构造侵蚀中山地形，东部海岛、礁屿星罗棋布，海岸曲折。海湾内大小海岛有 32 个，岸线长 24.75km，海岛面积为 149hm²。湾内基本无大河溪注入，仅在湾的西北部有一条小溪——起步溪注入。

8.1.1.2 罗源湾资源概况

罗源湾资源的类型、资源量和分布等有以下几方面的特征（鲍献文等，2010）。

---

① 1 亩≈666.7m²

1）海洋生物资源

罗源湾海洋生物资源非常丰富，根据 2005 年 10 月和 2006 年 5 月的调查，罗源湾单位面积的初级生产力水平较高，为 120.5～1483mg C/（m²·d）；共鉴定浮游植物 134 种，其中，硅藻 120 种、甲藻 9 种、蓝藻 3 种、金藻 2 种；初步鉴定浮游动物 100 种、浮游幼虫 24 类，合计 124 种、类，平均生物量为 125.85mg/m³；底栖生物 98 种，其中环节动物 71 种、节肢动物 12 种、软体动物 7 种、棘皮动物 5 种、纽形动物 1 种、星虫动物 1 种、鱼类 1 种，平均生物量为 44g/m³；另有潮间带底栖生物 43 种。

2）港口资源

罗源湾是福建六大天然深水港湾之一，深水岸线、港口航道、锚地资源丰富，湾内纵深约 25km，平均宽 7km，有岛屿作为屏障，有良好的避风条件，水体含沙量少，湾口可门水道、岗屿水道、岗屿一门边一线以东及湾北侧航道水深大多大于 10m，最大水深达 70m 以上，具有建设深水港口的良好条件。深水岸线东自罗源湾口、西至松山镇迹头，全长约 35km，其中深水岸线长 9.05km，主要分布在狮岐头、碧里和将军帽，可建万吨至 5 万吨级泊位码头 20 多个。中深水岸线从迹头至狮岐头，海岸线全长 11km（大部分为人工岸线），其中，中深水岸线长近 5km，主要分布在迹头至下土港之间，适合于建 300～3000 吨级泊位码头多个。浅水岸线遍布除深水、中水岸线以外的罗源县内的罗源湾各处，均适合建设渔港和避风港。

3）环境容量资源

海湾在经济发展的过程中可以充当天然污水处理厂的作用，接纳经济发展所产生的污染物，同时具有一定的净化能力。然而其对污染物的容纳具有一定限度，这个限度我们称之为环境容量或者环境负荷量，超过了这个限度，环境就可能遭到破坏。海域的环境容量取决于水体扩散稀释污染物的能力和自净能力，从而决定环境容量的大小。对海域环境容量影响较大的是海域的水环境容量、水体交换能力和污染物含量。引入以下公式对环境容量进行简单估算：

$$\Omega=\gamma Q(C_B - C_b) \tag{8-1}$$

式中，Ω 代表海湾对某种污染物的环境容量；γ 代表海水交换率；Q 代表纳潮量；C_B 为水质标准中规定的污染物平均浓度；C_b 为海水中污染物的平均浓度。

2006 年 30 天海水交换率为 0.7251，一个潮周期的潮交换量为 6.606 亿 m³，表 8-1 为 2006 年罗源湾主要污染物在不同水质下的环境容量。由表 8-1 可知，罗源湾环境容纳能力很高。

4）可再生能源

罗源湾地理位置优越，拥有丰富的潮汐能和风能。罗源湾属强潮海湾，潮汐性质属半日期，潮差大、风浪小、泥沙来源少、潮汐能资源丰富，湾内平均潮差涨潮为 5.15m，落潮为 5.09m，最大潮差涨潮达 8.07m，落潮达 7.83m，具有丰富的潮汐能资源，适合于开发潮汐能资源。沿海地区海岸线长、风速大，沿海平均风速 3m/s 以上的天数在 200天以上，属全国一类风能利用区。

表 8-1　2006 年罗源湾主要污染物在不同水质下的环境容量

环境容量（t）	Ⅱ类水质	Ⅲ类水质	Ⅳ类水质
COD	9 738.16	15 118.36	20 498.56
无机氮	505.74	1 043.76	1 581.78
无机磷	0	0	32.28
石油类	118.36	1 463.41	2 539.45
Cu	37.77	252.98	252.98
Pb	20.12	47.02	262.23
Cd	24.43	51.33	51.33

8.1.1.3　罗源湾社会经济情况

罗源湾地处福州市闽江口金三角北翼，临近马尾经济技术开发区，与台湾海峡隔海相望，为海上南北通行必经之路。南面距离福州市区 78km，是福建省福州市通往闽东北的重要通道。罗源湾周边地区陆海交通比较发达，公路纵横交错，104 国道贯穿境内，在建的同三高速公路和温福铁路纵贯南北；罗源湾沟通东海，1988 年开辟罗源直达港澳航线，国轮定期航行，航运可达东南亚各地；1994 年福建省政府批准罗源湾为二类通商口岸；1996 年又批准设立台轮停泊点及对台贸易点；2000 年经省政府批准确立为福州外港，一批港口码头正在规划或建设中。沿罗源湾地区作为对外开放的前沿阵地，经济、科技、文化发展水平相对较高，交通便利，信息交流方便，土地资源丰富，经济腹地广阔，先后建立了全国首个土地综合开发整理示范区和全国科技兴海示范基地，是带动内陆地区发展的重要基地。

罗源湾隶属于福州市，位于罗源县和连江县之间。罗源湾周边地区共有沿海乡镇 15 个，分别是罗源县的松山镇、鉴江镇、碧里乡和连江县的凤城镇、鳌江镇、浦口镇、东岱镇、晓澳镇、琯头镇、透堡镇、马鼻镇、官坂镇、筱埕镇、黄岐镇、苔菉镇。根据 2008 年的资料，罗源县沿海几个乡镇共有 6 个居委会、37 个村委会，总人口 7.37 万人，土地面积约 2890hm^2；连江县沿海及各乡镇共有 26 个居委会、127 个村委会，总人口 42.84 万人，土地面积约 36 440hm^2。

连江县位于 26°07′~26°27′N、119°17′~120°31′E，东北与东南临海，极东为东引岛，距连江县陆地最近点 42km，东南为马祖列岛，距大陆最近点 9.25km，北与西北同罗源县毗连，西与西南同福州市晋安区紧邻，南隔闽江与琅岐岛相望，极南为壶江岛。全县陆地总面积 116 800hm^2。2011 年连江县 GDP 为 235.55 亿元，按可比价格计算，比上年增长 13.3%，增长速度较快。其中，第一产业增加 77.26 亿元，第二产业增加 94.61 亿元，第三产业增加 63.68 亿元，一、二、三产业比例为 32.8∶40.2∶27.0。第一产业占有较大比例，而渔业又是第一产业的重点，占第一产业的 88%。此外，全年进出口总额 55206 万美元，比上年增长 31.1%。

罗源县又名凤川，简称罗，位于福建省东北沿海，福州市东北部，位于 26°23′~26°39′N、119°07′~119°54′E，东濒东海，西与闽侯县交界，南与连江县相邻，北与宁德市接壤，全县陆地面积 106 220hm^2。2011 年罗源县的 GDP 为 135.25 亿元，比上年增长 17.5%。其中，第一产业增加 21.9 亿元，第二产业增加 93.65 亿元，第三产业增加 19.7

亿元，一、二、三产业比例为 16.2：69.2：14.6。渔业在罗源县第一产业中占据主导地位，所占比例为 66%，2011 年进出口总额为 28 531 万美元，比上年增长 2.4%。

随着经济的发展，罗源湾同样面临海岸带地区社会经济高速发展、人口急剧增加而导致的资源量大幅度下降、近海海域水质恶化、海洋生态系统失衡等海洋资源、环境和生态问题。罗源湾海岸带地区面临巨大的人口和经济增长压力，见图 8-1 和图 8-2。

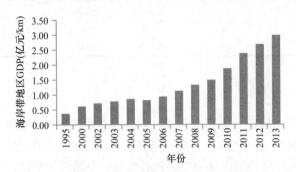

图 8-1　罗源湾海岸带的经济增长压力

数据来源：《罗源县统计年鉴》；《连江县统计年鉴》；陈尚等（2014）

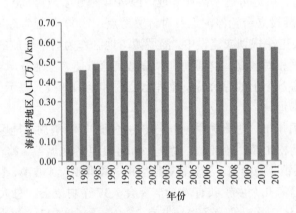

图 8-2　罗源湾海岸带的人口增长压力

数据来源：《罗源县统计年鉴》；《连江县统计年鉴》；陈尚等（2014）

8.1.2 罗源湾围填海工程及资源和生态环境影响

8.1.2.1 历史围填海工程

罗源湾周边地区属我国闽浙丘陵地带，土地资源不足，沿海港湾多，滩涂资源分布广，历史上围填海活动是人类增加土地资源的重要途径。

中华人民共和国成立后，罗源湾的围填海活动基本可以划分为以下几个阶段：①20 世纪 60 年代，这一时期全国"以粮为纲"，为了增加粮食、水产品产量，缓解人多地少的矛盾，罗源县和连江县政府大力推进土地开发，滩涂围垦活动频繁；②20 世纪 80 年代以后，为了发展工业和其他产业，拓展地区生存空间和生产空间，两县积极兴建围垦工程，围填海活动再次掀起热潮，大规模的围填海活动基本都是在这一阶段完成的；③2012 年以来，伴随着国家对生态文明建设的高度重视，我国围填海的管控也进入了"史上最严"

阶段，罗源湾围填海进入整治和修复历史遗留时期。

据不完全统计，罗源湾典型围填海工程共 17 处（表 8-2），围垦面积总计 7195hm²。其中，20 世纪 60 年代，罗源湾完成围垦工程 4 处，分别为罗源县巽北围垦和连江县合丰围垦、尖墩围垦、驻军八十四师官坂军垦，围垦面积 523hm²；70 年代，完成围垦工程 4 处，分别为罗源县岐余围垦和连江县北营燕窝围垦、龙头围垦、南门围垦，围垦面积 102hm²；80 年代，完成围垦工程 5 处，分别为罗源县岐后围垦、濂澳塘围垦、泥田围垦及连江县大官坂围垦、上宫围垦，围垦面积 3147hm²；90 年代，完成围垦工程 4 处，分别为罗源县松山围垦、小获围垦、大获围垦和白水围垦，围垦面积 2623hm²；2000 年以后完成围垦工程 1 处，即罗源县白水围垦，面积 800hm²。罗源湾围垦中大规模的围填海活动主要有大官坂围垦、松山围垦、白水围垦，面积合计 5860hm²，占海湾围垦总面积的 81.45%，总投资约 3 亿元，以政府补助为主、自筹为辅。

表 8-2　罗源湾典型围填海工程

时段	围填面积（hm²）	典型工程
20 世纪 60 年代	523	罗源县巽北围垦，连江县合丰围垦、尖墩围垦和驻军八十四师官坂军垦
20 世纪 70 年代	102	罗源县岐余围垦，连江县北营燕窝围垦、龙头围垦、南门围垦
20 世纪 80 年代	3147	罗源县岐后围垦、濂澳塘围垦、泥田围垦，连江县大官坂围垦、上宫围垦
20 世纪 90 年代	2623	罗源县松山围垦、小获围垦、大获围垦、白水围垦
2000 年以后	800	罗源县白水围垦

数据来源：刘容子等（2008）；鲍献文等（2010）

8.1.2.2　围填海资源环境影响

围填海活动增加了粮食和水产品产量，繁荣了市场，还解决了部分农村劳动力就业、带动了相关行业的发展，有的围垦大坝在防洪、防海潮和方便交通等方面发挥了积极作用。随着罗源湾周边地区经济的快速发展和人口的不断增多，围填海活动成为扩展沿海地区经济空间和生存空间的重要途径。但是应当看到，罗源湾的历史围填海活动存在一些负面影响。

1）垦区内水质不断恶化

围垦之后，原来的港湾被堵塞，仅靠闸门进排水，经过多年使用，垦区内的水质都有很大变化，环境质量明显下降。表 8-3 为 1990 年和 2006 年罗源湾夏季水质检测结果，相比较，2006 年水质明显恶化，营养盐无机氮浓度、无机磷浓度均上升，尤其是无机磷浓度明显上升，已经超Ⅲ类海水水质标准；重金属 Cu、Pb、Zn 浓度均有所升高。

2）纳潮量和环境容量下降

罗源湾多处围垦，直接导致海域面积缩小，纳潮量下降，湾内水交换能力变差，削弱了海水净化纳污能力，使得近岸海域环境容量下降。围填海会导致潮流流场、流向、流速等变化，从而可能导致泥沙淤积、港湾萎缩、航道阻塞。罗源湾因松山围垦，淤积问题有所表现，即水动力条件改变。1990 年 30 天的水交换率为 0.7346，2006 年为 0.7251；纳潮量由 1990 年的 6.6 亿 m³，减少为 2006 年的 6.1 亿 m³。表 8-4 为根据式（8-1）计算所得的 1990 年和 2006 年在不同水质下罗源湾主要污染物的环境容量变化情况。由表 8-4 可知，在Ⅱ、Ⅲ、Ⅳ类水质下环境容量平均受损程度分别为 54.36%、40.40%、33.98%，罗源湾环境容量显著下降。

表 8-3　1990 年和 2006 年罗源湾夏季海水化学因子平均浓度

化学因子	1990 年	2006 年
DO（mg/dm³）	8	7.21
COD（mg/dm³）	0.85	1.19
无机氮（mg/dm³）	0.156	0.206
无机磷（mg/dm³）	0.009	0.039
石油类（μg/dm³）	6.65	28
Cu（μg/dm³）	0.53	2.98
Pb（μg/dm³）	0.075	1.26
Cd（μg/dm³）	0.013	0.46

表 8-4　1990 年和 2006 年罗源湾主要污染物的环境容量变化情况

环境容量(t)	1990 年			2006 年		
	Ⅱ类水质	Ⅲ类水质	Ⅳ类水质	Ⅱ类水质	Ⅲ类水质	Ⅳ类水质
COD	12 685.86	18 586.26	24 486.66	9 738.16	15 118.36	20 498.56
无机氮	849.66	1 439.7	2 029.74	505.74	1 043.76	1 581.78
无机磷	123.91	123.91	212.41	0	0	32.28
石油类	255.78	1 730.88	2 910.96	118.36	1 463.41	2 539.45

3）生境破坏

围垦将原海岸带区域变为陆地，使原生态系统遭到破坏。例如，据调查前几年白水围垦区顶部还有一大片红树林，但随着白水围垦工程的进行及其他的人为活动破坏，目前已荡然无存。而红树林具有重要生态作用，包括通过网罗碎屑方式拦淤造陆、促进土壤的形成、通过滨海湿地防护林抵抗潮汐、在抗海啸、风暴潮和洪水的冲击及保护堤岸、滨海村庄和良田方面有重要作用；是许多海洋生物的栖息地，是它们繁殖和觅食的理想生境，也是候鸟歇足和补充食物的重要基地；是近海高生产力的生态系统；过滤陆地径流和内陆带来的有机物质，并净化海区污染物；是可以进行社会、环境教育和旅游的自然与人文景观。由于围垦，红树林遭到严重破坏，所具有的生态作用减弱甚至消失。

8.2　罗源湾围填海造地生态环境损害成本测算

8.2.1　基于海洋生态系统服务价值的生态环境损害成本测算

8.2.1.1　罗源湾生态系统服务价值

1）水产品供给服务价值

罗源湾是基础生产率较高的海域，是重要经济鱼类、贝类等的栖息繁衍场所，水产资源比较丰富。根据当地海洋渔业局统计资料，罗源湾养殖的水产品主要有鱼类、虾蟹类、贝类、藻类，其养殖产量如表 8-5 所示。

表 8-5 2003～2008 年罗源湾主要水产品养殖产量 （单位：t）

年份	鱼类	虾蟹类	贝类	藻类
2003	10 500	5 600	287 400	115 800
2004	12 300	8 000	321 100	113 800
2005	13 300	9 700	332 000	115 800
2006	18 800	8 300	273 400	115 400
2007	26 000	9 400	246 500	141 900
2008	21 400	9 900	267 200	167 500

数据来源：陈尚等（2014）

水产品供给服务价值采用市场价值法进行评估，其计算公式为

$$V_b = \frac{p_b \times Q_b}{S} \times 10^{-1} \tag{8-2}$$

式中，V_b 为单位面积海域供给服务价值，单位是万元/hm^2；p_b 为经济生物产品的平均市场价格，单位是元/kg；Q_b 为经济生物产量，单位是 t；S 为研究海域面积，单位是 hm^2。

罗源湾养殖水产品价格分别是鱼类 30 元/kg、虾蟹类 10 元/kg、贝类 5 元/kg、藻类 5 元/kg；产量取 6 年平均值；罗源湾海域面积为 22 670 hm^2。将以上数据代入式（8-2），即可得罗源湾海域单位面积供给服务价值，为 11.81 万元/hm^2。

养殖产业总值并不能代表海湾为养殖所提供的空间和载体功能价值，需扣除养殖投入成本和必要的利润，渔民家庭渔业总支出占家庭渔业总收入的 60%，据此按 60%将成本与利润从养殖产品市场价值中扣除，则得到罗源湾水产品供给服务价值为 4.72 万元/hm^2。

2）废弃物处理服务价值

环罗源湾区域大部分尚属未开发的农村区域，工业相对处于起步阶段，目前排入罗源湾的工业废水主要汇集在罗源县凤山镇汇水区内，主要行业包括造纸、轻工、食品饮料等。非点源污染主要来自农村生活污水及农田和村镇用地降雨径流污染，主要集中分布在罗源县松山垦区和连江县的马鼻、透堡镇及大官坂垦区。罗源湾陆源入海污染物的 COD 总排放量为 12 678.86t/a，TN 的总排放量为 5027.43t/a，TP 的总排放量为 607.07t/a（余兴光等，2010）。

罗源湾口门海域水动力条件较好，有利于污染物的快速扩散，具有废弃物处理价值。废弃物处理服务价值采用替代成本法进行评估，其计算公式为

$$V_w = \sum_{i=1}^{n} Q_i P_i \times 10^{-4} \tag{8-3}$$

式中，V_w 为废弃物处理服务价值，单位是万元/hm^2；Q_i 为第 i 种污染物单位面积海域的环境容量，单位是 t/hm^2；P_i 为第 i 种污染物的人工处理成本，单位是元/t；n 为污染物

种类；(i=1，2，…，n)。

根据李晓（2011）的研究，罗源湾 COD 的年最大容量为 77 829.36t，即单位面积罗源湾 COD 的环境容量为 3.43t/（hm^2·a）。根据陈伟琪等（1999）的研究，1999 年 COD 的人工处理成本为 4300 元/t，利用 PPI 指数调整方法，将 1999 年的成本调整至 2012 年，可得 2012 年 COD 的人工处理成本为 4445.87 元/t。

将上述参数代入式（8-3），即可得到 2012 年罗源湾单位面积海域的废弃物处理服务价值，为 1.52 万元/hm^2。

3）空气质量调节服务价值

空气质量调节服务价值采用重置成本法进行评估，其计算公式为

$$V_g = (1.63C_{CO_2} + 1.19C_{O_2}) \cdot X \times 10^{-4} \tag{8-4}$$

式中，V_g 为空气质量调节服务价值，单位是万元/hm^2；C_{CO_2} 为固定 CO_2 的成本，单位是元/t；C_{O_2} 为释放 O_2 的成本，单位是元/t；X 为单位面积海域浮游植物干物质的产量，单位是 t/hm^2。

根据 908 专项调查研究，2005～2006 年罗源湾的初级生产力平均为 584.25mg C/（m^2·d）（鲍献文等，2010），转换为浮游植物的干物质产量则为 2.13t/（hm^2·a）。现假定每年浮游植物的干物质产量恒定不变，2012 年罗源湾单位面积海域浮游植物干物质的产量为 2.13t/hm^2。

将上述参数代入式（8-4），即可得到 2012 年罗源湾单位面积海域的空气质量调节服务价值量，为 0.31 万元/hm^2。

4）休闲娱乐服务价值

休闲娱乐服务价值采用成果参照法进行评估，即单位面积海域的休闲娱乐服务价值参照同一地区或者相近地区的休闲娱乐服务价值的研究结果，参照彭本荣和洪华生（2005）于 2004 年通过意愿调查法对厦门滨海旅游娱乐价值的评估结果，即单位面积水域的休闲娱乐服务价值为 0.72 万元/（hm^2·a）。由于罗源湾没有成熟的旅游风景区，仅有少量的渔家乐休闲娱乐项目，因此在此参照厦门海域旅游娱乐价值，进行系数调整，系数取 0.2，则 2012 年罗源湾休闲娱乐服务价值为 0.14 万元/hm^2。

5）生物多样性维持服务价值

生物多样性维持服务价值采用成果参照法进行评估。参照陈尚等（2014）的研究成果，2005 年罗源湾生物多样性维持服务价值为 0.05 万元/hm^2。依据导则的评估价值修正方法，即可得 2012 年罗源湾生物多样性维持服务价值，为 0.06 万元/hm^2。

将上述 5 种服务价值进行加和，得到如表 8-6 所示的生态系统服务价值。

由表 8-6 可见，在 2012 年生态系统服务价值中，罗源湾水产品供给服务的价值所占比例最高，是总价值的 69.93%；其次是废弃物处理服务价值，其所占比例为 22.52%；其他各项服务的价值占总价值的比例均不足 10%。

表 8-6 2012 年罗源湾生态系统服务价值

生态系统服务	水产品供给服务	废弃物处理服务	空气质量调节服务	休闲娱乐服务	生物多样性维持服务	总价值
价值量（万元/hm²）	4.72	1.52	0.31	0.14	0.06	6.75
比例（%）	69.93	22.52	4.59	2.07	0.89	100.00

综上所述，围填海造地对罗源湾生态系统服务影响最大的是水产品供给服务。在各项生态系统服务中，人们从废弃物处理服务中获取的效益较多；生物多样性维持服务所占比例极小，一方面反映了生物多样性维持这类基础性、潜在性的支持服务的潜在价值和间接价值易被人们忽略，另一方面也反映了利用成果参照法评估生物多样性维持服务价值可能会有所低估。

8.2.1.2 罗源湾围填海造地生态环境损害成本

以罗源湾海域生态系统服务价值为基准值，即 6.75 万元/hm²，使用式（8-4），得罗源湾围填海造地生态环境损害成本为 156.98 万元/hm²。

8.2.2 基于意愿调查法的生态环境损害成本测算

8.2.2.1 意愿调查法调查及数据分析

1）问卷设计与调查

问卷内容包括 3 部分内容，共 17 个小问题。第一部分是调查居民对围填海造地及其生态环境影响的认识与态度；第二部分是调查居民对围填海造地的生态环境损失进行恢复的支付意愿；第三部分为居民的个人资料，如年龄、性别、受教育程度、收入等。在进行正式调查之前，我们在中国海洋大学经济学院的部分教师和海洋经济学专业的学生中进行了预调查，最终修改了调查问卷中存在的问题与不足。被调查者的社会经济特征如表 8-7 所示。

2）被调查者对罗源湾围填海造地生态环境影响的认识与态度

在调查伊始，调查人员先向被调查者介绍了罗源湾围填海造地的情况、围填海造地的生态环境影响及对人类福利影响的范围、时限等研究结论。被调查者对罗源湾围填海造地及环境和生态影响的认识与态度见表 8-8。

询问公众什么是围填海用海方式时，55.0%的被调查者回答知道；询问公众认为围填海造地是否有积极作用时，52.0%的被调查者认为存在积极作用；询问公众是否知道围填海造地的负面影响时，59.8%的被调查者回答肯定；询问公众关于围填海造地的结果时，有 47.9%的被调查者认为围填海造地活动弊大于利；询问公众关于于围填海造地的态度时，有 59.8%的被调查者认为应该限制围填海造地活动；询问是否应对围填海造地征收生态补偿金时，77.5%的被调查者认为应当征收。

可以看出，被调查者对围填海造地的生态环境影响有客观感性的认识，说明被调查

表 8-7　罗源县、连江县被调查者的社会经济特征

社会经济特征	定义赋值	平均值	标准差
性别	男=0，女=1	0.32	0.468
年龄	18 岁及以下=1，19～30 岁=2，31～40 岁=3，41～50 岁=4，51～60 岁=5，61 岁及以上=6	2.50	0.914
学历	未受过教育=1，小学=2，初中=3，高中=4，大学=5，研究生=6	4.36	0.985
月收入	500 元以下=250，500～1000 元=750，1000～1500 元=1250，1500～2000 元=1750，2000～2500 元=2250，2500～3000 元=2750，3000～3500 元=3250，3500～4000 元=3750，4000～5000 元=4500，5000 元以上=6000	2424.56	1737.16
居住时间	1～5 年=2.5，5～10 年=7.5，10～20 年=15，20～30 年=25，30 年以上=40	16.21	12.46

表 8-8　被访者对罗源湾围填海造地及环境和生态影响的认识与态度

基本问题	选项	比例（%）	基本问题	选项	比例（%）
是否知道有围填海	知道	55.0	是否知道围填海的负面影响	知道	59.8
	不知道	45.0		不知道	40.2
围填海是否有积极作用	有	52.0	围填海的结果	弊大于利	47.9
	没有	24.9		利大于弊	22.5
	不知道	23.1		不清楚	27.8
对围填海的态度	鼓励	13.6		无所谓	1.8
	限制	59.8	是否应征收生态补偿金	是	77.5
	禁止	14.2		否	3.0
	无所谓	12.4		不清楚	19.5

者理解并意识到围填海造地所带来的损害及这些损害对他们生产和生活可能产生的影响，因而有能力对环境物品和服务进行评估，为被调查者真实表达自己对围填海造地导致环境质量下降进行恢复的支付意愿奠定了基础。

8.2.2.2　罗源湾围填海造地生态环境损害成本评估

问卷采用支付卡式引导方式，核心问题如下：对于围填海造地造成的生态环境影响，如果政府对围填海破坏的生态环境进行生态修复，对于修复生态您每年最多愿意支付多少人民币？

由于罗源湾周边多为较不发达的乡村地带，人们收入水平有限，因此在问卷中为降低人们不结合实际给出较大支付意愿对平均支付意愿的影响，我们将最大值设为 100 元，在对被调查者支付意愿进行统计时，超过 100 的都按照 100 计算。被调查者支付意愿频数统计结果如表 8-9 所示。通过离散变量 WTP 的数学期望公式，计算愿意支付人

群的平均支付意愿：

$$E_1(\text{WTP}) = \sum_{i=1}^{n} A_i P_i = 56.5 \text{元}/(\text{人} \cdot \text{a}) \tag{8-5}$$

式中，A_i 为支付意愿数额；P_i 为愿意支付人群选择该数额的概率；n 为问卷中支付金额标准的可供选择数量，这里 n=11 个。

总支付意愿计算公式为

$$T_1(\text{WTP}) = E_1(\text{WTP}) \times p_y \times P \tag{8-6}$$

式中，$T_1(\text{WTP})$ 为公众对罗源湾围填海造地生态环境破坏恢复的总支付意愿；$E_1(\text{WTP})$ 为公众对罗源湾围填海造地生态环境破坏恢复的平均支付意愿；p_y 为愿意支付人口比例；P 为研究区域人口总数。

由于罗源县和连江县近年来人口未有较大变化，因此将 2008 年罗源湾沿海地区 50.21 万总人口作为支付群体进行计算，根据式（8-6）计算的公众对罗源湾围填海造地生态环境破坏恢复的总支付意愿为 1896.69 万元/a。

公众对罗源湾围填海造地生态环境破坏恢复的总支付意愿即围填海造地生态环境损害成本，根据罗源湾围填海面积可以得到单位围填海面积的生态环境损害成本，计算公式为

$$\text{AC} = T_1(\text{WTP})/S \tag{8-7}$$

式中，AC 为单位围填海面积的生态环境损害成本，S 为围填海面积。

根据表 8-2 可知，20 世纪 60 年代以来罗源湾围填海面积为 7195hm²，得到罗源湾海域围填海的生态环境损害成本为 0.26 万元/（hm²·a），该估算结果是年生态损害额。通过年金公式将年生态环境损害成本转化为一次性成本计算，按照资源一次性折耗对其进行折现，折现率取 4.3%，得罗源湾围填海生态环境损害成本为 4.35 亿元，单位围填海面积生态环境损害成本为 6.05 万元/hm²。

表 8-9　被调查者支付意愿频数统计

金额	频数	比例（%）	有效比例（%）	累积有效比例（%）
2	5	2.96	4.42	4.42
5	6	3.55	5.31	9.73
8	3	1.78	2.65	12.39
10	13	7.69	11.50	23.89
20	10	5.92	8.85	32.74
30	3	1.78	2.65	35.40
50	25	14.79	22.12	57.52
60	3	1.78	2.65	60.18
80	1	0.59	0.88	61.06
90	1	0.59	0.88	61.95
100	43	25.44	38.05	100.00
0	56	33.14		
合计	169	100	100	100

为进一步了解支付意愿的影响因素，本小节采用以下模型进行回归估计：

$$\log \mathrm{WTP}_i = \beta_0 + \beta_1 A_i + \beta_2 S_i + e_i \tag{8-8}$$

式中，WTP_i 是被调查者 i 的支付意愿；A_i 为被调查者对于围填海的认识和态度，包括围填海造地是否有负面影响、围填海造地的结果和对围填海造地的态度；S_i 为被调查者的社会经济特征，包括性别、年龄、受教育程度、月收入和居住时间；β_0、β_1、β_2 为相应的系数；e_i 为随机干扰项。

由表 8-10 中的回归结果可知，受教育程度、月收入和居住时间在 5%的水平下显著，对支付意愿影响显著，且呈正相关关系；被调查者年龄在 1%以内显著，呈负相关关系。

表 8-10　支付意愿影响因素回归结果

变量	系数值	t 值	P 值
常数项	−0.292	−0.280	0.780
是否有负面影响	0.360	1.284	0.201
围填海造地的结果	0.060	0.322	0.748
对围填海造地的态度	−0.173	−1.065	0.288
性别	0.196	0.669	0.504
年龄	−0.453	−2.686	0.008
受教育程度	0.663	4.578	0.000
月收入	2.3×10^{-4}	2.882	0.005
居住时间	0.025	2.128	0.035

对于愿意支付人群的支付方式进行的调查结果显示，35.48%愿意以纳税方式进行支付，30.65%选择捐赠给非政府组织，15.32%选择捐赠给市政府；而对于不愿意支付的原因，50.42%认为纳税人已经纳税，应该由国家和地方政府来支付，20.01%担心费用无法用于保护，28.57%认为与本人无太大利害关系。

综上可以看出，公众认为围填海造地对罗源湾的资源、生态环境造成了影响，而且这些影响对他们的生产和生活可能产生损害，因而对生态环境质量的恢复愿意做出支付，支付总额为 4.35 亿元，单位面积围填海造地造成的生态环境损害成本为 6.05 万元/hm²。

8.2.3　基于生态修复原则的生态环境损害成本测算

1）识别受损的资源及其服务

自 20 世纪 60 年代至今，罗源湾的围填海造地一直持续进行，从开辟盐田、虾池到修路、建造厂区。长期的大规模围填海直接导致罗源湾海域面积缩小，60 年代罗源湾海域面积约为 27 796 hm²，截至 2004 年，罗源湾海域面积约为 17 956 hm²，减少约 35%（鲍献文等，2010；蔡清海等，2006）。海域面积的减少不仅致使鱼虾和贝类生长、繁殖的空间丧失，还导致罗源湾海洋生物种类减少、水动力减弱、水体交换和沙挟能力下降。

本小节根据《福建省海湾数模与环境研究——罗源湾》（鲍献文等，2010），识别并归纳了 1990～2004 年罗源湾白水围垦及受损资源和服务。罗源湾最后一次大型围垦为白水围垦，于 1990 年开始，2004 年完工，此后仅有一些小型围垦。以 1990～2004 年罗源湾海域面积减小值界定被填海域面积，1990 年罗源湾面积为 22 670hm²（蔡清海，1991），2004 年为 17 956hm²（蔡清海等，2006），则被填海域面积为 4714hm²。表 8-11 为 1990～2004 年罗源湾资源和生态环境受损的情况。

表 8-11　罗源湾资源和生态环境受损情况

受损资源和生态环境类别		1990 年	2004 年	总受损程度（%）
初级生产力[mg C/（m²·d）]		124.00	108.44	30.73
生物资源	浮游动物（mg/m³）	220.75	129.15	54.79
	鱼卵（个/m³）	3.12	0.95	75.88
	底栖生物（个/m³）	225.00	213.00	25.02
	浮游植物（万个/m³）	46.84	4.70	92.05
环境容量	COD（mg/dm³）	0.850	1.190	23.24
	无机氮（mg/dm³）	0.160	0.206	40.48
	无机磷（mg/dm³）	1.010	0.039	100.00
	石油类（mg/dm³）	0.007	0.028	53.73
平均受损				55.10

注：①指标数据均参考罗源湾相关报告，主要包括《福建省海湾数模与环境研究——罗源湾综合研究报告》《罗源湾将军帽散货仓储中心工程海洋环境影响报告》及《罗源湾港区迹头作业区 1#泊位工程海域使用论证报告》；②海域环境容量取决于水体扩散稀释污染物的能力和自净能力。其中，对海域环境容量影响较大的是海域水容量、水体交换能力和污染物含量。借鉴《福建省海湾数模与环境研究——罗源湾》（鲍献文等，2010）中的环境容量公式进行估算，考虑到罗源湾水质大体符合Ⅱ类水质标准，选取 COD、无机氮、无机磷、石油类等主要污染物，按Ⅱ类水质计算环境容量；③因指标单位中存在 m³，因此假设填海前后平均水深未发生变化。

综上，1990～2004 年罗源湾资源和生态环境平均受损程度为 55.10%。

2）确定补偿性修复工程及其提供服务

在此仍将虚拟人工湿地作为修复工程，仍假设修复工程带来的资源和生态系统服务总价值能够弥补由损害导致的资源和生态系统服务的损失价值。修复工程开始时间为 2006 年，初始服务水平为 0，达到最大服务水平 100%的时间为 2010 年，之后仍提供 10 年服务，即 2020 年停止提供服务，见表 8-12。

表 8-12　罗源湾围垦生态修复前后的资源和生态服务水平比较

受损参数		修复参数	
损害开始的时间	1990 年	修复工程的开始时间	2006 年
基准服务水平	100%	达到最大服务水平的时间	2010 年
自然恢复开始时间	2004 年	停止提供服务时间	2020 年
自然恢复完成时间	2014 年	初始服务水平	0%
折现率	4%	最大服务水平	100%

3）确定使资源和生态环境损失成本与资源和生态环境收益总价值相等的修复规模

根据公式（7-19），并假定 $V_i=V_P$，即修复工程提供的资源或生态系统服务水平等于受损资源或生态系统服务水平，且修复规模参数取值说明见表 8-13。

表 8-13　修复规模参数取值说明

受损资源与生态环境类别	取值	受损资源与生态环境类别	取值
每单位受损资源提供的服务水平 x_t^j	$x_t^j = b_j - t \times \dfrac{b_j}{T}$ 其中，T 表示受损期限	在修复地点资源提供服务的初始水平 b_p	0
每单位修复工程提供的服务水平 x_t^p	$x_t^p = \dfrac{1}{M} \times t$ M 表示修复年限	折现率 r（%）	4

计算可得表 8-14，比较根据初级生产力、生物资源、环境容量计算出的平均修复面积和根据平均受损程度计算出的修复规模，发现两种方法计算出的结果基本一致，这里采用平均修复规模 3833.76hm²。人工湿地修复工程成本为 125 万元/hm²（张绪良，2004），则修复工程的总成本为

$$P = J \times S \times 10^{-4} = 125 \text{ 万元/hm}^2 \times 3833.76 \text{ hm}^2 \times 10^{-4} = 47.92 \text{ 亿元} \tag{8-9}$$

式中，P 为被填海域的生态环境损害成本，单位是亿元；J 为人工湿地修复工程成本，单位是万元/hm²；S 为修复规模，单位是 hm²。

1990~2004 年罗源湾围填海造地总面积 4714hm²，则围填海造地生态环境损害成本为 101.65 万元/hm²。

表 8-14　资源和生态环境总受损量、单位面积修复量与修复规模

		单位面积修复量	总受损量	修复规模（hm²）
初级生产力（t）		5.14	10 992.11	2 138.05
生物资源	浮游动物（t/m）	5.14	19 598.36	3 812.04
	鱼卵（亿个/m）	5.14	27 142.25	5 279.38
	底栖生物（亿个）	5.14	8 949.63	1 740.77
	浮游植物（万亿个/m）	5.14	32 926.25	6 404.42
环境容量	COD（t）	5.14	8 312.94	1 616.93
	无机氮（t）	5.14	14 479.54	2 816.39
	无机磷（t）	5.14	35 769.97	6 957.54
	石油类（t）	5.14	19 219.20	3 738.29
平均				3 833.76
平均受损		5.14	19 709.18	3 833.59

注：①根据初级生产力、生物资源和环境容量计算的平均修复规模为 3833.76hm²；②根据表 8-11 中的罗源湾生态服务平均受损程度 55.10%，计算出的平均修复规模 3833.59hm²

4）敏感性分析

资源等价分析法是将未来的损失与收益进行折现，以一定规模修复工程提供的资源和生态系统服务水平与受损资源和生态系统服务基准水平相等为前提，而折现率的选择、修复工程开始时间、达到最大服务水平所需时间、达到最大服务水平后仍提供服务的时间都会对修复工程的规模产生影响。以表 8-13 中的变量赋值为基础，以生态系统服务平均受损程度 55.10% 为受损服务度量，采取单一变动法，分析各因素影响修复规模的敏感性。

表 8-15 为折现率对于修复规模影响的敏感性分析。由表 8-15 可知，在不同的折现率

水平下，修复工程的规模存在较大差异，且折现率与修复规模呈正相关关系。表 8-16 为折现率为 4%时，修复工程开始时间对于修复规模影响的敏感性分析，由表 8-16 可知，修复工程开展得越早，所需修复规模越小。表 8-17 为折现率为 4%时，修复工程达到最大服务水平所需时间对于修复规模影响的敏感性分析，由表 8-17 可知，所需时间与修复规模呈正相关关系。表 8-18 为折现率为 4%时，修复工程后期提供服务的持续时间对于修复规模影响的敏感性分析，且修复工程后期提供服务的持续时间与修复规模呈负相关关系。

表 8-15 折现率影响修复规模的敏感性分析

折现率（%）	修复系数	受损系数	修复工程面积（hm²）	单位成本（万元/hm²）
3	6.45	4.66	3406	90.31
4	5.14	4.18	3834	101.65
5	4.11	3.76	4313	114.36
7	2.66	3.07	5441	144.27
9	1.74	2.54	6881	182.47

表 8-16 修复工程开始时间影响修复规模的敏感性分析（折现率为 4%）

修复工程开始时间	修复系数	受损系数	修复工程面积（hm²）	单位成本（万元/hm²）
1996 年	7.61	4.18	2589	68.66
2001 年	6.26	4.18	3148	83.47
2004 年	5.56	4.18	3544	93.97
2006 年	5.14	4.18	3834	101.65
2008 年	4.75	4.18	4148	110.00
2010 年	4.39	4.18	4489	119.02

表 8-17 修复工程达到最大服务水平所需时间影响修复规模的敏感性分析（折现率为 4%）

修复工程达到最大服务水平所需时间（年）	修复系数	受损系数	修复工程面积(hm²)	单位成本（万元/hm²）
2	5.64	4.18	3494	92.64
3	5.39	4.18	3656	96.94
4	5.14	4.18	3834	101.65
5	4.9	4.18	4021	106.63
7	4.43	4.18	4448	117.95
9	3.99	4.18	4938	130.95

表 8-18 修复工程达到最大服务水平后期提供服务时间影响修复规模的敏感性分析（折现率为 4%）

持续时间（年）	修复系数	受损系数	修复工程面积（hm²）	单位成本（万元/hm²）
0	1.44	4.18	13 684	362.85
5	3.47	4.18	5 679	150.58
10	5.14	4.18	3 834	101.65
20	7.64	4.18	2 579	68.39
永久提供	12.85	4.18	1 533	40.66

由上述敏感性分析可知，当资源或生态环境受到损害时，尽早开展修复工程且通过有效管理令修复工程在较短时间内达到最大服务水平及令修复工程能够长久地提供服务，那么将在较大程度上减少所需修复规模，这对于受损资源和生态环境的补偿具有重要意义。

8.3 罗源湾围填海造地资源折耗成本测算

罗源湾围填海造地资源折耗成本的测算，亦从以下两个层面进行，即被填海域资源影子价格分别为土地收益和生态系统服务价值的资源折耗成本分析。

8.3.1 围填海造地海域资源影子价格为土地收益的资源折耗成本测算

根据使用者成本法计算被填海域的资源折耗成本其计算公式为 $C = \dfrac{R}{(1+r)^n}$，其中，r 为折现率；n 为海域使用年限 50 年；R 表示被填海域资源影子价格，即新增土地收益。$R=(P-\text{PC}) \cdot S$，其中，P 为罗源湾工业用地基准价格均值；PC 为罗源湾单位面积围填海造地成本；S 为罗源湾围填海造地面积。

1）罗源湾工业用地基准价格均值 P

图 8-3 为 2013 年罗源湾海洋功能区划图。由图 8-3 可看出，罗源湾围填海造地主要用于港口建设和船舶工业，即主要用于工业，所以 P 以罗源县开发区工业用地基准价格衡量。参照 2003 年及 2013 年工业用地基准价格均值的变化，得出 2003～2013 年罗源县开发区工业用地基准价格均值以每年 1.67 万元/hm² 的速度增加，以此增速估算 2003～2013 年罗源县开发区工业用地基准价格均值，结果如表 8-19 所示。

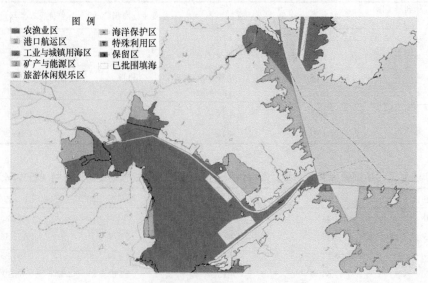

图 8-3　2013 年罗源湾海洋功能区划图

数据来源：罗源县海洋渔业局

表 8-19　2003～2013 年罗源县开发区工业用地基准价格均值　　（单位：万元/hm²）

年份	2003	2004	2005	2006	2007	2008	2009	2010	2011	2012	2013
基准价格	158.33	160.00	161.67	163.33	165.00	166.67	168.33	170.00	171.67	173.33	175.00

2）罗源湾围填海造地成本计算

依据国家海域使用金征收标准，罗源湾海域属于五等海域，所以罗源湾围填海造地成本选取全国五等海域围填海造地成本的平均数。参照《海域分等定级及价值评估的理论与方法》（苗丰民，2007）中五等海域的围填海造地成本数据，确定罗源湾围填海造地成本为 35 万元/hm²。

3）结果分析

使用年限确定为 50 年，折现率采用 4.3%。以连江县 2003～2005 年围填海项目为基础，将数据代入使用者成本法的计算公式 $C=\dfrac{R}{(1+r)^n}$，罗源湾围填海造地海域资源折耗成本如表 8-20 所示。由表 8-20 可知，围填海面积 S 不同致使各年被填海域资源折耗成本存在较大差别，两者呈正相关关系。2003 年罗源湾围填海造地面积相对较小，为 0.89 hm²，则围填海造地资源折耗成本亦较小，为 13.39 万元；2005 年的围填海造地面积为 6.32 hm²，资源折耗成本达 97.59 万元。然而 2003～2005 年围填海资源折耗成本较为接近，平均为 15.33 万元/hm²。

表 8-20　2003～2005 年罗源湾围填海造地海域资源折耗成本（折现率为 4.3%）

年份	围填海造地面积 （hm²）	土地收益 R （万元）	资源折耗成本 （万元）	单位围填海面积资源折耗成本 （万元/hm²）
2003	0.89	109.86	13.39	15.03
2004	4.58	572.98	69.81	15.23
2005	6.32	800.96	97.59	15.43

8.3.2　围填海造地海域资源影子价格为海洋生态系统服务价值的资源折耗成本测算

海域资源收益 $R=e\times s\times n$，其中，e 为海域生态系统服务价值，s 为每年度围填海造地面积，n 为被填海域的使用年限。依据 8.2.1 节罗源湾围填海造地的海洋生态系统服务价值损失评估的结果，罗源湾海域生态系统服务价值为 6.75 万元/hm²，使用资源折耗成本计算公式 $C=\dfrac{R}{(1+r)^n}$，采用 4.3%折现率。使用年限确定为 50 年，则 2003～2005 年罗源湾围填海造地海域资源折耗成本如表 8-21 所示。

由表 8-21 可知，R 为海洋生态系统服务价值时，罗源湾不同规模的围填海造地资源折耗成本平均值为 41.12 万元/hm²。

表 8-21　2003～2005 年罗源湾围填海造地海域资源折耗成本（折现率为 4.3%）

年份	围填海造地面积（hm²）	海洋生态系统服务价值 R（万元）	资源折耗成本（万元）	围填海资源折耗成本平均值（万元/hm²）
2003	0.89	300.38	36.60	
2004	4.58	1545.75	188.33	41.12
2005	6.32	2133.00	259.88	

8.3.3　围填海造地资源折耗成本与海域使用金比较

依据连江县实际征收海域使用金及全国单位面积围填海造地海域使用金征收额，得出 2003～2005 年罗源湾海域使用金征收额，并从被填海域的土地收益和生态系统服务价值两个层面，将 2003～2005 年围填海造地海域资源折耗成本与实际征收的海域使用金比较，结果见表 8-22。

表 8-22　2003～2005 年罗源湾围填海造地资源折耗成本与实际征收的
海域使用金比较（折现率为 4.3%）

年份	围填海造地面积（hm²）	R 为土地收益的海域资源折耗成本①（万元）	R 为生态系统服务价值的海域资源折耗成本②（万元）	实际征收的海域使用金总额（万元）	比例（%）③	比例（%）④
2003	0.89	13.39	36.60	13.54	101.12	36.99
2004	4.58	69.81	188.33	69.71	99.86	37.01
2005	6.32	97.59	259.88	96.20	98.58	37.02

注：① 被填海域资源影子价格为土地收益；②被填海域资源影子价格为生态系统服务价值；③实际征收的海域使用金能够反映资源折耗成本①的程度；④实际征收的海域使用金能够反映资源折耗成本②的程度

2003～2005 年，依据资源收益为土地收益的计算方法，实际征收的海域使用金基本能反映被填海域的资源折耗成本；而依据资源收益为生态系统服务价值的计算方法，实际征收的海域使用金仅约占海域资源折耗成本的 37%。

8.3.4　围填海造地资源折耗成本的敏感性分析

对罗源湾围填海造地资源折耗成本进行折现率敏感性分析，表 8-23 为被填海域资源影子价格为土地收益时，2003～2005 年连江县围填海造地资源折耗成本的敏感性分析。围填海造地资源折耗成本与折现率呈负相关关系，且当折现率为 4%时，实际征收的海域使用金总额与资源折耗成本较为接近，被填海域资源折耗成本能够得到补偿；当折现率小于 4%时，被填海域资源折耗成本增大，实际征收的海域使用金无法完全补偿资源折耗成本；而当折现率大于 4%时，罗源湾围填海造地资源折耗成本相对较小，实际征收的海域使用金能够完全补偿资源折耗成本。由此可见，折现率小于 4%时，海域资源折耗成本大于为获取土地所交付的海域使用金，海域使用金不能充分体现海域资源价值，因而人们在经济利益驱使之下，纷纷进行围填海造地以获取利益；而当折现率大于 4%时，海域使用金大于海域资源折耗成本，但由于土地还存在其他开发用途，即存在其他收益，此外人们更加偏好于短期利益，因此围填海造地利益仍大于海域使用金，围填海造地工程仍不断增加。

表 8-23 2003～2005 年连江县围填海造地资源折耗成本的敏感性分析
（被填海域资源影子价格为土地收益）　　　　　　　　　　（单位：万元）

折现率（%）	2003 年	2004 年	2005 年
2	40.82	212.88	297.58
3	25.06	130.7	182.7
4	15.46	80.63	112.71
5	9.58	49.97	69.85
6	5.96	31.11	43.48
8	2.34	12.22	17.08
海域使用金实际征收额	13.54	69.71	96.2

被填海域资源影子价格为生态系统服务价值时，资源折耗成本的折现率敏感性分析结果如表 8-24 所示。当折现率为 6%时，实际征收的海域使用金与海域资源折耗成本较为接近，即连江县的围填海造地资源折耗成本能够得到补偿；当折现率小于 6%时，罗源湾的围填海造地资源折耗成本相对较大，实际征收的海域使用金无法完全补偿资源折耗成本；而当折现率大于 6%时，罗源湾的围填海造地资源折耗成本相对较小，实际征收的海域使用金能够完全补偿资源折耗成本。

表 8-24 2003～2005 年连江县围填海造地资源折耗成本的敏感性分析
（被填海域资源影子价格为生态系统服务价值）　　　　　（单位：万元）

折现率（%）	2003 年	2004 年	2005 年
2	111.60	574.29	792.47
3	68.52	352.60	486.55
4	42.27	217.51	300.14
5	26.19	134.80	186.01
6	16.31	83.92	115.80
8	6.40	32.96	45.48
海域使用金实际征收额	13.54	69.71	96.2

与山东胶州湾的围填海造地资源折耗成本变化大体相似，造成罗源湾围填海造地资源折耗成本不断增加的原因有以下两点。

一是罗源湾临海产业的快速增长对围填海造地的需求日益增加。罗源湾地处福州市闽江口金三角北翼，临近马尾经济技术开发区，与台湾海峡隔海相望，为海上南北通行必经之路。2000 年经福建省政府批准确立为福州外港，一批港口码头陆续建设完工。罗源湾地区作为对外开放的前沿阵地，经济、科技、文化发展水平相对较高，交通便利、信息交流方便、土地资源丰富、经济腹地广阔，先后建立了全国首个土地综合开发整理示范区和全国科技兴海示范基地，是带动内陆地区发展的重要基地。此外，罗源湾附近经济近年来持续稳定增长，2011 年连江县 GDP 为 235.55 亿元，按可比价格计算，比上年增长 13.3%，罗源县 GDP 为 135.25 亿元，比上年增长 17.5%。即经济快速增长与政策导向使罗源湾临海产业迅速发展，从而进一步推动罗源湾围填海造地。

二是海域使用金征收不足。虽然海域使用金制度的建立对海洋管理制度的完善具有重要作用，但海洋管理中仍存在海域资源价值被低估的问题，尤其是围填海造地海域使用金征收标准过低，在一定程度上助长了地方对围填海造地的利益追逐。自 2001 年起，福建省对改变海域属性的围填海工程用海征收的海域使用金，比照邻近土地出让价格的 30% 一次性计征。显然，土地出让的价格与海域使用金之间存在巨大的级差收益，这成为地区发展向海域要地的驱动因素。虽然 2007 年财政部、国家海洋局颁布了《关于加强海域使用金征收管理的通知》，罗源湾海域在全国海域等别分类中被划分为五等海域，工业围填海造地用海一次性征收 45 万元/hm^2 的海域使用金，但是通过使用者成本法计算的海域资源折耗成本结果，说明现有的海域使用金仍存在对资源折耗成本补偿不到位的现象。

8.4 山东胶州湾与福建罗源湾围填海造地价值损失评估结果对比分析

环境物品或服务大都属于公共物品，缺乏相应的市场价格，其货币化评估结果受较多因素的干扰，如价值评估方法的选择、所在区域社会经济特征差异等。以本章和前一章评估结果为基础，从不同地区相同方法及同一地区不同方法两个方面对胶州湾与罗源湾围填海造地的价值损失结果进行对比分析，分析结果差异原因，从而对评估方法的合理性和评估结果的可信性进行论证，有助于提高围填海造地价值损失评估方法的可靠性，为生态损害补偿标准的制定提供更科学的依据。

8.4.1 价值损失评估结果空间对比分析

8.4.1.1 资源折耗成本的空间对比分析

对于资源折耗成本，本文分别从被填海域资源影子价格为土地收益和生态系统服务价值两个层面进行了评估，最终得到山东胶州湾与福建罗源湾围填海造地单位面积的资源折耗成本测算结果，如表 8-25 所示。

表 8-25 胶州湾与罗源湾围填海造地单位面积的资源折耗成本对比 （单位：万元/hm^2）

	胶州湾	罗源湾
R 为土地收益	90.84	15.33
R 为生态系统服务价值	72.98	41.12

（1）当被填海域资源影子价格为土地收益时，胶州湾的围填海造地资源折耗成本为 90.84 万元/hm^2，大于罗源湾的资源折耗成本（15.33 万元/hm^2）。导致胶州湾和罗源湾两海域资源折耗成本存在差异的根本原因在于两海域的工业用地基准价格均值 P 与围填海造地单位面积成本 PC 间的差额不同，其中胶州湾和罗源湾的土地基准价格与围填海

造地成本具体如表 8-26 所示。

表 8-26　胶州湾和罗源湾的土地基准价格均值与工程成本　　（单位：万元/hm²）

	胶州湾	罗源湾
工业用地基准价格均值 P	1005.00	166.67
围填海造地单位面积成本 PC	259.92	35
P–PC	745.08	131.67

根据表 8-26 可知，胶州湾的工业用地基准价格均值与围填海造地单位面积成本的差额为 745.08 万元/hm²，而罗源湾的工业用地基准价格均值与围填海造地单位面积成本的差额仅为 131.67 万元/hm²。这是由于胶州湾海域隶属于青岛市，青岛市为山东省重要沿海城市，经济总额巨大，发展迅速，港口和临港工业等产业十分发达，因此工业用地基准价格相对较高。此外，罗源湾隶属于连江县和罗源县，经济发展相对落后，工业用地基准价格相对较低。因此胶州湾海域的围填海土地收益大于罗源湾海域的围填海土地收益，胶州湾的资源折耗成本高于罗源湾的资源折耗成本。

（2）当被填海域资源影子价格为生态系统服务价值时，胶州湾的围填海造地资源折耗成本为 72.98 万元/hm²，大于罗源湾的围填海造地资源折耗成本（41.12 万元/hm²）。导致胶州湾和罗源湾两海域资源折耗成本存在差异的根本原因在于不同海域生态系统服务价值的差异。

由前文内容可知，胶州湾海域生态系统服务价值为 11.98 万元/hm²，而罗源湾海域生态系统服务价值为 6.75 万元/hm²。这是由于胶州湾与罗源湾海洋生态系统服务的调节服务和支持服务的价值相近，而在供给服务、文化服务方面，胶州湾显著高于罗源湾。因此最后得到胶州湾的围填海造地资源折耗成本大于罗源湾的资源折耗成本。

8.4.1.2　生态环境损害成本的空间对比分析

本节基于海洋生态系统服务价值、意愿调查法、资源等价分析法三种方法对围填海造地的生态进行了评估，最终得到胶州湾与罗源湾围填海造地生态环境损害成本，结果如表 8-27 所示。

表 8-27　胶州湾与罗源湾围填海造地生态环境损害成本　　（单位：万元/hm²）

	胶州湾	罗源湾
生态系统服务价值法	278.60	156.98
意愿调查法	85.12	6.05
资源等价分析法	62.89	101.65

（1）基于海洋生态系统服务价值测算生态环境损害成本时，胶州湾围填海造地生态环境损害成本为 278.60 万元/hm²，大于罗源湾海域的生态环境损害成本（156.98 万元/hm²）。原因在于胶州湾生态系统服务的价值更高，虽然在气体调节、生物多样性维持服务上，胶州湾和罗源湾的价值相差不大，但在供给服务、文化服务方面，胶州湾显著高于罗源湾的价值。因此，以受损的生态系统服务功能的价值来确定被填海域的生态环境损害成本时，胶州湾的围填海生态环境损害成本要高于罗源湾。

（2）基于意愿调查法测算生态环境损害成本时，胶州湾的围填海造地生态环境损害成本为 85.12 万元/hm²，远远大于罗源湾的生态环境损害成本（6.05 万元/hm²）。原因有 3 个：一是罗源湾地方收入水平过低导致居民对围填海进行修复治理的支付意愿低于胶州湾。根据表 8-28 可知，在平均支付意愿方面，胶州湾的平均支付意愿为 247.53 元/（人·a），是罗源湾平均支付意愿 56.5 元/（人·a）的 4.4 倍，前文的分析结果表明，在所研究的反映被调查者社会经济情况的变量中，对被调查者家庭支付意愿影响较显著的变量是被调查者的收入水平和受教育程度。罗源湾隶属于连江县和罗源县，经济发展水平较低，2013 年两县 GDP 总额为 465.03 亿元，而青岛市 GDP 为 8006.6 亿元，两县 GDP 仅占青岛市 GDP 的 5.81%，两县居民人均可支配收入仅占青岛市人均可支配收入的 68%，因此，过低收入导致支付意愿偏小，是造成基于意愿调查法评估的罗源湾围填海造地生态环境损害成本低于胶州湾生态环境损害成本的根本原因。二是青岛市总人口为 417.02 万人，连江县和罗源县的总人口数仅为 50.21 万，对样本人数的支付意愿进行汇总的结果，导致两个海湾的围填海造地生态环境损害成本出现较大的差距。三是受教育程度或者支付意愿的人口比例也是造成罗源湾和胶州湾生态环境损害成本差距较大的原因之一。在愿意支付的人口比例上，胶州湾支付人口比例为 79.7%，大于罗源湾的支付人口比例（66.86%），这是由于胶州湾海域所在的青岛市是山东省重要的沿海城市，居民的生活水平较高，受教育程度整体偏高，对围填海造地与资源环境物品有较高的认知能力，因此胶州湾海域愿意支付的人口比例较大，而罗源湾隶属的连江县和罗源县均是福建省福州市辖县，经济发展水平低，居民生活质量低，受教育程度偏低，对围填海及海域征收金、补偿金知识了解甚少，因此罗源湾海域愿意支付的人口比例较小。

表 8-28　胶州湾和罗源湾围填海造地生态环境损害成本

	胶州湾	罗源湾
平均支付意愿［元/（人·a）］	247.53	56.5
愿意支付人口比例（%）	79.7	66.86
总人口（万人）	417.02	50.21
围填海造地面积（hm²）	22 460	7 195

（3）基于资源等价分析法测算生态环境损害成本时，胶州湾的围填海造地生态环境损害成本为 62.89 万元/hm²，小于罗源湾的生态环境损害成本（101.65 万元/hm²）。由前两节内容分析可知，导致两海域围填海生态环境损害成本不同的根本原因在于两海域受损资源的总服务水平不同，进而导致修复工程的规模不同，所涉及的相关数据具体如表 8-29 所示。

表 8-29　胶州湾和罗源湾的受损服务水平与修复服务水平

损害	胶州湾	罗源湾	修复	胶州湾	罗源湾
损害开始时间	2002 年	1990 年	修复工程的开始时间	2006 年	2006 年
自然恢复开始时间	2005 年	2004 年	达到最大服务水平的时间	2010 年	2010 年
自然恢复完成时间	2015 年	2014 年	停止提供服务时间	2020 年	2020 年
基准服务水平（%）	100	100	初始服务水平（%）	0	0
服务功能损害程度（%）	76.5	48.64	最大服务水平（%）	100	100

由表 8-29 可知，虽然胶州湾的最大服务功能损害程度达 76.5%，大于罗源湾的最大受损程度（48.64%），但是由于罗源湾的受损时间较长，1990 年的生物资源量是基准水平，直至 2014 年才恢复到原本的服务水平，中间共经历了 24 年；而胶州湾仅从 2002 年开始受损，2005 年达到最大受损程度后就开始恢复，到 2015 年就恢复到了原本的服务水平，受损期限为 13 年。因而，罗源湾生物资源受损量大于胶州湾生物资源受损量，罗源湾的修复规模要大于胶州湾的修复规模，罗源湾围填海生态环境损害成本大于胶州湾围填海生态环境损害成本。

8.4.2 不同方法损失结果对比分析

运用使用者成本法对胶州湾、罗源湾的围填海造地资源折耗成本进行评估，其中收益 R 是从两个层面进行界定的，一是界定为围填海造地活动所产生的土地收益，二是界定为围填海造地用海所放弃的海域生态系统服务价值，两者本质上都是依据围填海造地对海域使用造成的机会成本，所以并没有太大的区别，故在这里不做过多的分析比较。本部分内容只分析生态环境损害成本的评估结果，比较基于海洋生态系统服务价值、意愿调查法及资源等价分析法三种方法的不同结果，分析其中内在的原因。

1）基于海洋生态系统服务价值的评估与意愿调查法评估的对比

胶州湾和罗源湾基于海洋生态系统服务价值的生态环境损害成本评估结果分别为 278.60 万元/hm^2 和 156.98 万元/hm^2，而基于意愿调查法的生态环境损害成本评估结果分别为 85.12 万元/hm^2 和 6.05 万元/hm^2。基于意愿调查法的生态环境损害成本的评估结果小于基于海洋生态系统服务价值的评估结果，具体原因如下。

基于海洋生态系统服务价值的评估方法是在对海洋生态系统服务进行分类（供给服务、调节服务、文化服务和支持服务）的基础上，评估测算围填海造地对每一种子服务的损害成本，然后再对其进行加总求和计算生态环境损害成本。该评估方法是从生态系统服务价值出发，也是围填海造地生态环境损害成本估算的最合理解释，但是由于生态系统服务功能难以分割，人为主观分解服务功能，用不同的方法估计各类影响，然后加总为一个货币值，整个结果可能由于各损失分量之间的不匹配、不一致导致评估结果的高估。

意愿调查法是通过调查、直接询问居民对环境质量改善的支付意愿或是对环境质量受损的受偿意愿，进而以支付意愿或受偿意愿的方式推导环境物品或环境服务的经济价值。意愿调查法把围填海造地对生物资源、生物栖息地及环境容量功能损害等因素，整合为简单的对围填海造地进行修复的支付意愿，避免了大量的基础数据调查和替代数据的使用，将被调查者所愿意支付的最大值作为围填海造地对公众福利水平的损害。然而，意愿调查法的使用需满足以下几个假设条件：①被调查者熟悉并了解待评估的环境质量相关问题；②被调查者清楚个人的偏好并有能力对相关的环境物品或者服务进行估价；③被调查者愿意说出个人真实的支付意愿。然而在实际的调查操作中，意愿调查法存在一系列的问题，包括被调查者存在很多的怀疑、对假想方案的理解有很多困难等，例如，很多人觉得不必为围填海造地的修复或者管理进行支付，他们认为这是政府的责任，从而给出零支付意愿，而且往往由于居民收入低、环境意识差等，支付意愿的数值比较低。另外，由于我国仍属发展中国家，大多数居民如罗源湾居民没有接受过关于环境质量改善支付意愿的调查，也就是从未用货币形式来表达他们对环境物品的偏好，因此让被调查者在假想市场的情况下，准确估算出他们对于环境质量变化的支付意愿是有一定困难的，这使得调查结果存在很大偏差，结果偏低。

2）基于海洋生态系统服务价值与资源等价分析法评估的对比

胶州湾和罗源湾基于海洋生态系统服务价值的生态环境损害成本评估结果分别为278.60 万元/hm² 和156.98 万元/hm²，而基于资源等价分析法的生态环境损害成本评估结果分别为 62.89 万元/hm² 和 101.65 万元/hm²，均小于基于海洋生态系统服务价值的生态环境损害成本评估结果，具体原因如图 8-4 所示。

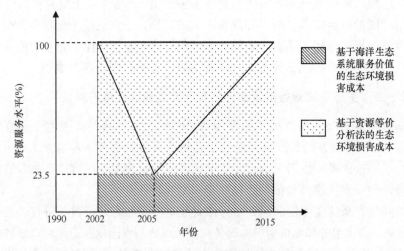

图 8-4 胶州湾的生态环境损害成本

基于海洋生态系统服务价值进行生态环境损害成本的评估，可能会存在高估，原因在于：①人为主观分解生态服务功能，然后用不同的方法加总为一个货币价值，其整个结果可能因服务功能的重叠而高估；②研究结果的假设条件是在海洋生态系统服务功能破坏不可逆的前提下进行的，也就是说围填海造地后，被填海域提供的生态服务全部消失且是永久性的，不存在自然修复的过程，即每一年都存有一个恒定的生态环境损害成本。

资源等价分析是假定受损的资源能够自我修复，但是通过必要修复来补偿受损服务在自我修复期间的临时损失的方法，该方法的估值结果可能会存在对修复规模的低估，原因是该方法必须满足以下几方面的假设：①假设存在一种修复方式使得受损的资源或生境能够被修复到（恢复到）基准水平；②假设能够估计恢复率（自然恢复率及修复恢复率），而且恢复率是线性的；③合适的修复地址是存在的（如与受损区域相同或相似的生境类型）。通常情况下，找到一种修复工程，修复生境完全等同于受损生境（如湖底沉积物、河、海岸带）是不现实的，恢复率是线性的假设也过于理想化，个别指标的相对重要性进行加权平均，生境等价的估计高度依赖于那些用来确定合适变量的假定和量化变量的指标，因为生态服务的数据不易获得，损害评估结果存在低估的可能。

8.5　小　　结

在罗源湾的围填海造地资源开发中，所造成的生态环境损失十分巨大。围填海造地导致被填海域的自然属性消失，其附加的生态系统服务价值下降，生态环境损害成本的确定建立在生态系统服务价值上，通过估算罗源湾生态系统服务价值，得出罗源湾海域围填海造地的生态环境损害成本是 156.98 万元/hm^2。

使用意愿调查法评估了罗源湾的围填海造地生态环境损害成本，结果表明，公众对罗源湾围填海造地进行修复治理的总支付意愿为 1896.69 万元/a，围填海造地生态环境损害成本为 0.26 万元/（$hm^2 \cdot a$），按照被填海域资源一次性折耗，罗源湾围填海造地的生态环境损害成本是 6.05 万元/hm^2。基于资源等价分析法测算的罗源湾的围填海造地生态环境损害成本是 101.65 万元/hm^2。

从罗源湾围填海造地资源折耗成本的计算结果可以看出，在折现率等于 4% 的条件下，2003～2005 年，依据资源收益为土地收益（即影子价格）的计算方法，实际征收的海域使用金基本反映被填海域资源折耗成本；而资源影子价格为生态系统服务价值时，实际征收的海域使用金仅约占被填海域资源折耗成本的 37%。再一次佐证了随着自然岸线和湿地资源的稀缺，应该动态提高围填海造地海域使用金的研究结论。

总体而言，没有一种生态环境损害评估的方法具有绝对的优势，不同的方法在某一方面都存在优点，同时，也在另一些方面存在明显的不足。未来海洋生态环境损害评估仍然有很大的研究空间。

9　围填海造地价值补偿管理现状

大规模的围填海造地及其对局部海域的生态破坏问题，从表面看是工业化、城市化步伐加快所致，但实质上是市场经济条件下，现有的资源价格政策下资源低效配置的结果。在市场经济条件下，由于土地与海域的比较利益相差悬殊，尤其是海域的生态服务功能无法进行市场表达，单纯采用海域使用金调节海域使用的作用不明显。在经济利益驱动下，用海方产生了围填海造地的冲动，同时面对围填海形成土地后的巨大级差收益，作为有限理性经济人的地方政府①，同样存在将海域转化为土地的逐利心理。价值补偿措施是约束和调整资源所有者、开发者的经济行为，减少和防止经济增长过程中的资源浪费和环境破坏，实现自然资源的高效配置和良性循环的经济杠杆。本章首先阐述我国围填海造地资源开发中的价值补偿的意义，然后梳理我国围填海造地价值补偿的现状和存在的问题，以说明建立价值补偿制度的重要性。

9.1　围填海造地价值补偿的意义

9.1.1　围填海造地价值补偿是社会再生产正常进行的前提条件

在经济学术语里，生产领域的补偿是与成本相对的概念，它是指为了实现社会生产和再生产的正常进行而对生产过程中的要素消耗进行的补偿，包括实物补偿和价值补偿两类。实物补偿是指对经济活动中消耗的生产要素从实物形态上进行补偿，而价值补偿是指从价值形态上对生产中的消耗进行补偿（王育宝和胡芳肖，2009）。随着人类社会的发展，以及对资源和生态环境利用程度的加大，资源环境不断稀缺，自然资源开始被人类作为与资本、劳动、技术一样的内生产要素，人类生产日益受到资源耗竭、环境恶化的制约。之所以会导致该结果，主要是因为人们没有对生产中耗费的资源、环境给予价值和实物上的补偿。由于人类不能有效补偿资源和生态环境的价值与实物，一方面造成对自然资源的过度开发利用，破坏自然资源的自我恢复和发展能力，资源浪费和生态环境破坏严重，另一方面阻碍了社会再生产的正常进行，进而破坏了社会经济实现长期稳定的基础。资源和生态环境与社会生产之间的关系见图 9-1。

对于这些生产资源与自然资源和生态环境，如果不进行价值补偿与生态恢复，社会再生产很明显是无法继续进行的。在此强调的是，自然资源和生态环境与不变资本、可变资本的补偿有不同之处：①不变资本、可变资本必须在生产前得以补偿以进行下一轮

---

① 有限理性（bounded rationality）的概念最初是阿罗提出的，他认为有限理性就是人的行为"是有意识的理性，但这种理性又是有限的"。原因之一在于环境的复杂性，在非个人交换形式中，人们面临的是一个复杂的、不确定的世界，而且交易越多，不确定性就越大，信息也就越不完全；二是人对环境的计算能力和认识能力是有限的，人不可能无所不知，因而人既有理性但又有限。

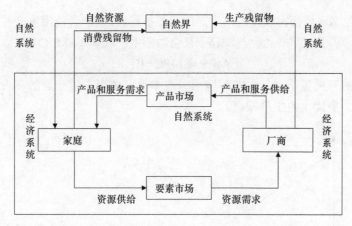

图 9-1　资源和生态环境与社会生产之间的相互关系（过建春，2007）

再生产，而自然资源和生态环境的损失具有后续性，要在事后才能得以补偿恢复；②无论是简单再生产还是扩大再生产，自然资源和生态环境的补偿量等于其消费量，且其中有一部分是自发地以补偿实现，这主要是对可再生资源而言的，对具有不可逆的非可再生资源而言，其补偿只有通过价值补偿才能实现（王育宝和胡芳肖，2009）。海域对人类的贡献，一方面表现为社会再生产直接提供生产要素，如提供渔业资源、海水资源、空间资源供养殖、休闲娱乐等；另一方面对人类的生活、居住、环境和娱乐等多个方面具有明显的控制和调节作用，如海洋的环境容量资源接收容纳社会生产废弃物，为人类和社会提供生态系统平衡服务等。但是海域资源是稀缺的，要发挥该资源的功能，就需要有替代资源。只有经过价值补偿的环节，才能从资源的开发利用过程中获得长期非减的收入，用于保护生态环境、实施生态修复，实现资源的可持续开发利用，保证社会再生产的进行。

9.1.2　围填海造地价值补偿是优化配置海域资源的重要保证

海域资源的非可持续利用，根本原因在于资源开发中的环境和生态功能损害成本无法在资源产品价格中体现，而出现资源过度利用、环境破坏。在微观经济学中，从生产产品的需求来看，生产产品的价格由其边际产品价值来决定，从生产产品的供给来看，生产产品的价格由其边际生产成本决定。生产者为了实现利润最大化，必须遵循边际产品收益（marginal revenue product，MRP）等于边际生产成本（marginal product cost，MPC）的原则。产品的价格（V）就等于边际产品收益，也等于边际生产成本。

$$MRP=MPC=V \tag{9-1}$$

在具有公共物品特征的海域资源和生态环境没有价格的前提下，这里的边际生产成本仅是私人边际生产成本，不包括生产过程中使用的环境资源。海域资源产品开发利用的数量见图 9-2 中的 Q_2 点。

海域资源生产要素在利用过程中除了实现生产者的直接利用价值，还有许多生态价值。如果利用中造成生态价值的下降则是成本支出，也是生产产品的客观成本，其与私人成本一起构成社会成本。

在资源和生态环境损害成本进入生产的成本核算后,生产者使用生产要素的条件就是生产产品的价格等于边际产品收益,等于社会边际生产成本(SMPC)。

$$MRP=SMPC=V \tag{9-2}$$

于是资源的开采量是 Q_1,生态环境损害成本得以体现在生产者的私人成本(PMPC)中,实现了社会最优化的生产规模。

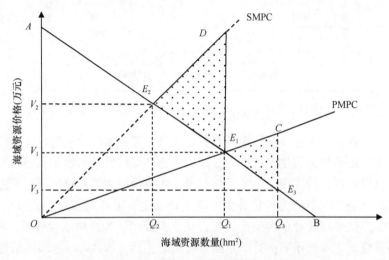

图 9-2　不同边际成本定价的资源配置区别(苗丰民,2007)

9.1.3 围填海造地价值补偿是国家实现海域资源所有权价值的途径

我国海域归国家所有,海域所有权价值指国家以海域所有者身份依法出让海域使用权而向取得海域使用权的单位和个人收取的权利金。围填海造地的国家海域所有权价值应该是被填海域的资源折耗成本和开发利用海域过程中对海域自然属性和生态服务功能造成的破坏程度而收取的生态损害补偿金。海域所有权价值通过征收海域使用金和生态损害补偿金来实现,以此实现国有海域资源性资产的保值和增值。

9.2　中国围填海造地价值补偿的现状

9.2.1 建立了较为完善的海域权属管理制度和海域有偿使用制度

1)《中华人民共和国海域使用管理法》颁布和实施

中华人民共和国成立后至 2001 年《中华人民共和国海域使用管理法》出台前,我国海域产权以国家所有、集体所有、沿海渔民共同所有或没有所有者等多种形式存在,海域的所有权一直处于模糊状态,由于技术限制及相对价格因素的影响,我国未形成明确界定的海域产权制度。计划经济体制下的自然资源实行无偿分配制度,海域开发利用也是如此,根深蒂固的靠山吃山、靠海吃海的观念使得海域处于无序、无度、无偿状态,导致了海域资源的诸多破坏(于青松,2006)。

20 世纪 80 年代以来,我国颁布了一系列有关海洋管理与海域使用制度的法律法规,形成了一个较为完整的法律制度体系。这些法律主要有 1982 年颁布、2017 年修订的《中华人民共和国海洋环境保护法》、2013 年修订的《中华人民共和国渔业法》、2006 年颁布的《防治海洋工程建设项目污染损害海洋环境管理条例》、2008 年《国务院关于修改〈中华人民共和国防治海岸工程建设项目污染损害海洋环境管理条例〉的决定》、2009年颁布的《中华人民共和国海岛保护法》、2012 年颁布的《国家海洋局关于在无居民海岛周边海域开展围填海活动有关问题的通知》。

2001 年全国人大常委会颁布了《中华人民共和国海域使用管理法》,该法共八章,分为总则、海洋功能区划、海域使用的申请与审批、海域使用权、海域使用金、监督检查、法律法则和附则,共计 54 条。《中华人民共和国海域使用管理法》是关于海域使用制度的基本法律,该法的颁布和实施,是国家在海域使用管理方面的重大举措,是我国确立海域使用管理法律制度的明确标志。《中华人民共和国海域使用管理法》颁布以后,沿海各省(区、市)大都根据该法规定的精神,结合本地情况制定或修改完善了相应的地方性法规或政府规章,以使其与法律规定相一致并保证其有效地贯彻实施(于青松,2006)。

2)海域资源所有权清晰

海域所有权是指以海域为其标的物,海域所有者独占性地支配其所有海域的权利,所有者在法律规定的范围内可以对其进行占有、使用、收益、处分,并排除他人干涉。《中华人民共和国宪法》第九条明确规定:"矿藏、水流、森林、山岭、草原、荒地、滩涂等自然资源,都属于国家所有,即全民所有;由法律规定属于集体所有的森林和山岭、草原、荒地、滩涂除外"。《中华人民共和国海域使用管理法》明确规定,海域归国家所有,国家是海域所有权的唯一主体,任何单位或者个人不得侵占、买卖或者以其他形式非法转让海域。这就确认了国家对海域的所有权。国家对海域所有权除具有所有权的一般特征之外,还具有以下特点:①所有权主体具有唯一性和统一性。唯一性是指除国家之外任何单位和个人在任何情况下都不能成为海域的所有者。统一性是指只有国务院才能代表国家行使海域所有权,其他任何国家和个人非经国务院授权或批准,不能享有海域所有权中的任何权能。②所有权客体具有广泛性。我国所有的一切海域都归国家所有,它不同于土地,土地分为国家所有和农民集体所有,而海域全部属于国家所有,海域所有权只能由国家统一行使。③国家海域所有权的四项权能是通过法律规定将其中的占有、使用、收益的权利固定给使用者,而国家保留最后的处分权。由于国家本身不直接使用海域,因此占有、使用海域一般由海域使用者取得,一部分由国家通过收取海域使用金来实现。我国禁止海域买卖,因此国家对海域的处分权主要是对海域使用权而言,主要指批准确认和收回海域使用权的权利。

《中华人民共和国海域使用管理法》明确规定海域的国家所有权和海域使用权,从根本上确认了海域的财产法律地位,为规范海域的开发和管理奠定了法律基础。根据《中华人民共和国海域使用管理法》的规定,海域所有权属于国家,需要使用海域就必须向海洋部门申请,经政府批准取得海域使用权,履行登记程序后确权发证,经登记的权利受法律保护。国家作为海域的所有者和管理者，在统一规划的基础上行使海域的所有权，通过海域所有权与海域使用权分离的原则，建立稳定、明确的海域使用权利与义务关系，协调各类海域开发利用活动之间的矛盾和纠纷，保护国家和用海者的合法权益。

3）建立海域有偿使用制度

《中华人民共和国海域使用管理法》第三十三条明确提出"国家实行海域有偿使用制度"。海域有偿使用制度的核心内容是国家对使用海域的单位和个人收取海域使用金，作为对使用国家海洋资源的补偿，海域使用者使用了国家的海洋资源，应当按规定向国家缴纳海域使用金。海域使用金作为国家财政收入，主要用于海域整治、保护、开发和管理。全国人大在《中华人民共和国海域使用管理法》出台时，对海域使用金的性质作了如下说明："海域使用金属于权利金，它既有别于税金，也不同于行政事业性收费"。全国人大对海域使用金性质的说明十分清楚，它是国家凭借海域所有权向海域使用权人征收的权利金。因此，海域使用权人按照法律规定缴纳海域使用金，是海域使用权人应尽的义务。

海域有偿使用制度包括以下内容：①海域有偿使用制度的适用范围。单位和个人使用海域，包括非公益性港口和码头及其附属设施、旅游设施、养殖（含渔民个人海水养殖）、盐田、采矿及油气开发、管道铺设、排污倾废、围填海等海洋工程和设施，应当按照国务院的规定缴纳海域使用金。我国《中华人民共和国海域使用管理法》还规定了可以减缴或者免缴海域使用金的具体情形。但是应当明确的是，我国现阶段海域使用金并非海域使用权商品价值的真正表现形态，而只是国家凭借其海域所有权人身份分割的一部分利益的行为，属于国家和海域使用权人的利益分配范畴。②海域有偿使用的时间限制。在我国，海域使用的期限采用法定主义，即法律强行规定不同类型海域使用权的有效期限。我国《中华人民共和国海域使用管理法》确定了不同用海类型的海域使用权的有效期限。海域使用权期限届满海域使用权人需要继续使用海域的，应当最迟于期限届满前两个月向原批准用海的人民政府申请续期。除根据公共利益或者国家安全需要收回海域使用权外，原批准用海的人民政府应当批准续期。准予续期的，海域使用权人应当依法缴纳续期的海域使用金。③海域使用权的取得与收回。目前海域使用权大多仍然是经过申请、审批、登记、公示程序得来的。我国《中华人民共和国海域使用管理法》允许通过招标、拍卖的方式获得海域使用权，这种方式完全是有偿的。因公共利益或者国家安全需要，原批准用海的人民政府可以依法收回海域所有权，但对海域使用权人应当给予相应补偿。④海域使用金的征收标准。海域使用金的征收标准不能过高或过低，过高会增加海域使用权人的经济负担，损害海域使用权人开发用海的积极性；过低则不能正确反映海域资源的真实价值，会减少国家作为海域所有权人的应得收益，给海域使用权人利用海域谋取暴利提供条件。因此，应根据本国经济发展水平与所利用海域的自然状况、海域开发使用的方式及其对资源和生态环境的影响等情况的差别，合理确定海域使用费用征收标准（谭柏平，2008）。

9.2.2 围填海造地海域使用金征收标准大幅度提高

2002 年以前，围填海造地受到国家政策的鼓励，不仅不用缴纳海域使用金，不用补偿围填海造地的生态损害，甚至还可以从政府获得数量不小的补助。2002 年《中华人民共和国海域使用管理法》规定："国家严格管理填海、围海等改变海域自然属性的用海活动"。而对于围填海造地海域使用金的征收标准，则由沿海各省（区、市）根据该法规定的精神，结合本地情况制定相应的地方性法规或政府规章予以规定，见表 9-1。

表 9-1　2007 年前中国沿海各地区的围海、填海工程用海海域使用金征收标准

省（市）	征收标准	征收依据
辽宁	比照当地土地出让金价格的 70%~85%一次性计征。对于环境治理填海项目，比照当地土地出让金价格的 55%一次性计征。低于每亩 1 万元的，按每亩 1 万元一次性计征，即 15 万元/hm²	2002 年《辽宁省海域使用管理法暂行意见》
天津	比照临近土地出让金价格的 30%一次性征收；一次性征收的海域使用金标准不得低于 15 万元/hm²	2000 年《天津市海域使用金征收管理办法》
山东	青岛、烟台、威海、日照为 15 万元/hm²；潍坊、东营、滨州为 4.5 万元/hm²	2004 年《山东省海域使用金征收使用管理暂行办法》
江苏	12 万元/hm²	2004 年《江苏省海域使用金征收管理暂行办法》
福建	比照临近土地出让金价格的 30%一次性征收	2001 年《福建省海域使用金征收管理暂行办法》
广东	深圳、珠海、广州、汕头（市辖区）、东莞、中山为 27 万元/hm²；台山、新会、湛江（市辖区）、惠阳、恩平等为 22.5 万元/hm²；南澳、惠东、海丰等为 18 万元/hm²；	2005 年《广东省海域使用金征收使用管理暂行办法》
海南	150 万元/hm²	2002 年海南省人民政府办公厅关于印发《海南省海域使用金征收管理办法》的通知

自 2002 年以来，围填海造地海域使用金占海域使用金征收总额的比例逐年上升，2002 年为 20%，2006 年上升到 73.6%。以舟山为例，据不完全统计，自《中华人民共和国海域使用管理法》施行以来，在舟山市海域内共发放海域使用确权 1190 宗，确权面积 25 189hm²，征收海域使用金 51 198 万元；全市审批填海项目 138 宗，填海面积达 4452hm²，征收海域使用金 46 548 万元；占 17%的填海项目缴纳了占 90%的海域使用金（谢立峰等，2009）。围填海造地海域使用金的大幅度增长对于增加各级财政收入、提高海洋管理部门的基础管理能力发挥了作用。但是在实际操作中存在征收标准不统一、自由裁量权过大等问题。由表 9-1 可以看出，围填海造地缴纳海域使用金较少的是江苏、天津、福建，一般比照土地出让金的 30%一次性缴纳海域使用金，缴纳海域使用金最高的是海南。另外，各地的海域使用金征收标准大都规定为不低于某一标准或在一定幅度之间，具体征收多少由各级海洋行政主管部门自行掌握，导致各地在海域使用金问题上自由裁量权过大；海域使用价格没有考虑海域使用的单位利润和级差收益，皆按一个标准征收，未能充分发挥海域使用金征收标准在调整资源配置上的基础作用。更重要的是，对于围填海造地改变海域属性给海洋环境和生态带来的损害则没有完全体现。

2007 年 1 月，财政部、国家海洋局发布《财政部　国家海洋局关于加强海域使用金征收管理的通知》（以下简称《通知》），并于 2007 年 3 月 1 日起施行。《通知》统一了海域使用金的征收标准，海域使用金统一按照用海类型、海域等别及相应的海域使用金征收标准计算征收。此次围填海造地海域使用金征收标准被大幅提高，在同等别海域各

用海类型中，围填海造地的征收标准居首位，最低征收额为 30 万元/hm²（六等海域用于建设用海项目），最高征收额高达 195 万元/hm²（一等海域用于处置废弃物），见表 9-2。

表 9-2　围填海造地海域使用金征收标准　　　　　　　（单位：万元/hm²）

用海类型	一等	二等	三等	四等	五等	六等
建设围填海造地用海	180	135	105	75	45	30
农业围填海造地用海	具体征收标准暂由各省（区、市）制定					
废弃物处置围填海造地用海	195	150	120	90	60	37.50

数据来源：《财政部　国家海洋局关于加强海域使用金征收管理的通知》（2007）

9.3　中国围填海造地价值补偿存在的问题

9.3.1　海域资源使用权管理分散

虽然《中华人民共和国海域使用管理法》明确规定国家是海域所有权的唯一主体，任何单位或者个人不得侵占、买卖或者以其他非法形式转让海域，同时，确立了海域所有权与使用权相分离的原则，"任何单位和个人使用海域必须依法取得海域使用权"。但在现实的海洋资源管理中，则实行的是统一管理与分部门和分级管理相结合的海洋管理模式。我国现行的海洋管理模式基本上是根据海洋自然资源属性及其开发产业，按行业部门进行计划管理。我国的海洋管理机构涉及海洋行政、环境保护、交通海事、渔政、海关边防、海事法院、军队等许多部门。这种分散型管理体制使海洋资源资产管理部门职能和职责分散、交叉或重叠，最终势必会形成多种不协调甚至冲突，一些交叉性的工作同时被几个部门管理，而另一些同样是交叉性的工作，出现各个部门互相推诿的情况，例如，对于海洋污染防治工作，我国《中华人民共和国海洋环境保护法》（2017 修正）第八十九条规定："对破坏海洋生态、海洋水产资源、海洋保护区，给国家造成重大损失的，由依照本法规定行使海洋环境监督管理权的部门代表国家对责任者提出损害赔偿要求"。这一规定赋予了国家海洋环境监督管理部门索赔海洋生态环境损害的权利。1996年 10 月 8 日农业部发布的《水域污染事故渔业损失计算方法规定》在第二条关于污染事故经济损失量计算中说明，"因渔业环境污染、破坏不仅对受害单位和个人造成损失，而且造成天然渔业资源和渔政监督管理机构增殖放流资源的无法再利用，以及可能造成的渔业产量减产等损失，在计算经济损失额时，将直接经济损失额与天然渔业资源损失额相加""该损失计算由渔政监督管理机构根据当地的资源情况而定，但不应低于直接经济损失中水产品损失额的 3 倍""天然渔业资源损失的赔偿费由渔政监督管理机构收取，用于增殖放流和渔业生态环境的改善、保护及管理。"该规定指出渔业环境污染的索赔主体是渔政监督管理机构。《中华人民共和国防止船舶污染海域管理条例》第三十九条规定："凡违反《中华人民共和国海洋环境保护法》和本条例造成海洋环境污染损害的船舶，港务监督可以责令其支付消除污染费，赔偿国家损失"。对于船舶造成污染，交通港务部门亦有索赔权。可见，海洋资源管理权的分散及行政机关分工的交叉重叠，不仅造成资源浪费，还可能会导致国家利益得不到有效的维护。

9.3.2 滩涂资源的法律性质界定不清

海洋滩涂系指大潮时，高潮线以下、低潮线以上的，亦海亦陆的特殊地带。我国海洋滩涂总面积 217.04 万 hm^2，多用于发展滩涂水产养殖业、开辟盐田。滩涂除具有巨大的经济价值外，还有生态价值。滩涂是陆、海生态系统的过渡带，其本身就是一个复杂的生态系统，有丰富的生物资源，如大量的双壳类、单壳类、甲壳类等动物，还有大量微生物及其他生物群落，同时，海洋滩涂还是某些陆地动物、鸟类和海洋生物觅食、栖息、产卵、繁殖的重要场所（林志承和李广伟，1992），而围涂造地是滩涂资源开发的重要方式。

我国目前对滩涂的法律性质界定不清，结果使同一物品属于多个不同的主体所有。例如，我国《中华人民共和国民法通则》（2009 修正）第七十四条规定：劳动群众集体组织的财产包括"法律规定为集体所有的土地和森林、山岭、草原、荒地、滩涂等"。该法八十一条规定："国家所有的森林、山岭、草原、荒地、滩涂、水面等自然资源，可以依法由全民所有制单位使用，也可以依法确定由集体所有制单位使用，国家保护它的使用、收益的权利；使用单位有管理、保护、合理利用的义务"。《中华人民共和国土地管理法实施条例》（2014 修订）第二条规定："依法不属于集体所有的林地、草地、荒地、滩涂及其他土地"，属于全民所有，即国家所有。因此，我国《中华人民共和国民法通则》（2009 修正）及《中华人民共和国土地管理法实施条例》（2014 修订）已经把滩涂作为土地的一种形态。《中华人民共和国海域使用管理法》通过列举的方式明确了海域的范围，它包括内水、领海的水面、水体、海床与底土。从我国上述立法来看，似乎对海陆界限做出了明确的划分，但是，在实际管理中，则体现为对滩涂在法律性质认识上的差异。从自然属性上，滩涂的范围主要是在海水低潮线和海水高潮线之间的地带，即潮间带，以及向海和向岸两侧自然延伸的部分。

如果滩涂属于土地，会产生以下法律效果：①滩涂所有权既可以属于国家，又可以属于农民集体；②海域使用者所拥有的权利既可以是所有权，又可以是使用权；③滩涂所有权和使用权的归属，以及滩涂使用权的设立、转移和消灭等，均须在土地管理部门进行不动产登记；④滩涂按农用地、建设用地和未利用地的划分实行用途管制；⑤对滩涂的行政管理由土地管理部门负责。

如果滩涂属于海域，会产生以下法律效果：滩涂所有权只能属于国家，因为海域属于国家所有；利用滩涂的单位或个人所拥有的权力，限于对滩涂的使用权，滩涂使用权的设立、消灭、转移等，须在海洋行政主管部门进行产权登记；滩涂使用按照海域功能区划予以规制，对滩涂使用的行政管理等由海洋行政主管部门负责（谭柏平，2008）。

我国围填海造地很大一部分是围涂造地，由于滩涂的法律性质界定不清，国土资源开发部门与海洋行政主管部门在资源开发和保护中的各自利益及权能不明确，在围填海造地过程中出现交叉管理或空白管理，围海造地呈现大规模、无序化，最终使国家利益受侵，海洋生态环境遭到严重破坏。这种资源开发过程中存在的权利相互交叉、相互制约和重叠现象，使海岸带资源的产权关系被肢解，形成了多方面权利矛盾。

9.3.3 围填海造地海域使用金征收标准过低

我国于 2007 年颁布了《关于加强海域使用金征收管理的通知》,大幅提高海域使用金征收标准,但围填海造地这一用海方式对海域资源和生态环境造成不可逆的破坏,而现在海域使用者为获得海域使用权而缴纳的海域使用金,无法充分反映围填海造地海域资源折耗成本。笔者认为,围填海造地的海域使用金征收标准应该动态化,实际征收的海域使用金不仅应该从经济上体现国家对海域的所有权,或者说国家对围填海造地后所形成土地的所有权,还应该体现围填海造地海域使用者对彻底变更海域属性、使海域成为不可再生资源的折耗成本。同时,现行海域使用金分等定级征收标准仅仅体现了不同海域因自然资源条件和社会经济条件差别所展现的不同,未能体现因海洋经济发展和围填海造地海域使用市场供求变化而造成的不同。基于以上两点,动态化的海域使用金征收标准能够充分反映海域资源折耗成本、充分体现海域供求关系变动,从而发挥海域使用金的价格杠杆作用,科学配置海域资源,并将所征收的海域使用金用于海洋生态系统的修复与维护,最终达到海域资源和生态环境资本非减性与服务可持续性的目的。

9.3.4 围填海造地生态环境价值补偿仍为空白

本书第 3 章已述,围填海造地的机会成本由三个部分组成:一是围填海造地所发生的工程费用成本(简称生产成本);二是由于占用了稀缺不可再生海域资源而损失的未来利益(简称资源折耗成本);三是围填海造地过程中所发生的生态环境损害成本。在市场经济条件下,围填海造地方在取得围填海造地海域使用权时,以海域使用金的形式向国家支付权益报酬,即海域租;同时,为了补偿资源存量的减少和消除利用过程的环境和生态损害,开发利用者应以交税和付费形式对资源折耗成本和生态环境损害成本进行相应补偿。

目前,用海方缴纳海域使用金,从性质上来说,是资源折耗成本补偿的表现形式,也是到目前为止国家政策中围填海造地价值补偿的唯一内容,而对于生态环境损害成本的补偿仍处于不完善中。

对于海洋环境保护,1982 年我国颁布了《中华人民共和国海洋环境保护法》,该法对海洋环境污染民事损害赔偿制度进行了规定,制定了海洋环境标准制度、排污收费和倾倒费制度、油污损害赔偿制度等。2017 年对该法进行了修订,修订的《中华人民共和国海洋环境保护法》内容更全面、要求更高、处罚力度更大,第二十四条明确规定,国家建立健全海洋生态保护补偿制度,开发利用海洋资源,应当根据海洋功能区划合理布局,严格遵守生态保护红线,不得造成海洋生态环境破坏。2006 年国务院颁布实施了《防治海洋工程建设项目污染损害海洋环境管理条例》,加强了对海洋工程建设、运行过程中污染损害的监管,明确了海洋工程运行后排污行为的监管,细化了海洋工程污染事故的预防和处理,设定了严格的法律责任,要求造成海洋环境污染事故的建设单位必须排除危害,造成损失的要赔偿损失。但是现有立法的内容对于海洋环境和海洋生态的保护只是一些原则性的规定,对于环境和生态损害的补偿与赔偿,均没有提出统一的评估方法、赔偿标准和具体的补偿办法。

2007 年农业部发布了《建设项目对海洋生物资源影响评价技术规程》，2008 年 3 月 1 日起施行。该规程规定了海洋、海岸工程等建设项目对海洋生物资源影响评价的总则、海洋生物资源现状调查和评价、工程对海洋生物资源的影响评价、生物资源损害赔偿与补偿计算方法和保护措施，其中，生物资源损害赔偿与补偿计算方法包括对鱼卵和仔稚鱼经济价值的计算、幼体经济价值的计算、成体生物资源经济价值的计算和潮间带生物、底栖生物经济价值的换算，为建立生态资源的补偿机制提供了技术支持。从立法层次上来说，该规程仅是农业部的行业标准，其法律效力较低，并不具有普遍指导意义。

2010 年 7 月山东省颁布了《山东省海洋生态损害赔偿和损失补偿评估方法》，其规定了沿海海洋工程、海岸工程和污染等对海洋环境特别是生物资源造成经济损失的评估方法。该方法适用于对海洋中鱼类（鱼卵和仔稚鱼）、甲壳类和头足类、浮游动物、潮间带天然动物等资源损失量的评估。在此基础上，2012 年 8 月，山东省财政厅、山东省海洋与渔业厅联合下发了《山东省海洋生态损害补偿费和损失补偿费管理暂行办法》，该办法明确规定在山东省管辖海域内，发生海洋污染事故、违法开发利用海洋资源等行为导致海洋生态损害的，以及实施海洋工程、海岸工程建设和海洋倾废等导致海洋生态环境改变的，应当缴纳海洋生态损害赔偿费和海洋生态损失补偿费。该办法是我国出台的首个专门针对海洋生态损害补偿和赔偿的地方条例。对于海洋工程、海岸工程造成生态资源损失的评估及其索赔在我国尚属首创，对于海洋生态环境的保护模式做出了有益的探索，2016 年，山东省财政厅、山东省海洋与渔业厅对该办法进行了修订，制定了《山东省海洋生态补偿管理办法》（以下简称《办法》），还发布了《用海建设项目海洋生态损失补偿评估技术导则》（DB37/T 1448—2015）（以下简称《技术导则》）。《办法》第十二条规定："海洋生态损失补偿是指用海者履行海洋环境资源有偿使用责任，对因开发利用海洋资源造成的海洋生态系统服务价值和生物资源价值损失进行的资金补偿"。新修订的管理办法增加了补偿海洋生态系统服务价值损失一节，《技术导则》规定了用海建设项目海洋生态损失补偿评估的方法与依据。总体来说，有关海洋环境和生态损害评估、补偿及赔偿的问题，无论是地方性条例还是行政法规抑或是法律规定，缺乏针对环境和生态损害的损失界定与补偿办法，这就导致海岸带资源开发出现环境和生态损害的时候，用海方以无具体赔偿标准为推诿，迟迟不予赔偿，而政府又由于没有明确的法律和政策依据要求用海方进行充分有效补偿。

9.3.5 围填海造地价值补偿的市场机制不健全

目前，虽然我国已实施了海域有偿使用制度，但仍然处于起步阶段，特别是围填海造地价值补偿的市场机制仍然不健全。例如，围填海造地的一级海域使用权市场是不完全的市场，国家转让海域使用权时征收海域使用金，围填海造地海域使用权取得的基本方式仍是行政审批；二级流转市场没有建立，海域使用权转化为土地使用权的市场机制没有建立。一个围填海造地项目在符合海洋功能区划的前提下，编制海洋使用论证报告和海域环境影响评估报告，通过海洋行政主管部门组织的专家论证后，符合围填海造地用海申请。海域使用申请通过各级政府的层层审批，经批准后，用海单位和个人缴纳海域使用金，海洋行政主管部门核发海域使用权证书。围填海项目完成之后，使用者向土地行政主管部门提出申请，确认土地使用权。海域资源使用者的海域使用权，大多不是在公开市场竞争取得，导致获得围填海造地使用权的价格一方面不反映竞争关系，另一方面也没有反映海域资源本身的经济价值。由于海域资源使用权市场总体竞争不充分，价格形成机制缺乏对投资者、经营者和消费者的激励与约束作用，无法有效约束海域资源开发利用中的低效、浪费行为。

9.3.6 围填海造地价值补偿外部监管机制不完善

新一轮的围填海热潮一部分是国家或省（区、市）经济发展所拉动的，例如，天津港的围填海工程正是满足天津市及环渤海区域发展所必需的，河北曹妃甸的围填海工程也是满足首都钢铁集团搬迁所必需的，但一部分小型围填海工程却是一些部门利益或者县乡政府形象工程所致，如"海盾2006"所查处的广东阳东某镇围填海建设渔港广场，以及"海盾2004"福建惠安崇武水族馆违法填海项目等（李荣军，2006）。另外，少批多用、化整为零、擅自扩大工程填海面积的违法行为，或是绕过海洋主管部门，未取得海域使用权证的非法填海，是围填海造地无序化的又一重要表现。海洋环境管理执法不严是未能遏制围填海造地大规模蔓延的重要原因之一。环境执法不严暴露出"命令-控制型"体制的先天缺陷，具体来说，其缺陷表现在以下两方面。

（1）国家及地方海洋行政管理部门人手有限，面对点多面广的、涉及村民集体组织或个体的违法、非法围填海造地行为，由于缺乏必要的强制手段，执法能力不足。而公众的参与度低，公众对海洋资源认识不足，缺乏捍卫自己参与权利的意识，使得海洋环境执法缺少来自社会的监督力量。

（2）地方政府与企业的合谋。围填海造地能为用海方带来巨额的级差收益，同时对于地方政府来说，地方政府通过实施围填海可以增加土地面积，通过土地转让实现地方财政收入的增加；而环境问题上的政府失灵，根源在于以经济目标为主导的压力型、政绩型考核制度。由于海域所有权分级所有和分部门行使，盲目圈占海域、竞相围填海造地成为各部门、各利益集团博弈的结果，一些县（市）绕开政策限制，对围填海造地的规模化整为零，最终实现本部门的经济利益。

9.4 小 结

我国尚无围填海管理的专门政策法规，围填海管理的有关规定分布在《中华人民共和国海域使用管理法》《国家海洋局关于加强围填海规划计划管理的通知》《关于加强海域使用金征收管理的通知》等多项政策法规文件中，整体上缺乏系统性和专业性。现有的围填海管理规定多是原则性表述，没有具体的实施细则和标准。我国对海域资源开发中价值补偿问题的管理实践起步于《中华人民共和国海域使用管理法》的正式颁布和实施。虽然较晚，但发展较快，其发展特点具体表现为：建立起较为完善的海域资源开发的法律法规和政策体系，对海域资源的有偿使用进行了积极的探索，针对围填海造地改变海域自然属性、生态环境影响重度的特征，于 2007 年大幅度提高了海域使用金的征收标准。所有这些为我国进一步全面实施海域有偿使用制度，建立完善的围填海造地价值补偿机制奠定了基础。

但是，我国围填海造地资源开发价值补偿存在以下问题：①海域资源使用权管理分散使价值补偿对象模糊；②某些海岸带资源如滩涂资源的所有权和使用管理权在法律上仍然界定不清，出现交叉管理、过度开发利用的现象；③近年来，农业农村部或地方部门针对海岸工程所导致的生态环境损害出台了行业标准和地方标准，但是对环境容量价值损失、生态系统服务价值损失的评估则没有涉及，对具体的生物资源的损害均缺乏统一的、具有可操作性的评估标准和赔偿办法，也就是说，对生态环境损害成本补偿尚未形成规范化、法制化的补偿模式；④围填海造地价值补偿的外部监管体制不完善，行政管理的协调性、统一性不够，海域资源环境执法的独立性与强制性不能保证，这也阻碍了价值补偿的顺利实施。

10 围填海造地价值补偿制度的构建

我国围填海资源开发中资源和生态环境损害问题的形成，与人们长期以来忽视海岸带资源的价值，特别是海洋生态资源的价值有关，与解决资源和生态环境问题中的"有法不依、违法不纠、执法不严"有关，与我国所采取的区域开发政策、土地政策、产业政策密切相关，更重要的是，与国家的海洋资源管理体制有关。例如，联合国开发计划署、联合国环境规划署、世界银行、世界资源研究所共同主编的《2000/2001 年世界发展报告》就明确指出，"价格和政府决策中反映出的经济信号是决定我们如何对待生态系统的首要因素之一""补贴往往鼓励了破坏性行为，否则这些活动在经济上是不可行的""政府政策通常因为对价格产生影响而造成生态系统退化"。在明确海岸带资源价值决定和价格构成的基础上，对围填海造地价值损失进行定量分析后，通过剖析现有的围填海造地资源开发价值补偿的管理体制和政策因素及其存在的问题，构建符合我国国情的资源和生态环境价值补偿体系与制度框架就十分必要。

10.1 围填海造地价值补偿的指导思想、目标及原则

10.1.1 价值补偿指导思想

在此必须明确指出，价值补偿制度的构建必须以可持续发展战略为指导思想。所谓可持续发展，就是既要考虑当前发展的需要，又要考虑未来发展的需要，不能以牺牲后代人的利益为代价来满足当代人的利益要求。它有两个基本点：一是必须满足当代人的需求，否则就无法生存；二是今天的发展不能损害后代人满足需求的能力。可持续发展思想为我们指出怎样实现科学发展、可持续发展和永续发展的路径，就是要实现经济、社会和生态环境的协调发展，不能以损害生态环境为代价博取短期的快速发展。海岸带资源既具有直接使用价值，又具有环境和生态功能价值，保持海岸带资源及其功能的非减性，是社会再生产维持和社会发展的基本条件。可持续发展思想的基本精神，理应成为围填海造地价值补偿的指导思想。

10.1.2 价值补偿目标

价值补偿目标是指价值补偿所要达到的效果。根据我国围填海造地的现状与围填海造地对海岸带资源和生态环境的影响，确定价值补偿的目标是解决围填海造地资源开发所导致的海岸带资源折耗和环境生态功能退化问题。在市场经济条件下提高资源开发成本的同时，通过从资源出售获得的货币收入提取相应的补偿费用，并将其用于开发新的资源，恢复、维护和改善海岸带资源的环境容量功能和生态功能，维持未来稳定的资源

消费，保证资源开发利用的可持续性。

10.1.3　价值补偿原则

1）全成本补偿原则

海域资源的有用性和稀缺性决定了海域资源是有价值的。特别是围填海造地资源开发，使海域资源成为不可再生资源，因此，围填海土地产品价格除包括围填海工程成本外，还包括占用海域不可再生资源的折耗成本和围填海开发导致的生态环境损害成本，应进行全成本补偿。只有进行全成本补偿，才能保证海洋资源开发利用的可持续性和功能的非减性。

2）"谁破坏、谁恢复，谁污染、谁付费"的原则

明确围填海造地开发中的价值补偿责任主体，确定补偿的对象、范围。围填海造地方使用海域资源使海域资源的自然属性完全消失，要承担资源折耗成本，履行价值损失补偿；如果围填海行为对生态环境造成破坏，产生生态环境损害成本，则围填海造地方要履行生态环境恢复责任，补偿相关损失；如果是违法的围填海造地行为，并对生态环境造成破坏，则承担生态损害的赔偿责任并承担其他法律责任。

3）责、权、利统一原则

围填海造地的价值补偿涉及多方利益调整，关系临海经济的发展和社会和谐，因此，需要广泛调查各利益相关者的情况，合理分析资源开发及生态环境保护的纵向、横向权利义务关系，科学评估海岸带资源的价值，合理估算围填海造地的生态损害，研究制定合理的价值补偿标准、程序和监督机制，确保利益相关者责、权、利相统一，做到应补则补、不补则罚。

4）政府引导与市场调控相结合的原则

按照国务院赋予生态环境部的"承担保护海洋环境的责任"，生态环境部的行政主管部门应发挥建立海岸带资源开发价值补偿机制的引导作用，结合国家相关政策和实际情况改进国家行政主管部门对海洋资源和生态环境保护的投入机制，要制定并完善调节、规范市场经济主体的政策法规，引导建立多元化的与市场化的保护资源和生态环境的运作方式，培育合格的市场竞争主体，发挥市场在资源配置中的基础性作用。

5）因地制宜，逐步推进原则

要科学论证，先行试点、逐步推进。根据不同地理位置、不同等级的海域，制定和实施价值补偿评估的试点工作，建议价值补偿标准及核算与用海工程的环境影响评估报告制度同步进行。建立围填海造地价值补偿的标准体系，落实各利益相关方责任，探索多样化的生态补偿模式，为全面建立海岸带资源开发的价值补偿奠定基础。

10.2 构建统一的海岸带资源和生态环境价值补偿法律体系

10.2.1 制定海岸带管理法

海岸带拥有丰富的各类资源，如滩涂资源、渔业资源、海洋化学资源、石油天然气等矿产资源，以及空间港口、旅游资源，权属界定不清的滩涂资源亦属于海岸带资源。另外，海岸带还是一个特殊的生态系统，如红树林、珊瑚礁、海滩、河口沿岸湿地等，同时海岸带又受陆地和海洋的影响，而成为海洋生态系统最为脆弱的地带。海岸带还是海洋经济高度发达的地区，利用率越来越高，矛盾日趋尖锐，由于我国海洋资源开发和保护的管理、经营权限划分不明确，在现实中国家对海洋资源的管理被分割得支离破碎，极为混乱，补偿对象出现多元化，管理部门之间往往相互牵制甚至发生矛盾，这些矛盾需要统一的立法来协调。因此，建议我国制定一部有针对性的海岸带管理法，在海岸带资源国家所有权界定的前提下，使海岸带资源的使用管理权统一完整，改变部门分散管理方式，形成完备的海洋综合管理法律制度，保证价值补偿对象的清晰。

10.2.2 制定和颁布有关生态环境治理与补偿的法律法规

随着用海工程量的增加和规模的加大，海洋工程对生态环境的破坏也日益严重，为了保护日益恶化的生态环境，需要创新保护生态环境的法律制度。建议在已经颁布的《中华人民共和国海洋环境保护法》基础上，尽快制定并出台海岸带资源开发生态环境补偿办法与海洋生态资产的价值评估办法，明确海洋资源的生态环境价值与资源开发者的生态环境补偿责任，使海洋生态环境保护和生态索赔工作有法可依。该办法应明确补偿主体、受偿主体、补偿的标准及补偿方式等。在此基础上，进一步修改完善、出台海岸带资源开发生态环境补偿条例，待时机成熟后出台海岸带资源开发生态环境补偿法。

10.3 提高围填海造地海域使用金征收标准

法律的刚性规定需要一些柔性政策进行补充。不同地区社会发展水平不同，海岸带的区位、资源、环境状况和周边的经济发展状况不同，也使得生态环境补偿的标准、途径、手段等技术环节存在巨大的差异，难以统一和规范。因此，需要本着完善和因地制宜的原则制定价值补偿的补充或配套政策。

海域使用金是权利金，是国家资源所有权在经济上的反映。但是，权利金费率不是一成不变的，是根据资源的未来收益折现或者是通过资源开采后形成产品的收益来调整的。由于海域资源在国民经济发展中占有重要地位，以及其稀缺程度的增加，权利金费率亦应得以调整，以使海洋经济的发展与整个国民经济的运行保持协调。对于围填海域来说，当原有的海域使用金引起了开发利用者获得巨额超额利润或溢价收入时就应提高权利金费率，即提高海域使用金。理顺国家对海洋资源所有权财产权益的经济关系和级差收益关系，提高国家海域使用管理能力，维护国家作为海域资源所有者的权益，是科学开发海洋资源、完善资源有偿使用制度的前提条件。

建立严格的海域使用权有偿交易和海域使用权出让金管理制度。海域使用权有偿交易制度是市场经济条件下实现海域资源价值补偿的重要制度。海域使用权的有偿取得，不但保证了资源所有权人在围填海造地前就因出让海域所有权而获得一笔收入，而且会提高围填海造地用海的进入门槛。对于围填海造地权的取得方式，国家海洋行政管理部门通过许可证的方式有偿出让，出让的具体形式包括拍卖和招标等。借鉴陆地资源管理的办法，在海域使用权有偿出让的一级市场上，均按照"统一规划、集中开发、一次置权、分期付款"的原则，以招标、拍卖、挂牌等市场竞争方式出让，同时要强化围填海造地的许可证管理制度。

10.4 制定围填海造地生态环境价值补偿标准及其补偿制度

10.4.1 科学制定围填海造地生态环境价值补偿标准

生态损害补偿标准是生态价值补偿制度建立的核心，关系到补偿的效果和补偿者的承受能力。补偿标准的确定可参照以下两个方面的价值进行初步核算：基于海洋生态系统服务价值确定补偿标准或基于生态修复成本确定补偿标准。

1）基于生态系统服务价值确定补偿标准

根据不同地区围填海工程项目所影响的生态系统服务的类型和受影响的海域面积，估算围填海造地生态系统服务价值损失，进一步确定生态环境损害补偿标准，其公式为

$$P = \frac{(1+r)^n - 1}{(1+r)^n r} \times \sum_{i=1}^{I} V_i \tag{10-1}$$

式中，$i (=1, 2, 3, \cdots, I)$ 代表受损的海域生态系统各项子服务；V_i 代表第 i 种生态系统服务的价值；n 为补偿年限；r 为折现率；P 代表围填海造地生态系统服务价值损失总和（即生态损害补偿标准）。

基于生态系统服务价值标准量化围填海对海洋生态环境的影响，并利用环境损害评估模型将其货币化，作为补偿标准，以被填海域生态系统服务价值理论确定的标准是最直接的生态环境损害补偿标准，也是生态环境损害补偿标准的最合理解释。但是，从标准结果的现实应用来看，存在生态损害补偿标准的高估。一是由于货币化评估方法存在误差，例如，替代成本法仅是借用市场价格来评估单位海域的某种生态系统子服务的价值；采用意愿调查法测算出来的仅仅是人们的支付意愿，而实际要求人们支付相当量的货币来换取更好的海域生态系统服务价值时，却存在较大的困难。二是由于生态系统服务价值是以服务功能加总的结果表示，而构成这些加总结果的各项生态系统子服务有时是相同或相近的，进一步导致服务价值的叠加。实际上海洋生态系统服务的货币化价值很难通过市场交换全部转换为货币，也存在操作困难。因而生态系统服务价值理论上可作为围填海造地生态环境损害补偿标准的上限。

2）基于生态修复成本确定补偿标准

实施海洋生态环境损害补偿的目的是保护海洋生态环境，并使受破坏的海洋生态系统发挥原有的服务功能。为实现这一目标需要采用生境重建、生物资源增殖等修复措施，开展生态修复工作。因此生态修复工程及修复规模或费用是确定海洋生态补偿标准的参考依据。基于修复工程计算生态损害的补偿时，生态补偿标准包括三部分：①修复费用，即将受损自然资源恢复至基准水平的成本；②过渡期损失，即受损自然资源或服务从受损到完全修复期间，因不能向公众提供自然资源或发挥其生态功能而造成的临时损失；③损害评估的合理费用成本。具体方法是选定修复工程，并假定该修复工程提供的资源或服务与受损资源或服务是对等的，从而估算所需的修复规模，完成对公众的损害补偿。

这种方法目标在于保持生态功能的基准水平而不是人们福利水平的不变，充分体现生态补偿的本质要求，但是也有很多局限性：由于有很多假设，那么在假设条件没有得到满足时，得到的结果是不准确的。而且很多时候，生态破坏是不可逆的，虚拟的生态修复结果并不能充分反映现实的情况。

无论从哪一个角度确定围填海造地生态环境损害补偿标准，都是将围填海造地生态环境损害货币化的过程，而事实上，理论标准确定之后，还应根据各地经济发展水平和海域资源开发利用情况，通过围填海造地利益相关者的谈判博弈，最终确定补偿主体和补偿对象都能够接受的、共同认可的补偿额度。只有制定公平合理的围填海造地生态环境损害补偿标准，才能通过调整利益相关者的利益分配关系达到维护生态平衡的目的。

10.4.2 建立围填海造地生态环境价值补偿制度

针对围填海造地的生态环境损害，2018 年国务院印发了《国务院关于加强滨海湿地保护严格管控围填海的通知》，要求除国家重大战略项目外，全面停止新增围填海项目审批。为了实现海洋资源的可持续利用，更好地推进社会主义生态文明建设，笔者认为，建立海洋生态环境损害补偿制度，以"基于市场、基于法律"而不是"基于计划"的方式来解决海洋生态环境问题，是我国《生态文明体制改革总体方案》要求的"建立健全环境治理体系"中非常重要的一环，也是在海岸带资源管理领域需要努力探索和创新管理的目标之一。建议制定围填海造地生态环境损害补偿制度专项立法，以制度保证生态文明建设事业的顺利进行。在法律中，应明确规定补偿主体、受偿主体及补偿方式，具体包括以下两点。

1）补偿主体和受偿主体

围填海造地方因其开发用海活动对海域生态环境造成损害，因此是生态补偿主体，有义务缴纳生态补偿金。根据我国法律规定，国家是海域资源的所有者，海域使用者对于国家所有权状态下的海域进行使用并造成不可逆的负面生态影响，国家就成为围填海造地活动中海域生态环境受损方，有权提出赔偿请求，因此国家为围填海造地生态补偿的受偿主体。但国家只是一个相对抽象的主体，在具体的实施中，具有管理主体资格和能力的政府才是实际的受偿主体。在我国，生态环境部代表国家行使海洋环境的保护权，因此生态环境部及地方海洋行政管理部门是围填海造地生态补偿的受偿主体。同时，渔民、养殖户等受围填海造地活动影响而造成自身固有权益受到损害的利益受损方、义务参与修复围填海造地工程造成海洋生态损害的群体和个人都应该归入海洋生态补偿的受偿对象。

2）补偿方式

围填海造地生态补偿方式是指围填海造地生态补偿责任者或是生态补偿的实施主体对生态受损者的具体补偿方式。可以采取以下两种补偿方式：①货币补偿，即用海企业根据生态环境损害成本，缴纳生态补偿金。货币补偿方式的优点是直接通过经济杠杆提高围填海造地方的生产成本，约束围填海规模；其缺点是货币补偿的用途监管方面存在困难，受损生态不一定会得到完全和及时修复。②生境修复，通过生态重建和修复受损的生态系统来实现生态损害的内部化。由于围填海造地用海方式的特殊性，海域一旦被填就难以恢复，因此主要是通过生态重建的方式，建立同等规模或更大范围的修复工程进行补偿，如建设人工红树林、保护滨海湿地来恢复、替代和获取与受损海域资源等价的资源，从宏观上保持海域资源生态系统服务功能的非减性，促进海洋生态自我修复能力的更新。在两种补偿方式的选择上，首先鼓励生态修复，根据受损资源的规模及其服务水平，围填海造地方制定并实施修复计划以保障资源恢复到受损前的状态并补偿修复期资源服务功能的损失；如果修复不可行，应基于被填海域生态系统服务价值损失的机会成本进行货币补偿。

10.4.3　建立围填海造地生态环境价值补偿的配套制度

1）推行生态环境责任保险和生态环境连带责任制度

我国资源开发企业的自有资金普遍薄弱、抗风险能力弱，而生态环境损害正处于高发期和严重期，机械地执行污染者付费原则不足以维护和提升海洋生态环境的服务功能。鉴于这种情况，探索社会化的损害补偿模式势在必行。其中，推行生态环境责任保险和生态环境连带责任制度可行性最强。生态环境责任保险制度的实行，其目的实际是为了在破坏环境的污染事件发生时，环境侵权人（指用海并对海洋生态资源造成破坏的企业或个人，被保险人）能够及时地给责任人（保险人）必要的补偿，通过保险公司这一社会化程度很高的组织，将环境侵权人的环境损害赔偿责任转嫁给成千上万个投保人。这不仅有利于受害者及时获得损害赔偿，还有利于提高每一个投保人的环境保护责任感和意识，使他们对施污者和生态破坏者进行有效的监督，从而避免更多污染事故和生态破坏现象的发生。环境连带责任制度主要是在污染者无力对造成的生态环境破坏付费时启动，由企业的相关责任人（贷款银行、担保公司等）对工程用海方承担的环境损害赔偿提供财务担保，其担保的形式包括保险、担保债券、信用证等。我国应建立用海工程开发中的生态环境责任保险和生态环境责任连带制度。

2）鼓励生态修复补偿

在海洋资源受到损害后，有两种补偿方法可以选择。第一方式是货币补偿，即让资源损害的责任方以货币的形式补偿其损害的海洋资源；第二种方式是资源修复，即要求资源损害者将受损的海洋资源修复到基准水平。迄今为止，我国还没有明确提出海洋生态补偿，但是做了大量的资源修复工作，在一定意义上是一种补偿。例如，早在 20 世纪 80 年代，我国就提出了人工增殖渔业资源措施，先后在渤海、黄海实施中国对虾的生产性增殖放流，取得了明显的经济效益和生态效益。其中，辽宁省为了恢复海洋岛渔场对虾资源，从 1985~2000 年的 15 年间投入近 1 亿元资金，对恢复对虾资源、调整产业结构、促进辽宁省渔业发展起到了重要作用（孟庆良，2006）。21 世纪初，国家拨出专项资金支持海洋渔业减船转产工程，实施渔船报废制度，拨出专项资金对渔民予以补助，并对我国退出海洋捕捞渔民的补贴标准和资金的使用范围做出了详细规定。为了改善海洋生态环境，2001 年我国开始实施《渤海碧海行动计划》，对有效监督监测陆源排污、削减海洋工程项目对生态环境的不利影响、维护渔业生产者的合法权益起到了保护作用。截至 2005 年底，《渤海碧海行动计划》已完成各类项目 166 个，已完成投资 175 亿元，分别占总数的 62.6%和 65%（陈祖峰等，2004）。为了恢复和改善海洋生态环境、增殖和优化渔业资源，21 世纪以来，我国沿海各省（区、市）纷纷投资建设人工鱼礁，对渔业生境进行补偿。2000 年，广东在阳江近海海面沉放两艘百余吨级的水泥拖网渔船，以改善近海渔场生态环境；2001 年，我国首次在广东东澳进行人工鱼礁试验；2002 年和 2003 年，在广东南澳、福建三都澳斗帽岛、浙江舟山群岛、江苏连云港秦山岛及海南三亚等海域先后开展大规模的人工鱼礁试验。

2000 年在山东东营开展的黄河三角洲湿地生态恢复工程是我国近年来较为成功的海岸带生态修复项目，该工程通过引灌黄河水、沿海修筑围堤、增加湿地淡水存量强化生态系统自身调节能力。目前淡水湿地面积明显增大，植被生长旺盛，许多候鸟纷纷在保护区内筑巢产卵。

但是，海岸带生态系统修复和试验示范研究还停留在一些小的、局部的区域范围内或集中于某一单一的生物群落或植被类型，缺乏从海岸带整体系统水平出发的区域尺度综合研究与示范。海岸带修复目标主要集中在生态学过程的修复，没有与海岸带管理法律、法规及海岸带社会经济发展和居民福利有机结合起来，生态修复往往难以达到最初的目的。例如，人工鱼礁建设应由哪个部门审理和决定、项目建设的审批执行程序应如何等，这些在现有法律法规中还没有体现出来。另外，如何建设和管理人工鱼礁、如何保护和利用增殖的渔业资源等，这些也需要法规来规范。可见，随着我国人工鱼礁建设工作的日趋成熟，相关的法律法规均未设置专门渔业资源修复的管理机构，从而导致责权不明晰及盲目放流和过早回捕等现象时有发生。

海洋开发利用者在承诺履行补偿义务并提供第三方担保的前提下，可以要求根据海洋生态环境损害修复、恢复或补救计划的实施情况，分阶段履行补偿义务。补偿的生境面积一般为生境损失的面积，补偿的功能则为生境的主要功能。目前海岸带生态修复的措施主要有：①海岸带湿地的生物修复。在美国得克萨斯的加尔维斯顿湾，利用工程弃土填升逐渐消失的滨海湿地,当海岸带抬升到一定高度时,种植一些先锋植物来恢复沼泽植被。②河口水系的修复。拆除海岸线和入海河流上的一些障碍物,恢复泥沙的自然沉积和水动力的自然平衡,从而达到防止海水入侵、海岸沉陷、恢复海岸带湿地的目的,例如,美国1995年实施了恢复佛罗里达湾和泰勒沼泽原始生态环境的计划,改善和保护了佛罗里达湾海岸带生态。③人工鱼礁生物恢复和护滩。渔民很早就发现沉船周围水域中渔获量较高,这就是人工鱼礁的启示(李红柳等,2003)。20世纪90年代,人们利用矿物增长技术建造新型鱼礁,即在人工鱼礁上通入低压直流电,利用引起海水电解析出的碳酸钙和氢氧化镁等矿物附着在人工鱼礁上,形成类似于天然珊瑚礁的生长过程,在鱼礁不断增长的同时促进周围生物量的增长,达到海岸带生物种群恢复和海岸带保护的目的。该方法在马尔代夫和塞舌尔等国家得到了成功应用。④人工放流增殖技术。中国自20世纪80年代以来,先后在渤海、黄海、东海放养了以中国对虾为代表的近海海洋资源,目前规模化放流和试验放流种类已扩大到日本对虾、三疣梭子蟹、海蜇、虾夷扇贝等100余个品种,这种人工放流增殖技术对近海海洋生物恢复起到了积极作用。

3)建立生态环境保证金制度

为了监督管理用海方的生态环境修复,可根据开发中造成的生态环境损害,建立生态环境补偿保证金制度。保证金的管理应遵循"企业所有、政府监管、专款专用"的原则,具体来说,把生态修复计划融入海域使用权许可证审批过程中,要求企业在申请时就对生态修复进行详细的规划,而且海洋行政管理部门对有生态修复计划的用海方优先发放海域使用权证;尽快完善生态环境损害的评估方法,科学合理估算生态环境损害值,使所缴纳的保证金与损失费用一致。用海方在地方财政部门指定的银行开设保证金账户,按月存入,地方财政部门和海洋行政管理部门对生态环境保证金进行监管。保证金用于支付当开发者不履行恢复治理计划时由政府部门进行恢复治理作业的费用,如果用海方完成生态修复,经验收合格,保证金就全额返还。为了保证生态环境的有效恢复,保证金的返还要有一个滞后期。当然在生态环境修复过程中,由保证金监管部门担保,企业还可以申请银行优惠贷款,确保生态环境治理的进行。在生境被破坏之后直到生境恢复之前的若干年间,海洋开发利用者应按年缴纳生态损害补偿金。

10.4.4 建立围填海造地生态环境价值补偿政策实施的监督与实施机制

生态补偿政策的实施是政府相关部门根据环境政策的要求,建立组织机构,分解政策目标,在有效的分配和利用人力、财力、物力及信息资源的条件下,采取宣传培训、审批、检查、检测、处罚等手段实现政策目标的动态过程(张思锋和张立,2010)。实施机制是政策在实际贯彻执行中,各个实施部门的内在作用方式和相互联系。生态补偿制度的实施与管理,即明确何种组织形式,以及在这种组织活动中机构之间如何分工、协作以便完成生态补偿任务。首先明确参与生态补偿的各要素(或称各部门)之间的关系,其次确定围填海造地生态补偿组织形式及内部各机构的职能,最终构建顺畅的围填海造地生态补偿实施的工作流程。

1）明确参与生态补偿各要素之间的关系

实施围填海造地生态补偿制度，首先应明确该组织形式内的各要素（或称各部门）之间的关系，即围填海造地的生态补偿主体、受偿主体和生态补偿的全程监管者之间的关系，具体见图10-1。围填海造地生态补偿金由补偿主体（海域使用者）缴纳，由生态补偿金管理机构依法收取，并分配给受偿主体（生态环境部和地方海洋行政管理部门）依法使用，围填海造地的全程监管者负责监督、管理生态补偿金的征收使用。修复被破坏的生态系统、建设新的具有生态系统服务功能的栖息地等常规性、非常规性工作由相应的监督机构负责，如图10-2所示。

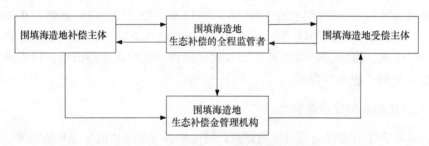

图 10-1　海洋生态补偿系统各要素

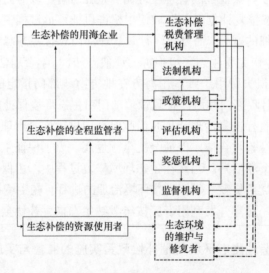

图 10-2　海洋生态补偿系统各要素的分支机构与相互关系

2）围填海造地生态补偿组织形式

根据围填海造地生态补偿系统各要素之间的关系，确立围填海造地生态补偿管理委员会的组织形式。应专门设立生态补偿管理委员会，下设围填海造地审批考评小组、生态补偿金管理小组和监督小组。审批考评小组负责制定围填海造地生态补偿标准核算的指标体系、测度方法等具有操作性的标准程序，负责对围填海造地项目进行审批和技术评估，对具体围填海造地项目应缴纳的生态补偿金进行核算。围填海造地生态补偿金管理小组，确保将生态补偿金用于生态补偿与生态修复。围填海造地生态补偿监督小组，根据监管记录和审批考评小组提供的考评结果，采用相应的约束和激励方法来调节生态补偿提供者和使用者的行为，对围填海造地生态补偿金的缴存使用进行跟踪监测，并根据国家《财政违法行为处罚处分条例》（国务院令第 427 号）和《违反行政事业性收费和罚没收入收支两条线管理规定行政处分暂行规定》（国务院令第 281 号）等法律法规对违法使用生态补偿金的行为进行依法处理，如图 10-3 所示。

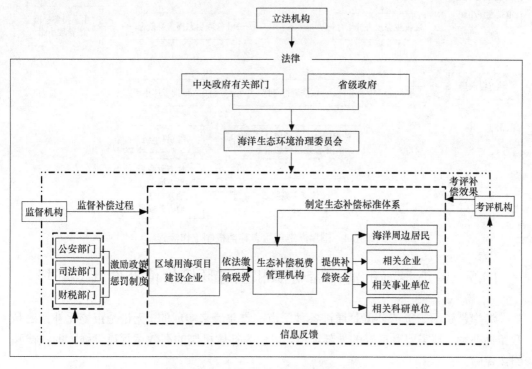

图 10-3   围填海造地生态补偿组织形式

3）生态补偿实施的工作流程

围填海造地生态损害补偿主体（海域使用者）、受偿主体（生态环境部和地方海洋行政管理部门）和全程监管者之间按照"谁污染、谁付费，谁破坏、谁恢复，谁受益、谁补偿"的原则，在专项法律法规的保障下，实现审批考评小组、生态补偿金管理小组和监督小组相互做功，形成相对稳定的围填海造地生态补偿机制。

顺畅的围填海造地生态补偿机制应该有以下工作流程：首先，由生态补偿管理委员会制定生态补偿战略；其次，审批考评小组根据其制定的围填海造地生态补偿标准体系，对具体项目进行审批并依据战略分解生态补偿金缴纳和使用任务；再次，财政局依法收取生态补偿金并交由围填海造地生态补偿金管理小组对其进行管理；最后，考评小组对围填海造地项目进行项目后评价，由监督小组根据项目后评价和生态补偿金的征缴使用情况发出奖惩指令，交由地方的渔业厅、财政局、司法厅和公安局实施奖惩（图 10-4）。

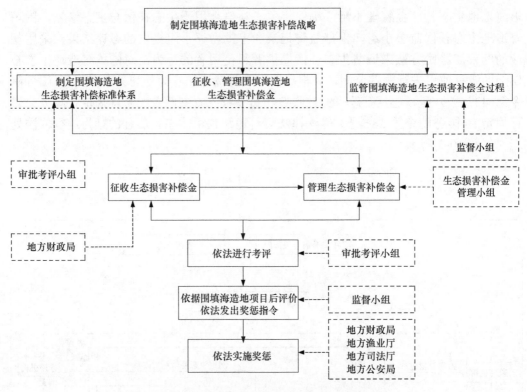

图 10-4 围填海造地生态补偿机制工作流程

10.5 营造良好的海岸带资源和生态环境价值补偿社会环境

海岸带资源的价值补偿是通过各种渠道的收益流来实现的。无论是市场化补偿还是政策性补偿，都需要有良好的外部环境，以便为补偿机制的高效运行提供强大的法律和组织保障。

10.5.1 科学编制围填海造地规划

众所周知，海洋功能区划是引导和调控海域使用、保护和改善海洋环境的重要依据与手段，也是海洋行政主管部门对围填海年度计划管理和围填海项目审批的依据。围填海造地工程所涉及的海域使用必须符合海洋功能区划。目前，政府编制的各级海洋功能区划中普遍缺乏围填海造地统筹规划，缺乏围填海造地工程区域控制、类型控制和总量控制规划体系。也就是说，海洋功能区划在控制和管理围填海造地方面还很不健全，这就容易造成海洋行政管理部门在审批围填海造地项目时，管理依据和管理目标不明确。

本书认为，应以海洋功能区划为基础，编制专门的围填海造地规划，充实和完善海洋功能区划体系，加强规划控制管理工作。编制围填海造地规划的意义不只是在于研究哪些区域适宜进行填海，还要从宏观调控的角度去科学规划围填海造地的规模、实施时间和进度。围填海造地规划应遵循信息完备、系统协调、现实可行和民主参与原则，采用科学合理的方法来编制，其核心内容应是围填海造地的总量指标。对于总量指标的设立，海洋行政管理部门根据政府确定的建设用地总规模和每年制定的新增建设用地指标，制定围填海造地规划与年度计划，结合各地区海域条件和社会经济发展需求，合理确定不同地区围填海造地年度总量，实行围填海造地年度总量控制制度，并将此作为海域使用审批时的一项重要依据。

10.5.2 严格审批围填海造地项目

严格对围填海造地项目进行用海预审管理。建设项目需要使用海域的，项目建设单位在申报项目可行性研究报告或项目申请报告前，应依法向国家或省级海洋行政主管部门提出海域使用申请。海洋行政主管部门依据海洋功能区划、海域使用论证报告及专家评审意见进行预审，并出具用海预审意见。用海预审意见是审批建设项目可行性研究报告或核准项目申请报告的必要文件。凡未通过用海预审的项目，不安排建设用围填海年度计划指标，各级投资主管部门不予审批、核准。

10.5.3 强化围填海计划执行情况的监督检查

各级海洋行政主管部门及其所属的海监队伍要加强对围填海造地项目用海情况的执法检查。要利用国家海域动态监视监测系统，重点对围填海造地项目选址是否符合海洋功能区划、围填海面积是否符合批准的计划指标等进行监管。对于未经批准或擅自改变用途和范围等违法违规围填海行为要严肃查处，依法强制收回非法占用的海域。

10.5.4 开展海岸带资源可持续利用的公众教育

大规模围填海具有广泛的社会性，公众参与是加强对围填海管理的基础手段。公众参与主要体现在：普及和加强海洋国土意识，彻底肃清海洋是未开发处女地的落后观念；加强对围填海造地生态损害和生态补偿的科普教育及大众宣传，提高公众参与的知情权，加强公众参与在海洋管理和决策中的地位，宣传国家产业政策和海洋政策。

10.5.5 加强资源和生态环境价值损失评估与补偿的科学研究

围填海造地对海洋资源和生态环境的破坏及其补偿是一个全新的课题，对国民经济和社会发展具有重要的战略意义。围填海造地仅是用海方式的一种，建议应将其他用海方式导致的生态损害和补偿列入国家科研计划，进一步加强对海洋资源开发的生态损害和补偿关键问题的研究。例如，海洋生态系统服务功能质量和价值的核算，生态系统服务价值评估与生态补偿的衔接，建立补偿标准所需的计算参数、计量模型、统计数据的规范化等，并实施跨学科综合研究，为建立起切实有效的海洋资源开发的生态环境损害补偿机制提供技术支撑。

10.6 小 结

本章构建了符合我国国情的、有利于充分有效补偿围填海造地资源开发中资源和生态环境价值损失的制度框架与主要措施。要保证围填海造地价值损失的有效补偿，必须以可持续发展战略为指导思想，以保护海洋生态环境、促进人与自然和谐发展为目标，以解决围填海造地等资源开发所导致的海岸带资源折耗和资源生态功能退化问题为核心，以"谁污染、谁付费"为原则，着力建立和完善海岸带资源的资产化和市场化管理，形成经济增长和环境保护的利益协调机制。在补偿中，要坚持全成本补偿原则；"谁破坏、谁恢复，谁污染、谁付费"的原则；责、权、利统一原则；政府引导与市场调控相结合的原则；因地制宜，逐步推进的原则。采取的具体措施和制度安排包括：①构建统一的海岸带资源和生态环境价值补偿法律体系；②完善海岸带资源和生态环境价值补偿的政策体系；③强化监管和执法力度，营造良好的海岸带资源和生态环境价值补偿社会环境。围填海造地生态补偿制度应该能够充分调动生态补偿资源的提供者、生态补偿资源的使用者和全过程的监管者之间的有效做功，充分调动审批考评小组、生态损害补偿金管理小组和监督小组各部门的积极性，从而实现围填海造地外部成本的内部化，约束对海域资源的过度消费，实现海域资源的可持续利用。

本书仅仅提出围填海造地活动生态补偿制度构建的初步思路，其制度建设和有效落实比设想的复杂困难。无论如何，明晰围填海造地生态补偿制度建设的三个关键点，明确何种组织形式，以及在这种组织活动中机构之间如何分工、协作以便完成生态补偿任务是我国实施海洋生态补偿的重点难点，需要进一步在实践中不断修正完善，相关生态补偿法律法规制定也都需要在实践中不断摸索改进。

11 结论与展望

11.1 结 论

通过分析，本书得出以下基本结论。

（1）中国近年来围填海造地的大规模进行及其导致的海岸带资源和生态系统服务功能的退化，从表面看是工业化、城市化步伐加快所致，但实质上是市场经济条件下及现有的资源价格政策下，资源配置内在规律的结果。在市场经济条件下，由于海岸带资源价格与围填海造地的比较利益相差悬殊，海岸带的环境和生态系统服务功能又无法进行市场表达，单纯采用海域使用金调节海域保护与建设用地的关系，作用不明显。明确海岸带资源的价值构成，评估海岸带资源折耗成本和生态系统环境损害成本，并实行全成本补偿，既能保护海岸带资源，又能有助于恢复、维护海洋环境和生态服务功能，同时也能部分抵消海域转成土地后的巨大级差收益，降低投资方甚至地方政府对围填海造地巨额收益的期望值。

（2）通过对海岸带资源价值决定、海岸带资源价值核算及海洋生态环境损害评估研究现状的评述，得出无论是国内还是国外，从理论上还是实践中，专门针对围填海造地的资源折耗成本及其生态环境损害成本评估和补偿问题的研究都比较薄弱。对海岸带资源的价值决定及价值补偿的基础理论进行研究，并探讨围填海造地价值损失评估及补偿的途径，对规范围填海造地的进程刻不容缓，对实现海岸带资源的可持续利用和环境保护具有战略意义。

（3）在评述传统经济学的价值决定理论基础上，借鉴西方经济学的机会成本理论，提出了海岸带资源的价值决定理论。本文认为，海岸带资源的有用性是决定海岸带资源具有价值的基础；稀缺性是海岸带资源具有价值的充分条件；垄断性是海岸带资源具有价值的制度基础；海岸带资源开发利用的冲突性和外部性决定海岸带资源的价值量。根据海岸带资源的价值决定，进一步分析了其价格构成，即海岸带资源的价格由边际开发成本、边际资源折耗成本和边际生态环境损害成本三个部分组成，海岸带资源的价值补偿应该包括这三部分内容。

（4）围填海造地是海岸带资源开发的重要方式，围填海造地开拓了人类生存发展的空间，带来社会经济效益。但是大规模的围填海造地改变了海域的自然属性，对海洋环境和生物资源造成巨大破坏，最终给人们的生产和生活福利造成负面影响，因而是价值损失。价值补偿的内容是资源折耗成本补偿和生态环境损害成本补偿。价值补偿的目标是解决围填海造地等资源开发所导致的不可再生的海岸带资源浪费和生态环境功能退化问题，开发新的可替代资源，恢复、维护和改善海岸带资源的生态系统服务功能，最终实现资源的可持续利用。

（5）借鉴不可再生资源价值折耗的评估方法，根据围填海造地对海岸带资源开发利用的特点，构建海岸带资源自身价值折耗的评估方法，进一步建立围填海造地生态环境损害评估的技术路线，指出围填海造地的生态环境损害可以基于海洋生态系统服务价值的标准及海洋生态修复的标准量化评估。各项损失可以采用生产率变动法、重置成本法、意愿调查法和资源等价分析法等进行评估。

（6）运用所构建的理论、模型和评估方法，分别测算了山东胶州湾和福建罗源湾围填海造地的生态环境损害成本及资源折耗成本。

对于围填海造地的生态环境损害成本，基于胶州湾海域生态系统服务价值，对受损海洋生态系统服务价值分类评估，结果表明胶州湾的围填海造地生态环境损害成本为278.60万元/hm^2；使用意愿调查法调查了胶州湾居民对于围填海造地生态环境损害恢复的支付意愿，结果表明胶州湾的围填海造地生态环境损害成本为85.12万元/hm^2。在对生态修复的基本原理和方法总结概述的基础上，使用资源等价分析法测算了2002～2005年胶州湾的围填海造地生态环境损害成本，为62.89万元/hm^2。基于罗源湾海域生态系统服务价值，对海洋生态系统服务价值分类评估，结果表明罗源湾的围填海造地生态环境损害成本为156.98万元/hm^2；使用意愿调查法调查了罗源湾居民对于围填海造地生态环境损害恢复的支付意愿，结果表明罗源湾的围填海造地生态环境损害成本为6.05万元/hm^2；使用资源等价分析法测算了1990～2004年罗源湾的围填海造地生态环境损害成本，为101.65万元/hm^2。

此外，本文运用使用者成本法测算了胶州湾和罗源湾的围填海造地资源折耗成本，结果表明，被填海域资源收益为土地收益时，胶州湾的围填海造地资源折耗成本为90.84万元/hm^2，同期征收的海域使用金仅占其资源折耗成本的49.27%；罗源湾的围填海造地资源折耗成本为15.33万元/hm^2，同期征收的海域使用金占其资源折耗成本的99.85%。假设保留海域自然属性，被填海域资源收益为海洋生态系统服务价值时，胶州湾的围填海造地资源折耗成本为72.98万元/hm^2；罗源湾的围填海造地资源折耗成本为41.12万元/hm^2。

结果表明，无论是山东胶州湾还是福建罗源湾，政府征收的海域使用金并没有完全补偿围填海造地的资源折耗成本，而且地方借助围填海造地拉动经济增长的生态环境损害的代价是巨大的，该结论对全国的围填海造地的管理具有重要意义。

（7）2002年《中华人民共和国海域使用管理法》施行，规定了海域有偿使用制度。2007年国家大幅度提高了海域使用金的征收标准，向建立完善的围填海造地价值补偿制度迈进了一大步。但是围填海造地的价值补偿还存在不少问题，包括：①海岸带资源所有权清晰，但是管理权混乱，造成各海洋产业、地区、部门之间的矛盾重生，致使"政府干预失灵"，最终出现资源资产开发秩序的混乱和海洋生态环境的破坏。②围填海造地资源开发中存在资源价值折耗补偿不足的问题，并没有完全体现国家所有者的权益和资源自身的价值。③对包括围填海造地在内的海岸带工程的生态环境损害成本补偿管理仍是空白。近年来，农业部或地方部门针对海岸工程所导致的生态环境损害的评估出台了行业标准和地方标准，但是存在对环境容量价值损失和生态功能价值损失的评估没有涉及、对生态资源损害的评估和补偿缺乏统一的具有可操作性的计算标准与补偿办法及现有立法层级低等问题。也就是说，海洋生态损害补偿尚未形成规范化、立法化的补偿模式。④资源管理和环境保护机构监管不够、执法不力，也是造成资源浪费、环境损害和生态恶化的重要因素。

（8）构建了资源和生态环境价值损失补偿的制度框架。首先，确定了围填海开发中对价值损失进行补偿的指导思想和原则，然后对补偿途径提出以下政策建议。

第一，构建统一的海岸带资源和生态环境价值补偿的法律体系：①建议我国制定一部有针对性的海岸带管理法，在海岸带资源国家所有权界定的前提下，使海岸带资源的使用管理权统一完整，改变部门分散管理方式，形成完备的海洋综合管理法律制度；②尽快制定并出台海岸带资源开发环境和生态补偿办法与海洋生态资产的价值评估办法，明确海洋资源的环境生态价值和资源开发者的生态环境补偿责任，使海洋环境保护和生态索赔工作有法可依。

第二，完善海岸带资源和生态环境价值补偿的政策体系：①提高围填海造地的海域使用金征收标准，针对海域自然岸线的不断稀缺，不断提高围填海造地的海域使用金，提高其用海成本；②建立围填海造地生态补偿制度，鼓励生态修复，根据受损资源的规模及其服务水平，围填海造地责任方制定并实施修复计划以保障资源恢复到受损前的状态并补偿修复期资源服务功能的损失，如果修复不可行，应基于被填海域的生态系统服务价值损失的机会成本进行货币补偿；③推行生态环境责任保险和生态环境连带责任等配套制度；④建立围填海造地生态补偿政策的实施与监督机制。

第三，营造良好的海岸带资源和生态环境价值补偿的社会环境：①以海洋功能区划为基础，科学编制围填海造地规划，充实和完善海洋功能区划体系，加强规划控制管理工作；②严格审批围填海项目，建立围填海红线制度，建议在对近岸海域生态系统服务及其价值等科学评估的基础上，确定海岸带/海洋生态敏感区、脆弱区和生态安全节点，划定优先保护区域，作为围填海红线，禁止围填海；③对围填海造地生态损害和生态补偿进行科普教育与大众宣传，提高公众参与的知情权，加强公众参与在海洋管理和决策中的地位。

总之，本书从多学科理论与方法的视角出发，在深入比较分析和总结国内外关于海岸带资源价值补偿及有偿使用管理实践的基础上，紧紧围绕海岸带资源的价值决定和价格构成、围填海造地资源开发中的价值损失进行了分析，构建了围填海造地的资源折耗成本和生态环境损害成本的评估方法，并以胶州湾和罗源湾为例对构建的方法进行了验证，论证中国沿海地区围填海造地的资源和生态环境代价。在对已有的海岸带资源开发管理政策的现状和不足进行分析的基础上，提出了保障海岸带资源开发中的价值损失得到充分有效补偿的政策建议。

11.2 展　　望

本课题虽然就海岸带资源开发中的价值损失与价值补偿进行了一定的研究，但是由于海岸带资源的空间性、开放性、流动性，以及海岸带资源和生态环境问题的综合性、不确定性等问题的存在，再加上现阶段我国关于海岸带资源开发中资源和生态环境价值补偿的理论研究还很不成熟，资源和生态环境价值评估的方法不完善，而且受资料和数据的限制，本文对海岸带资源和生态环境价值损失与补偿机制分析的全面性及深度还不够。由于资料获取的局限性，本书还存在一些问题：由于是首次尝试用基于生态修复原则的方法评估围填海造地的生态损害，对受损资源和生态环境的损害程度、如何选择修复工程、资源生态恢复的期限及是否能达到原有的基准水平等关键指标的选取还处于摸索探讨阶段，离规范的、准确的研究还有一定差距。本书评估的生态环境损害成本与可实施的生态补偿标准之间还存在一定差距。仅仅单方面地表述其生态系统服务价值并以此确定价格可能导致社会不公平。当生态补偿标准不能根据当地的经济、政治、社会和文化特征进行及时调整时，生态补偿制度可能遭遇无效率的问题，导致社会需求程度偏低。因此，合理制定生态补偿标准系数成为生态补偿标准研究的重点与难点。

党的十八大提出了"建立反映市场供求和资源稀缺程度、体现生态价值和代际补偿的资源有偿使用制度和生态补偿制度"战略部署，十八届三中全会、四中全会、五中全会明确要求用严格的法律制度保护生态环境，加快生态文明制度建设。近段时间以来，国家生态文明体制改革方案持续出台，2015 年 9 月中共中央政治局审议通过《生态文明体制改革总体方案》，明确提出树立六个理念、坚持六个原则、构建五项制度、完善三个体系。国家的重大战略决策中就有建立"体现自然价值和代际补偿的资源有偿使用制度和生态补偿制度"、"充分反映资源消耗、环境损害、生态效益的生态文明绩效评价考核和责任追究制度"及"更多运用经济杠杆进行环境治理和生态保护的市场体系" 等重点政策。2015 年 12 月中共中央办公厅、国务院办公厅出台了《生态环境损害赔偿制度改革试点方案》，首次以制度化的方式从国家层面对生态环境损害赔偿制度进行了较为系统的构建。海洋生态损害补偿制度的研究是响应中共中央、国务院作出的建立生态补偿制度、探索生态环境损害赔偿制度的重大决策部署，践行"推进海洋生态文明制度建设"政策目标的重要途径，也为"进一步运用经济杠杆促进环境治理和生态保护的市场体系建设"提供理论基础、法律保障和技术规范。进一步的研究方向分别是：①生态损害的货币补偿标准合理有效评估。今后将进一步构建政府与补偿主体之间三阶段博弈模型，引入"廉价磋商"机制，制定"生态环境约束-企业认知生态承诺与响应"的分析框架。基于"企业可支付、政府可操作"的原则，制定相应的生态补偿标准的调整系数，最终，从政策的成本收益、社会公平等方面对货币补偿标准的效率进行评价。②生态损害修复补偿的适用范围和应用性研究。基于生态修复标准的规范化应用研究、海洋生态补偿标准及不同致损行为的海洋生态损害类型，建立基于生态修复原则的补偿与修复制度，包括规定生态损害的评估范围与修复目标，论证资源或生境等价分析法的适用条件，开发一揽子修复补偿工具包。选取典型生态类型，如滨海湿地、红树林，开展示范应用验证，进一步对生态修复补偿的适用性和实施效率进行评价。③进一步设计经济约束制度，让责任者在给定的条件下自行选择对自己最适宜的行动，以实现既定政策目标，主要包括建立生态损害补偿交易市场、推行生态环境责任保险和生态环境连带责任制度、建立生态损害补偿基金制度，以保证生态损害补偿制度的有效运转。

参 考 文 献

阿戴尔伯特·瓦勒格. 2007. 海洋可持续管理——地理学视角. 张耀光, 孙才志, 译. 北京: 海洋出版社.

爱德华·H. P. 布兰斯. 2008. 2004 年《欧盟环境责任指令》下损害公共自然资源的责任——起诉权和损害赔偿的估算. 戴萍, 译. 国际商法论丛, 9: 364-396.

敖长林, 李一军, 冯磊, 等. 2010. 基于 CVM 的三江平原湿地非使用价值评价. 生态学报, 30(23): 6470-6477.

鲍献文, 刘容子, 董树刚, 等. 2010. 福建省海湾数模与环境研究——罗源湾. 北京: 海洋出版社.

边淑华, 胡泽建, 丰爱平, 等. 2001. 近 130 年胶州湾自然形态和冲淤演变探讨. 黄渤海海洋, 3: 46-53.

蔡清海. 1991. 罗源湾水质环境的调查研究. 福建水产, (3): 28-32.

蔡清海, 杜琦, 钱小明. 2006. 福建罗源湾海洋生态环境研究. 湖北师范学院学报, 28(2): 46-53.

蔡悦荫. 2007. 海域使用金内涵探讨. 海域开发管理, 2: 36-39.

陈彬, 王金坑, 张玉生, 等. 2004. 泉州湾围海工程对海洋环境的影响. 台湾海峡, 2: 192-198.

陈吉余. 2000. 中国围海工程. 北京: 水利水电出版社.

陈尚, 李京梅, 任大川, 等. 2014. 福建东山湾、罗源湾生态资本及其对地区经济增长的贡献. 北京: 科学出版社.

陈尚, 张朝晖, 马艳. 2006. 我国海洋生态系统服务功能及其价值评估研究计划. 地球科学进展, 11: 1127-1133.

陈伟琪, 洪华生, 薛雄志. 1999. 近岸海域环境容量的价值及其价值量评估初探. 厦门大学学报(自然科学版), 38(6): 896-901.

陈新军, 周应祺. 2001. 论渔业资源的可持续利用. 资源科学, 3: 70-74.

陈永星. 2003. 福清东壁岛围垦对海域生态环境影响及保护对策. 引进与咨询, 4: 13-14.

陈则实, 王文海, 吴桑云. 2007. 中国海湾引论. 北京: 海洋出版社.

陈祖峰, 陈伟琪, 张珞平. 2004. 近海环境资源价值评估探讨. 海洋科, 28(12): 79-82.

戴维·皮尔斯, 杰瑞米·沃福德. 1995. 世界无末日. 张世秋, 译. 北京: 中国财政经济出版社.

董振国. (调查)"填海造地": 警惕"圈地风"蔓向海洋(组图). (2005-05-13) [2019-10-04]. http: //news.sina.com.cn/o/2005-05-13/ 15515881020s.shtml.

樊辉, 赵敏娟. 2013. 自然资源非市场价值评估的选择实验法: 原理及应用分析. 资源科学, 35(7): 1347-1354.

冯士筰, 李凤岐, 李少菁. 1999. 海洋科学导论. 北京: 高等教育出版社.

付秀梅, 王长云. 2008. 海洋生物资源保护与管理. 北京: 科学出版社.

傅明珠, 王宗灵, 李艳, 等. 2009. 胶州湾浮游植物初级生产力粒级结构及固碳能力研究. 海洋科学进展, 27(3): 357-366.

葛宝明, 鲍毅新, 郑祥. 2005. 灵昆岛围垦滩涂潮沟大型动物群落生态学研究. 生态学报, 25(3): 446-453.

宫本宪一. 2004. 环境经济学. 朴玉, 译. 上海: 生活·读书·新知三联书店.

郭臣. 2012. 胶州湾围填海造陆生态补偿机制研究. 青岛: 中国海洋大学硕士学位论文.

郭伟, 朱大奎. 2005. 深圳围海造地对海洋环境影响的分析. 南京大学学报(自然科学版), 3: 286-296.

郭信声. 2014. 填海造地系列述评之一——为国家战略实施拓展空间. (2014-12-01)[2018-09-07]. http://www.oceanol.com/shouye/toutiao/2014-12-01/38137.html.

国家海洋局. 2004-2015 年中国海洋环境状况公报. [2018-09-07] http: //www.soa.gov.cn/ zwgk/hygb/ zghyhjzlgb/.

国家海洋局北海分局. 2007. 围填海造地问题研究.

过建春. 2007. 自然资源与环境经济学. 北京: 中国林业出版社.

韩洁, 华晔迪. 2010. 我国 50 年期国债首次招标发行总额 200 亿中标利率 4.3%. (2009-11-27) [2019-10-04]. http: //www.gov.cn/jrzg/2009-11/27/content_1474704.htm.

韩进萍. 2006. 海域所有权价值研究. 南京: 南京师范大学硕士学位论文.

韩立新. 2005. 船舶污染造成的海洋环境损害赔偿范围研究. 中国海商法研究, 16(1): 214-230.

何承耕, 林忠, 陈传明, 等. 2002. 自然资源定价主要理论模型探析. 福建地理, 3: 1-6.

洪钟, 周连宁, 郝文龙, 等. 2016. 深圳市海洋生态系统服务价值的估算. 安徽农业科学, 44(29): 57-59.

胡斯亮. 2011. 围填海造地及其管理制度研究. 青岛: 中国海洋大学博士学位论文.

胡小颖, 雷宁, 赵晓龙, 等. 2013. 胶州湾围填海的海洋生态系统服务功能价值损失的估算. 海洋开发与管理, 30(6): 84-87.

胡小颖, 周兴华, 刘峰, 等. 2009. 关于围填海造地引发环境问题的研究及其管理对策的探讨. 海洋开发与管理, 10: 80-86.

黄秉维. 1999. 地理学综合工作与学科研究//本书编辑组. 陆地系统科学与地理综合研究——黄秉维院士学术思想研讨会文集. 北京: 科学出版社.

黄广宇. 1998. 厦门马銮湾水环境问题治理研究. 集美大学学报, 3: 54-59.

黄日富. 2006. 荷兰围海拦海工程考察的启示. 海洋开发与管理, 6: 18-21.

霍斯特•西伯特. 2002. 环境经济学. 蒋敏元, 译. 北京: 中国林业出版社.

贾怡然. 2006. 围填海造地对胶州湾环境容量的影响研究. 青岛: 中国海洋大学硕士学位论文.

金建君. 2005. 澳门改善固体废弃物管理的总经济价值评估. 中国人口资源与环境, 6: 122-125.

考察团. 2007. 日本围填海管理的启示与思考. 海洋开发与管理, 6: 3-8

冷淑莲. 2007. 关于建立生态环境补偿机制的思考. 价格月刊, 2: 3-8.

冷淑莲, 冷崇总. 2007. 自然资源价值补偿问题研究. 价格月刊, 5: 3-8.

李国平, 刘治国, 赵敏华. 2009. 我国非再生能源资源开发中的价值损失及补偿. 北京: 经济科学出版社.

李红柳, 李小宁, 侯晓珉, 等. 2003. 海岸带生态恢复技术研究现状及存在问题. 城市环境与城市生态, 6: 36-37.

李家彪, 雷波. 2015. 中国近海自然环境与资源基本状况. 北京: 海洋出版社.

李金昌, 姜文来, 靳乐山, 等. 1999. 生态价值论. 重庆: 重庆大学出版社.

李京梅, 李娜. 2015. 填海造地生态补偿制度建立初探. 海洋开发与管理, 32(5): 97-102.

李京梅, 刘铁鹰. 2011. 围填海造地环境损害成本评估: 以胶州湾为例. 海洋环境科学, 6: 881-885.

李京梅, 刘铁鹰. 2012. 基于生境等价分析法的胶州湾围填海造地生态损害评估. 生态学报, 32(22): 7146-7155.

李京梅, 王晓玲. 2013. 基于生境等价分析法的胶州湾湿地围垦生态损害评估. 资源科学, 35(1): 59-65.

李乃胜, 于洪军, 赵松龄. 2006. 胶州湾自然环境与地质变化. 北京: 海洋出版社.

李荣军. 2006. 荷兰围海造地的启示. 海洋开发与管理, 3: 31-34.

李想. 2012. 围填海造地对滨海湿地生态系统服务功能影响分析. 大连: 大连海事大学硕士学位论文.

李晓. 2011. 罗源湾生态系统服务价值空间差异研究. 福州: 福建师范大学博士学位论文.

李莹, 白墨, 杨开忠, 等. 2001. 居民为改善北京市大气环境质量的支付意愿研究. 城市环境与生态, 5: 6-8.

李志勇, 徐颂军, 徐红宇, 等. 2011. 广东近海海洋生态系统服务功能价值评估. 广东农业科学, 23: 136-140.

连姆婷, 陈伟琪, 闵中中. 2013. 厦门大嶝海域填海造地的海洋生态补偿研究. 上海环境科学, 4: 153-159.

林伯强, 何晓萍. 2008. 中国油气资源耗减成本及政策选择的宏观经济影响. 经济研究, 5: 94-104.

林桂兰, 左玉辉. 2006. 海湾资源开发的累积生态效应研究. 自然资源学报, 3: 432-440.

林志承, 李广伟. 1992. 保护滩涂资源刻不容缓. 上海环境科学, 3: 23-24.

刘大海, 丰爱平, 刘洋, 等. 2006. 围海造地综合损益评价体系探讨. 海岸工程, 2: 93-99.

刘斐斐. 2008. 我国海洋生态损害索赔主体法律问题研究. 大连: 大连海事大学硕士学位论文.

刘凤歧. 1988. 当代西方经济学辞典. 山西: 山西人民出版社.

刘洪斌, 孙丽. 2008. 胶州湾围垦行为的博弈分析及保护对策研究. 海洋开发与管理, 6: 80-87.

刘洪滨, 孙丽, 何新颖. 2010. 山东省围填海造地管理浅探——以胶州湾为例. 海岸工程, 29(1): 22-29.

刘建, 黄明华, 娄鹏. 2006. 深圳湾填海工程对出海河流泄洪能力影响的研究. 水利水电技术, 37(2): 98-102.

刘林. 2008. 胶州湾海岸带空间资源利用时空演变. 青岛: 国家海洋局第一海洋研究所硕士学位论文.

刘容子, 吴珊珊, 刘明. 2008. 福建省海湾围填海规划社会经济影响评价. 北京: 科学出版社.

刘霜, 张继民, 刘娜娜, 等. 2009. 填海造陆用海项目的海洋生态补偿模式初探. 海洋开发与管理, 9: 27-29.

刘伟. 2008. 围海造地热潮的驱动机制与调控分析. 中国国土资源经济, 11: 29-31.

刘伟, 刘百桥. 2008. 我国围填海现状、问题及调控对策. 广州环境科学, 23(2): 26-30.

刘育, 龚凤梅, 夏北成. 2003. 关注填海造陆的生态危害. 环境科学动态, 4: 25-27.

鲁传一. 2004. 资源与环境经济学. 北京: 清华大学出版社.

鹿守本. 2001. 海岸带管理模式研究. 海洋开发与管理, 1: 30-37.

栾秀芝. 2010. 基于海洋环境容量的临海产业布局优化模式研究——以环胶州湾地区为例. 青岛: 中国海洋大学硕士学位论文.

罗浩. 2007. 自然资源与经济增长: 资源瓶颈及其解决途径. 经济研究, 6: 142-152.

罗章仁. 1997. 香港填海造地及其影响分析. 地理学报, 52(3): 220-222.

马克思, 恩格斯. 1995. 马克思恩格斯全集. 北京: 人民出版社.

马立杰, 杨曦光, 祁雅莉, 等. 2014. 胶州湾海域面积变化及原因探讨. 地理科学, 34(3): 365-369.

马妍妍. 2006. 基于遥感的胶州湾湿地动态变化及质量评价. 青岛: 中国海洋大学硕士学位论文.

马中. 1999. 环境与资源经济学概论. 北京: 高等教育出版社.

孟庆良. 2006. 山东省确立六大人工鱼礁项目. 河北渔业, 5: 60.

苗丰民. 2007. 海域分等定级及价值评估的理论与方法. 北京: 海洋出版社.

苗丽娟. 2007. 围填海造成的生态环境损失评估方法初探. 环境与可持续发展, 1: 47-49.

欧阳志云, 王效科, 苗鸿. 1999. 中国陆地生态系统服务功能及其生态经济价值的初步研究. 生态学报, 19(5): 607-613.

潘林有. 2006. 温州劈山围海造地对环境及岩土工程的影响. 自然灾害学报, 2: 127-131.

潘伟然, 杨圣云, 张国荣, 等. 2009. 福建省海湾数模与环境研究: 深沪湾. 北京: 海洋出版社.

彭本荣, 洪华生. 2006. 海岸带生态系统服务价值评估: 理论与应用. 北京: 海洋出版社.

彭本荣, 洪华生, 陈伟琪, 等. 2005. 填海造地生态损害评估: 理论、方法及应用研究. 自然资源学报, 20(5): 714-726.

钱阔, 陈绍志. 1996. 自然资源资产化管理——可持续发展的理想选择. 北京: 经济管理出版社.

青岛市统计局. 2016. 青岛统计年鉴 2016. 北京: 中国统计出版社.

任勇, 冯东方, 俞海. 2008. 中国生态补偿理论与政策框架设计. 北京: 中国环境科学出版社.

山东省海洋与渔业厅. 2011-2013 年山东省海域海岛管理公报. [2018-09-07]. http://www. hssd.gov.cn/jggk/xygb/.

商慧敏, 郗敏, 李悦, 等. 2018. 胶州湾滨海湿地生态系统服务价值变化. 生态学报, 38(2): 421-431.

沈满洪. 2007. 资源与环境经济学. 北京: 中国环境科学出版社.

慎佳泓, 胡仁勇, 李铭红. 2006. 杭州湾和乐清湾滩涂围垦对湿地植物多样性的影响. 浙江大学学报(理学版), 33(3): 324-332.

湿地及水禽保护国际会议. 1971. 国际湿地公约(拉姆萨尔公约)(The Ramsar Convention).

石洪华, 郑伟, 陈尚, 等. 2007. 海洋生态系统服务功能及其价值评估研究. 生态经济, 3: 139-142.

舒庭飞, 罗琳. 2002. 海水养殖对近岸生态环境的影响. 海洋环境科学, 21(2): 74-79.

孙磊. 2008. 胶州湾海岸带生态系统健康评价与预测研究. 青岛: 中国海洋大学博士学位论文.

孙丽. 2009. 中外围海造地管理的比较研究. 青岛: 中国海洋大学硕士学位论文.

孙湘平. 2006. 中国近海区域海洋. 北京: 海洋出版社.

孙毅, 于连生, 侯晓光, 等. 1999. 资源利用与环保中的价值补偿问题. 长春: 吉林人民出版社.

谭柏平. 2008. 海洋资源保护法律制度研究. 北京: 法律出版社.

谭俊华. 2004. 自然资源的价值与有偿使用研究. 合作经济与科技应用, 12: 12-13.

唐建荣. 2005. 生态经济学. 北京: 化学工业出版社.

钭晓东, 孙玉雄. 2013. "填海造地"生态补偿研究. 时代法学, 5: 24-32.

汪丁丁, 载汤敏, 茅于轼, 等. 1993. 资源经济学若干前沿课题. 北京: 商务印书馆.

汪祥春, 夏德仁. 2003. 西方经济学. 大连: 东北财经大学出版社.

王翠. 2009. 基于生态系统的海岸带综合管理模式研究. 青岛: 中国海洋大学博士学位论文.

王金坑, 余兴光, 陈克亮, 等. 2011. 构建海洋生态补偿机制的关键问题探讨. 海洋开发与管理, 11: 55-58.

王静, 徐敏, 张益民, 等. 2009. 围填海的滨海湿地生态服务功能价值损失的评估——以海门市滨海新区围填海为例. 南京师范大学(自然科学版), 32(4): 134-138.

王丽荣, 赵焕庭. 2006. 珊瑚礁生态系统服务及其价值评估. 生态学杂志, 11: 1384-1389.

王孟霞. 2005. 围填海造地急需降温——就有效控制非法围填海访国家海洋局局长王曙光. 中国船舰, 4: 24-27.

王如松. 2005. 生态环境内涵的回顾与思考. 科技术语研究(季刊), 7(2): 28-31.

王世俊, 李春初, 田向平. 2003. 海南岛小海沙坝—潟湖—潮汐通道体系自动调整及恶化. 台湾海峡, 22(2): 248-253.

王树义, 刘静. 2009. 美国自然资源损害赔偿制度探析. 法学评论, 1: 71-79.

王修林, 李克强, 石晓勇. 2006. 胶州湾主要化学污染物海洋环境容量. 北京: 科学出版社.

王萱, 陈伟琪. 2009. 围填海对海岸带生态系统服务的负面影响及其货币化评估技术的选择. 生态经济, 5: 48-51.

王学昌. 2000. 围填海造地对胶州湾水动力环境影响的数值研究. 海洋环境科学, 8: 55-59.

王学昌, 孙长青, 孙英兰, 等. 2000. 填海造地对胶州湾水动力环境影响的数值研究. 海洋环境科学, 3: 55-59.

王育宝, 胡芳肖. 2009. 非再生能源资源价值补偿的理论与实证研究. 西安: 西安交通大学出版社.

闻德美, 姜旭朝, 刘铁鹰. 2014. 海域资源价值评估方法综述. 资源科学, 36(4): 670-681.

吴桑云. 2011. 我国海湾开发活动及其环境效应. 北京: 海洋出版社.

吴永森, 辛海英, 吴隆业, 等. 2008. 2006 年胶州湾现有水域面积与岸线的卫星调查与历史演变分析. 海岸工程, 3: 15-22.

肖建红, 陈东景, 徐敏, 等. 2010. 围填海对潮滩湿地生态系统服务影响评估——以江苏省为例. 海洋湖沼通报, 4: 95-100.

谢立峰, 王蕾飞, 陈洲杰, 等. 2009. 围填海造地海域使用确权及竣工验收若干问题的探讨. 浙江海洋学院学报(自然科学版), 3: 368-370.

谢挺, 胡益峰, 郭鹏军. 2009. 舟山海域围填海工程对海洋环境的影响及防治措施与对策. 海洋环境科学, S1: 105-108.

邢建芬, 陈尚. 2010. 韩国围填海的历史、现状与政策演变. 中国海洋报, 2010-1-15(4).

徐丛春, 韩增林. 2003. 海洋生态系统服务价值的估算框架构筑. 生态经济, 10: 199-202.

徐皎. 2000. 日本人造陆地利用方向的演化. 世界地理研究, 3: 43-46.

徐嵩龄. 2007. 关于"生态环境建设"提法的再评论. 中国科技术语, 4: 47-52.

徐祥民, 梅宏, 时军. 2009. 中国海域有偿使用制度研究. 北京: 中国环境科学出版社.

徐中民, 任福康, 马松尧, 等. 2003a. 估计环境价值的陈述偏好技术比较分析. 冰川冻土, 25(6): 701-707.

徐中民, 张志强, 龙爱华, 等. 2003b. 环境选择模型在生态系统管理中的应用——以黑河流域额济纳旗为例. 地理学报, 3: 398-405.

薛达元. 1997. 生物性多样性经济价值评估: 长白山自然保护区案例研究. 北京: 中国环境科学出版社.

闫菊. 2003. 胶州湾海域海岸带综合管理研究. 青岛: 中国海洋大学博士学位论文.

杨金森, 秦德润, 王松霈. 2000. 海岸带和海洋生态经济管理. 北京: 海洋出版社.

杨玲, 孔范龙, 郗敏, 等. 2017 基于 Meta 分析的青岛市湿地生态系统服务价值评估. 生态学杂志, 36(4): 1038-1046.

叶小敏, 纪育强, 郑全安, 等. 2009. 胶州湾海岸线历史变迁的分形分析. 海洋科学进展, 4: 495-501.

尹延鸿. 2007. 对河北唐山曹妃甸浅滩大面积填海的思考. 海洋地质动态, 3: 1-10.

尹晔, 赵琳. 2008. 关于填海造陆的思索. 时代经贸旬刊, 6(S7): 97.

于格, 张军岩, 鲁春霞, 等. 2009. 围海造地的生态环境影响分析. 资源科学, 2: 265-270.

于连生, 孙达, 王菊, 等. 2004. 自然资源价值论及其应用. 北京: 化学工业出版社.

于鹏飞. 2010. 基于区域发展的滨海湿地保护与开发对策研究. 青岛: 中国海洋大学硕士学位论文.

于青松. 2006. 海域评估理论研究. 北京: 海洋出版社.

于文金, 谢剑, 邹欣庆. 2011. 基于 CVM 的太湖湿地生态功能恢复居民支付能力与支付意愿相关研究. 生态学报, 31(23): 7271-7278.

于晓波, 负瑞虎.青岛"拥湾"领跑蓝色经济. 大众日报. 2010-04-04[2019-03-06]. http://www.dzwww.com/2010/yuye/lansejingji/ 201004/ t20100404_5465689.htm.

余静, 孙英兰, 张燕. 2007. 陆域形成对胶州湾及前湾海洋环境的影响预测 I.对水动力环境的影响. 海洋环境科学, 5: 470-474.

余兴光, 陈彬, 王金坑, 等. 2010.海湾环境容量与生态环境保护研究——以罗源湾为例. 北京:海洋出版社.

俞玥, 何秉宇. 2012. 基于 CVM 的新疆天池湿地生态系统服务功能非使用价值评估. 干旱区资源与环境, 26(12): 53-58.

袁明鹏. 2003. 可持续发展环境政策及其评价研究. 武汉: 武汉理工大学博士学位论文.

曾贤刚. 2003. 环境影响经济评价. 北京: 化学工业出版社.

张朝晖, 吕吉斌, 叶属峰, 等. 2007. 桑沟湾海洋生态系统的服务价值. 应用生态学报, 11: 2540-2547.

张朝晖, 叶属峰, 朱明远. 2008. 典型海洋生态系统服务及价值评估. 北京: 海洋出版社.

张帆. 2007. 环境与自然资源经济学. 上海: 上海人民出版社.

张华, 康旭, 王利, 等. 2010. 辽宁近海海洋生态系统服务及其价值测评. 资源科学, 32(1): 177-183.

张慧, 孙英兰. 2009. 青岛前湾填海造地海洋生态系统服务功能价值损失的估算. 海洋湖沼通报, 3: 34-38.

张晶. 2014. 海洋生态损害补偿偿法律问题研究. 济南: 山东大学硕士学位论文.

张思锋, 张立. 2010. 煤炭开采区生态补偿的体制与机制研究. 西安交通大学学报(社会科学版), 2: 50-59.

张小红. 2012. 基于选择实验法的支付意愿研究——以湘江水污染治理为例. 资源开发与市场, 28(7): 600-603.

张绪良. 2004. 海岸湿地退化对胶州湾渔业生产和生物多样性保护的影响. 齐鲁渔业, 21(9): 34-36.

张绪良, 夏东兴. 2004. 海岸湿地退化对胶州湾渔业和生物多样性保护的影响. 海洋技术, 6: 68-70.

张绪良, 张朝晖, 徐宗军, 等. 2009. 胶州湾海岸湿地的生物多样性特征. 科技导报, 27(13): 36-41.

张煦荣. 2004. 海洋环保应从海域环境容量管理入手——从厦门市海域环境质量变化看实施海域环境容量管理的必要性. 中国海洋报.

张艳艳, 孔范龙, 郗敏, 等. 2016. 青岛市湿地保护红线划定研究. 湿地科学, 14(1): 129-136.

张云. 2007. 非再生资源开发中价值补偿的研究. 北京: 中国发展出版社.

章铮. 2008. 环境与自然资源经济学. 北京: 高等教育出版社.

赵成章, 王小鹏, 任珩. 2011. 黑河中游社区湿地生态恢复成本的 CVM 评估. 西北师范大学学报, 47(1): 93-97.

赵焕庭, 张乔民, 宋朝景, 等. 1999. 华南海岸和南海诸岛地貌与环境. 北京: 科学出版社.

赵健. 2008 年青岛部分土地拍卖成交价格一览. （2008-02-25）[2018-09-07]. http://caijing.qingdaonews. com/html/2008-02/25/content_406523.htm.

郑苗壮, 刘岩. 2015. 建立完善的海洋生态补偿机制. 中国海洋报, 2015-3-10.

郑鹏凯, 张天柱. 2010. 等价分析法在环境污染损害评估中的应用与分析. 环境科学与管理, 35(3): 177-182.

郑伟, 石洪华, 徐宗军, 等. 2012. 滨海湿地生态系统服务及其价值评估——以胶州湾为例. 生态经济, 1: 179-182.

中国大百科全书出版社编辑部. 2004. 中国大百科全书(简明版). 北京: 中国大百科全书出版社.

中国水利学会围涂开发专业委员会. 2000. 中国围海工程. 北京: 中国水利水电出版社.

中韩围填海环境影响与管理政策国际研讨会论文集. 2011. 厦门.

中华人民共和国国家质量监督检验检疫总局, 中国国家标准化管理委员会. 2011. 海洋生态资本评估技术导则(GB/T 28058—2011).

中华人民共和国农业部. 2007. 建设项目对海洋生物资源影响评价技术规程.

周悦霖, Carpenter-Gold D. 2014. 自然资源损害救济体系: 美国经验及对中国的启示. 中国环境法治, 2: 164-188.

竺效. 2017. 生态损害的社会化填补法理研究. 北京: 中国政法大学出版社.

左玉辉, 林桂兰. 2008. 海岸带资源环境调控. 北京: 科学出版社.

Al-Madany I M, Abdalla M A, Abdu A S E. 1991. Coastal zone management in Bahrain: an analysis of social, economic and environmental impacts dredging and reclamation. Journal of Environmental Management, 32(4): 335-348.

Ando A W, Khanna M, Wildrmuth A, et al. 2004. Natural resource damage assessments: Methods and cases. Report to the Illinois Department of Natural Resources, Waste Management And Research Center.

Barbier E B. 2000. Valuing the environment as input: review of applications to mangrove-fishery linkages. Ecological Economics, 35(1): 47-61.

Barbier E B, Heal G. 2006. Valuing Ecosystem Services. The Economists' Voice, 3(3): 1553-3832.

Beaumont N J, Austen M C, Atkins J P, et al. 2007. Identification, definition and quantification of goods and services provided by marine biodiversity: implications for the ecosystem approach. Marine Pollution Bulletin, 54(3): 253-265.

Bell F W. 1996. The economic valuation of saltwater marsh supporting marine recreational fishing in the southeastern United States. Ecological Economics, 21(3): 243-254.

Bennet J, Russell B. 2001. The Choice Modelling Approach to Environmental Valuation. Massachusetts: Edard Elgar Publishing Inc.

Bergstrom J C, Stoll J R, Titre J P, et al. 1990. Economic value of wetlands-based recreation. Ecological Economics, 2(2): 129-147.

Bowman M. 2005. Review: Economic globalization and compliance with international environmental agreements. Journal of Environmental Law, 17(1): 150-153.

Bowman M, Boyle A. 2002. Environmental Damage in International and Comparative law: Problems of definition and valuation. New York: Oxford University Press: 150.

Brander L M, Florax R J G M, Vermaat J E. 2006. The empirics of wetland valuation: a comprehensive summary and a meta-analysis of the literature. Environmental and Resource Economics, 33(2): 223-250.

Cacela D, Liptonam J. 2005. Associating ecosystem service losses with indicators of toxicity in habitat equivalency analysis. Environmental Management, 35(3): 343-351.

Cendrero A, De Terán J R D, Salinas J M. 1981. Environmental-economic evaluation of the filling and reclamation process in the bay of Santander, Spain. Environmental Geology, 3(6): 325-336.

Cesar H, Chong C K. 2004. Economic valuation and socioeconomics of Coral Reefs: methodological issues and three case studies. Economic Valuation and Policy Priorities for Sustainable Management of Coral Reefs: 14-40.

Chee Y E. 2004. An ecological perspective on the valuation of ecosystem services. Biodiversity Conservation, 120(4): 549-565.

Cho D O. 2007. The evolution and resolution of conflicts on Saemangeum Reclamation Project. Ocean & Coastal Management, 50(11): 930-944.

Cornell S. 2011. The rise and rise of ecosystem services: is "value" the best bridging concept between society and the natural world? Procedia Environmental Sciences, 6: 88-95.

Costanza R. 1997. The value of the world's ecosystem services and natural capital. Nature, 25(1): 3-15.

Costanza R. 1999. The ecological, economic, and social importance of the oceans. Ecological Economics, 31(2): 199-214.

Daily G C.1997. Nature's Services : Societal Dependence on Natural Ecosystems. Washington, D. C.: Island Presss.

Daly H E, Cobb J B. 1989. For the Common Good: Redirecting the Economy Toward Community, the Environment and a Sustain able Future. Boston: Beacon Press: 346-347.

Davis R K. 1963. Recreation planning as economic problem. Natural Resources Journal, 3(2): 239-249.

De Groot R S, Wilson M A, Boumans R M J. 2002. A typology for the classification, description and valuation of ecosystem functions, goods and services. Ecological Economics, 41(3): 393-408.

De La Fayette L. 2002. The concept of environmental damage in international liability regimes//Bowman M, Boyle A. Environmental Damage in International and Comparative Law. New York: Oxford University Press: 130-150.

De Mulder E F J, Van Bruchem A J, Claessen F A M, et al. 1994. Environmental impact assessment on land reclamation projects in the Netherlands: a case history. Engineering Geology, 37(94): 15-23.

Desvousges W H, Gable A R, Dunford R W, et al. 1993. Contingent valuation: the wrong tool to measure passive-use losses. Choices, 8(2): 9-11.

Desvousges W H, Mathews K, Train K. 2012. Adequate responsiveness to scope in contingent valuation. Ecological Economics, 84(6): 121-128.

Dewsbury B M, Bhat M, Fourqurean J W. 2016. A review of seagrass economic valuations: gaps and progress in valuation approaches. Ecosystem Services, 18: 68-77.

Edwards S F, Gable F J. 1991. Estimating the value of beach recreation from property values: An exploration with comparisons to nourishment costs. Ocean & Shoreline Management, 15(1): 37-55.

Eggert H, Olsson B. 2004. Heterogeneous preferences for marine amenities: a choice experiment applied to water quality. Working Papers in Economics, 2: 126-156.

Environment Protection Agency. 2000. Guidelines for Preparing Economic Analyses. EPA 240-R-00-003.

European Commission. 2016. Science for Environment Policy.

European Union. About REMEDE. 2004. [2018-9-7]. http: //www. envliability. eu/pages/about. html.

Farber S C, Costanza R, Wilson M A. 2002. Economic and ecological concepts for valuing ecosystem services. Ecological Economics, 3(2): 123-137.

GESAMP. 1986. Environmental Capacity. An approach to marine pollution prevention. IMO/FAO/Unesco/ WMO/WHO/AEA/UNEP/ Joint Group of Experts on the Scientific Aspects of Marine pollution. Rep stud GESAMP .

Glaser R, Haberzettl P, Walsh R P D. 1991. Land reclamation in Singapore, Hong Kong and Macau. Geojournal, 24(4): 365-373.

Goeldner L. 1999. The German Wadden Sea coast: reclamation and environmental protection. Journal of

Coastal Conservation, 5(1): 23-30.

Hanley N, Wright R E, Adamowicz V. 1998. Using choice experiments to value the environment. Environmental and Resource Economics, 11(3-4): 413-428.

Hartwick. 1977. Intergenerational equity and the investing of rents from exhaustible resources. American Economic Review, 67(5): 972-974.

Heo Y J, Lee S L. 2007. Estimating the economic value of the Songieong Beach using a count data model: -off-season estimating value of the beach. The Journal of Fisheries Business Administration, 38(2): 79-101.

Hicks J R. 1946. Value and Capital. Oxford: Oxford University Press.

Hong S K, Koh C H, Harris R R, et al. 2010. Land use in Korean tidal wetlands: impacts and management strategies. Environmental Management, 45(5): 1014-1026.

Hotelling H. 1931. The economics of exhaustible resources. Journal of Political Economy, 39(2): 137-175.

Howarth R B, Farber S. 2002. Accounting for the value of ecosystem services. Ecological Economics, 41(3): 421-429.

Hoyos D. 2010. The state of the art of environmental valuation with discrete choice experiments. Ecological Economics, 69(8): 1595-1603.

Hueting R, Reijnders L, Boer B D, et al. 1998. The concept of environmental function and its valuation. Ecological Economics, 25(1): 31-35.

Johnson K H, Vogt K A, Clark H J, et al. 1996. Biodiversity and the productivity and stability of ecosystems. Trends in Ecology & Evolution, 11(9): 372-377.

Jones C A, Pease K A. 1997. Restoration-based compensation measures in natural resource liability statutes. Contemporary Economic Policy, 15(4): 111-122.

Kaffashi S, Shamsudin M N. 2012. Economic valuation and conservation: do people vote for better preservation of Shadegan International Wetland? Biological Conservation, 150(1): 150-158.

Kopp R J, Portney P R, Smith V K. 1990. Natural resource damages: the economics have shifted after Ohio v. United States Department of the interior, Environmental Law Reporter, 20: 10127-10131.

Kreuter U P, Harris H G, Matlock M D, et al. 2001. Change in ecosystem service values in the San Antonio area, Texas. Ecological Economics, 39(3): 333-346.

Lahnstein C. 2003. Catastrophes, Liability and Insurance. Connecticut Insurance Law Journal, 9(2): 443-466.

Lancaster A. 1966. New approach to consumer theory. Journal of Political Economy, 74(2): 132-157.

Lee C H, Lee B Y, Chang W K, et al. 2014. Environmental and ecological effects of Lake Shihwa reclamation project in South Korea: a review. Ocean & Coastal Management, 102: 545-558.

List J A, Sinha P, Taylor M H. 2006. Using choice experiments to value non-market goods and services: evidence from field experiments. Advances in Economic Analysis & Policy, 6(2): 1-37.

Lu L, Goh B P L, Chou L M. 2002. Effects of coastal reclamation on riverine macrobenthic infauna (Sungei Punggol)in Singapore. Journal of Aquatic Ecosystem Stress and Recovery, 9(2): 127-135.

Luce R D. 1959. Individual Choice Behavior. American Economic Review, 67(1): 1-15.

Luisetti T, Turner R K, Bateman I J, et al. 2011. Coastal and marine ecosystem services valuation for policy and management: Managed realignment case studies in England. Ocean & Coastal Management, 54: 212-224.

Lusk J, Schroeder T C. 2004. Are choice experiments incentive compatible? A test with quality differentiated beef steaks. American Journal of Agricultural Economics, 86(2): 467-482.

Maes F. 2005. Marine resource Damage Assessment: Liability and Compensation for Environmental Damage. Netherlands: Springer: 27-28.

Malik A, Fensholt R, Mertz O. 2015. Economic valuation of mangroves for comparison with commercial aquaculture in South Sulawesi, Indonesia. Forests, 6(9): 3028-3044.

Mazzotta M J, Opaluch J J, Grigalunas T A. 1994. Natural resource damage assessment: the role of resource restoration. Natural Resources Journal, 34(1): 153-178.

Mccay D. 2003. Development and application of damage assessment modeling: example assessment of damage assessment modeling north cape oil spill. Marine Pollution Bulletin, 47(9): 341-359.

McFadden D. 1974. Conditional logit analysis of qualitative choice behavior//Zarembka P. Frontiers in Econometrics. New York: Academic Press.

Mehvar S, Filatova T, Dastgheib A, et al. 2018. Quantifying economic value of coastal ecosystem services: a review. Journal of Marine Science and Engineering, 6(1): 1-18.

Montenegro L O, Diola A G, Remedio E M. 2005. The Environmental Costs of Coastal Reclamation in Metro Cebu. Singapore, Philippines, Economy and Environment Program for Southeast Asia.

MPP-EAS. 1999. Socioeconomic Assessment Framework and Guidelines for Integrated Coastal Management. MPP-EAS/info/99/199. GEF/UNDP/IMOW. Quezon City Philippines.

Murphy J J, Stevens D. 2005. Is cheap talk effective at eliminating hypothetical bias in a provision point mechanism? Environmental & Resource Economics, 30(3): 327-343.

National Oceanic and Atmospheric Administration Department of Commerce. 1995. Habitat Equivalency Analysis: An Overview. Washington: National Oceanic and Atmospheric Administration Department.

Ng M K, Cook A. 1997. Reclamation: an urban development strategy under fire. Land Use Policy, 14(1): 5-23.

Ohkura Y. 2003. The roles and limitations of newspapers in environmental reporting. Case study: Isahaya Bay land reclamation project issue. Marine Pollution Bulletin, 47(1-6): 237-245.

Oosterhaven J. 1983. Evaluating land reclamation plans for Northern Friesland: an interregional cost-benefit and input-output analysis. Papers in Regional Science, 52(1): 125-137.

Opshoor H. 1991. GNP and sustainable income measures: some problems and a way out//In Search of Indicators of Sustainable Development. Dordrecht: Springer: 39-44.

Pearce D. 1993. Economic Values and the Natural World. London: Earthscan Publications .

Prayaga P. 2017. Estimating the value of beach recreation for locals in the Great Barrier Reef Marine Park, Australia. Economic Analysis & Policy, 53: 9-18.

Repetto R, Magrath W, Wells M, et al. 1989. Wasting assets: natural resources in the national income accounts. Washington D C, : World Resources Institute, 66(261): 285-296.

Richard W D, Thomas C, William H D. 2004. The use of habitat equivalency analysis in natural resource damage. Ecological Economics, 48(1): 49-70.

Riopelle J M. 1995. The economic valuation of coral reefs: a case study of West Lombok, Indonesia. Marine Pollution Bulletin, 24(11): 529-536.

Risén E, Nordström J, Malmström M E, et al. 2017. Non-market values of algae beach-cast management—Study site Trelleborg, Sweden. Ocean & Coastal Management, 140: 59-67.

Roach B, Wade W W. 2006. Policy evaluation of natural resource injuries using habitat equivalency analysis. Ecological Economics, 58(2): 421-433.

Robinson J. 1996. The role of nonuse values in natural resource damages: past, present, and future. Texas Law Review, 75(1): 189-214.

Scheaffer R L, Mendenhall W, Ott R L. 1979. Elementary survey sampling. Belmont: Thornson Higher Education Press.

Serafy S E. 1981. Absorptive capacity, the demand for revenue, and the supply of petroleum. The Journal of Energy and Development, 1(1): 73-88.

Serafy S E. 1989. The proper calculation of income from depletable natural resources. Environmental Accounting for Sustainable Development, A UNEP-World Bank Symposium: 10-18.

Shay V, Steven M T, Gregory A P. 2009. Coral reef metrics and habitat equivalency analysis. Ocean & Coastal Management, 52(3): 181-188.

Steven M T. 2007. Refining the use of habitat equivalency analysis. Environmental Management, 40(1): 161-170.

Suzuki T. 2003. Economic and geographic backgrounds of land reclamation in Japanese ports. Marine Pollution Bulletin, 47(1): 226-229.

Terer T, Ndiritu G G, Gichuki N N. 2004. Socio-economic values and traditional strategies of managing wetland resources in Lower Tana River, Kenya. Hydrobiologia, 527(1): 3-14.

Tietenberg T H. 2001. Environmental and Natural Resource Economics. Beijing: Tsinghua University Press.

Tuya F, Haroun R, Espino F. 2014. Economic assessment of ecosystem services: monetary value of seagrass meadows for coastal fisheries. Ocean & Coastal Management, 96(4): 181-187.

UNEP. 2009. Ecosystem Management. [2018-09-07]. www.unep.org/pdf/brochures/EcosystemManagement.pdf.

United Nations. 2003. Handbook of National Accounting: Integrated Environmental and Economic Accounting 2003. NewYork: United Nations: 245-321.

Unsworth R E, Bishop R. 1994. Assessing natural resource damages using environmental annuities. Ecological Economics, 11(1): 35-41.

Veenman H, Zonen. 1961. An assessment of investments in land reclamation. Indian Journal of Agricultural Economics, 16(2): 1-2.

Vitale M, Chiesa M D, Carlomagno S, et al. 2004. The small subset of CD56 bright CD16⁻ natural killer cells is selectively responsible for both cell proliferation and interferon-γ production upon interaction with dendritic cells. European Journal of Immunology, 34(6): 1715-1722.

Wang X, Chen W, Zhang L, et al. 2010. Estimating the ecosystem service losses from proposed land reclamation projects: a case study in Xiamen. Ecological Economics, 69(12): 2549-2556.

Westerberg V H, Lifran R, Olsen S B. 2010. To restore or not? A valuation of social and ecological functions of the Marais des Baux wetland in Southern France. Ecological Economics, 69(12): 2383-2393.

Woodward R T, Wui Y S. 2001. The economic value of wetland services a meta-analysis. Ecological Economics, 37(2): 257-270.

World Bank. 1995. World Bank Develops New System to Measure Wealth of Nations. Washington D.C.: World Bank.

Yu D P, Zou R L. 1995. A preliminary study on the relationship between structure stability and species diversity of hermatypic coral community on Luhuitou Fringing Reef . Supplement to the Journal of Sun Yatsen University, 3: 40-46.

Zafonte M, Hampton S. 2007. Exploring welfare implications of resource equivalency analysis in natural resource damage assessments. Ecological Economics, 61(1): 134-145.

Zainal K, Almadany I, Alsayed H, et al. 2012. The cumulative impacts of reclamation and dredging on the marine ecology and land-use in the Kingdom of Bahrain. Marine Pollution Bulletin, 64(7): 1452-1458.

Zhao B, Kreuter U, Li B, et al. 2004. An ecosystem service value assessment of land-use change on Chongming Island. China Land Use Policy, 21(2): 139-148.